高等学校算法类课程系列教材

数据结构教程

（C++语言描述） 第3版 学习与上机实验指导

李春葆 主编

汪鼎文 喻丹丹 安杨 副主编

清华大学出版社

北京

内 容 简 介

本书是《数据结构教程(C++语言描述)》(第 3 版·微课视频版)(李春葆主编,清华大学出版社,以下简称《教程》)的配套学习与上机实验指导,详细给出《教程》中所有练习题和上机实验题的解题思路和参考答案,并提供 6 个实验报告示例。书中练习题和上机实验题不仅涵盖"数据结构"课程的基本知识点,还融合了各个知识点的运用和扩展,学习、理解和借鉴这些内容是掌握和提高数据结构知识的最佳捷径。

本书自成一体,可以脱离《教程》单独使用,适合高等院校计算机及相关专业的学生使用。

版权所有,侵权必究。举报: 010-62782989, beiqinquan@tup.tsinghua.edu.cn。

图书在版编目(CIP)数据

数据结构教程:C++语言描述:第 3 版:学习与上机实验指导/李春葆主编. -- 北京:清华大学出版社, 2025.2. -- (高等学校算法类课程系列教材). -- ISBN 978-7-302-68367-4

Ⅰ. TP311.12;TP312.8

中国国家版本馆 CIP 数据核字第 2025CJ6024 号

策划编辑:魏江江
责任编辑:王冰飞
封面设计:刘 键
责任校对:王勤勤
责任印制:刘 菲

出版发行:清华大学出版社
    网 址:https://www.tup.com.cn, https://www.wqxuetang.com
    地 址:北京清华大学学研大厦 A 座 邮 编:100084
    社 总 机:010-83470000 邮 购:010-62786544
    投稿与读者服务:010-62776969, c-service@tup.tsinghua.edu.cn
    质量反馈:010-62772015, zhiliang@tup.tsinghua.edu.cn
    课件下载:https://www.tup.com.cn, 010-83470236
印 装 者:涿州汇美亿浓印刷有限公司
经 销:全国新华书店
开 本:185mm×260mm 印 张:20.25 字 数:493 千字
版 次:2025 年 3 月第 1 版 印 次:2025 年 3 月第 1 次印刷
印 数:1∼1500
定 价:59.80 元

产品编号:106539-01

前 言 Preface

党的二十大报告指出：教育、科技、人才是全面建设社会主义现代化国家的基础性、战略性支撑。必须坚持科技是第一生产力、人才是第一资源、创新是第一动力，深入实施科教兴国战略、人才强国战略、创新驱动发展战略，开辟发展新领域新赛道，不断塑造发展新动能新优势。高等教育与经济社会发展紧密相连，对促进就业创业、助力经济社会发展、增进人民福祉具有重要意义。

本书是《数据结构教程（C++语言描述）》（第 3 版·微课视频版）（李春葆主编，清华大学出版社，以下简称《教程》）的配套学习与上机实验指导。全书分为 10 章，与《教程》中各章的章名和次序相同。每章分为 4 节，前两节给出所有练习题题目及解题思路和参考答案，累计 125 道问答题和 116 道算法设计题；后两节给出所有上机实验题题目及解题思路和参考答案，累计 38 道基础实验题和 50 道应用实验题。

本书所有算法设计题和上机实验题均上机调试通过，采用的是 Dev C++ 5.1 版本。读者可以扫描封底的文泉云盘防盗码，再扫描目录上方的二维码，下载所有源代码。

附录 A 给出了实验报告的基本格式和 6 个实验报告示例。

本书自成一体，可以脱离《教程》单独使用。

本书的出版得到了清华大学出版社魏江江分社长的全力支持、王冰飞老师的精心编辑，在此表示衷心感谢。尽管编者不遗余力，但由于水平有限，本书仍存在错误和不足之处，敬请教师和同学们批评指正。

编 者
2025 年 1 月

目 录 Contents

扫一扫

源码下载

第 1 章　绪论　/1

1.1　问答题及其参考答案　/1
　　1.1.1　问答题　/1
　　1.1.2　问答题参考答案　/1
1.2　算法设计题及其参考答案　/3
　　1.2.1　算法设计题　/3
　　1.2.2　算法设计题参考答案　/4
1.3　基础实验题及其参考答案　/5
　　1.3.1　基础实验题　/5
　　1.3.2　基础实验题参考答案　/5
1.4　应用实验题及其参考答案　/7
　　1.4.1　应用实验题　/7
　　1.4.2　应用实验题参考答案　/7

第 2 章　线性表　/9

2.1　问答题及其参考答案　/9
　　2.1.1　问答题　/9
　　2.1.2　问答题参考答案　/10
2.2　算法设计题及其参考答案　/13
　　2.2.1　算法设计题　/13
　　2.2.2　算法设计题参考答案　/15

- **2.3 基础实验题及其参考答案　/27**
  - 2.3.1 基础实验题　/27
  - 2.3.2 基础实验题参考答案　/27
- **2.4 应用实验题及其参考答案　/45**
  - 2.4.1 应用实验题　/45
  - 2.4.2 应用实验题参考答案　/46

第3章　栈和队列　/59

- **3.1 问答题及其参考答案　/59**
  - 3.1.1 问答题　/59
  - 3.1.2 问答题参考答案　/60
- **3.2 算法设计题及其参考答案　/61**
  - 3.2.1 算法设计题　/61
  - 3.2.2 算法设计题参考答案　/62
- **3.3 基础实验题及其参考答案　/67**
  - 3.3.1 基础实验题　/67
  - 3.3.2 基础实验题参考答案　/67
- **3.4 应用实验题及其参考答案　/73**
  - 3.4.1 应用实验题　/73
  - 3.4.2 应用实验题参考答案　/74

第4章　串　/85

- **4.1 问答题及其参考答案　/85**
  - 4.1.1 问答题　/85
  - 4.1.2 问答题参考答案　/85
- **4.2 算法设计题及其参考答案　/87**
  - 4.2.1 算法设计题　/87
  - 4.2.2 算法设计题参考答案　/88
- **4.3 基础实验题及其参考答案　/92**
  - 4.3.1 基础实验题　/92
  - 4.3.2 基础实验题参考答案　/92
- **4.4 应用实验题及其参考答案　/101**
  - 4.4.1 应用实验题　/101
  - 4.4.2 应用实验题参考答案　/102

第5章　数组和稀疏矩阵　/113

- **5.1 问答题及其参考答案　/113**

  5.1.1 问答题 /113
  5.1.2 问答题参考答案 /114
5.2 算法设计题及其参考答案 /115
  5.2.1 算法设计题 /115
  5.2.2 算法设计题参考答案 /115
5.3 基础实验题及其参考答案 /117
  5.3.1 基础实验题 /117
  5.3.2 基础实验题参考答案 /117
5.4 应用实验题及其参考答案 /122
  5.4.1 应用实验题 /122
  5.4.2 应用实验题参考答案 /122

第 6 章 递归 /128

6.1 问答题及其参考答案 /128
  6.1.1 问答题 /128
  6.1.2 问答题参考答案 /129
6.2 算法设计题及其参考答案 /130
  6.2.1 算法设计题 /130
  6.2.2 算法设计题参考答案 /130
6.3 基础实验题及其参考答案 /134
  6.3.1 基础实验题 /134
  6.3.2 基础实验题参考答案 /134
6.4 应用实验题及其参考答案 /136
  6.4.1 应用实验题 /136
  6.4.2 应用实验题参考答案 /136

第 7 章 树和二叉树 /143

7.1 问答题及其参考答案 /143
  7.1.1 问答题 /143
  7.1.2 问答题参考答案 /144
7.2 算法设计题及其参考答案 /148
  7.2.1 算法设计题 /148
  7.2.2 算法设计题参考答案 /149
7.3 基础实验题及其参考答案 /158
  7.3.1 基础实验题 /158
  7.3.2 基础实验题参考答案 /158
7.4 应用实验题及其参考答案 /165

7.4.1 应用实验题 /165
7.4.2 应用实验题参考答案 /166

第 8 章　图　/181

8.1 问答题及其参考答案　/181
　8.1.1 问答题　/181
　8.1.2 问答题参考答案　/182
8.2 算法设计题及其参考答案　/186
　8.2.1 算法设计题　/186
　8.2.2 算法设计题参考答案　/187
8.3 基础实验题及其参考答案　/198
　8.3.1 基础实验题　/198
　8.3.2 基础实验题参考答案　/199
8.4 应用实验题及其参考答案　/212
　8.4.1 应用实验题　/212
　8.4.2 应用实验题参考答案　/214

第 9 章　查找　/227

9.1 问答题及其参考答案　/227
　9.1.1 问答题　/227
　9.1.2 问答题参考答案　/229
9.2 算法设计题及其参考答案　/237
　9.2.1 算法设计题　/237
　9.2.2 算法设计题参考答案　/238
9.3 基础实验题及其参考答案　/246
　9.3.1 基础实验题　/246
　9.3.2 基础实验题参考答案　/247
9.4 应用实验题及其参考答案　/255
　9.4.1 应用实验题　/255
　9.4.2 应用实验题参考答案　/256

第 10 章　排序　/264

10.1 问答题及其参考答案　/264
　10.1.1 问答题　/264
　10.1.2 问答题参考答案　/265
10.2 算法设计题及其参考答案　/268

    10.2.1 算法设计题 /268
    10.2.2 算法设计题参考答案 /269
10.3 基础实验题及其参考答案 /276
    10.3.1 基础实验题 /276
    10.3.2 基础实验题参考答案 /276
10.4 应用实验题及其参考答案 /285
    10.4.1 应用实验题 /285
    10.4.2 应用实验题参考答案 /286

附录A 实验报告格式及实验报告示例 /292

A.1 线性表实验报告示例 /292
A.2 栈实验报告示例 /296
A.3 队列实验报告示例 /301
A.4 二叉树实验报告示例 /304
A.5 图实验报告示例 /308
A.6 查找与排序实验报告示例 /311

第 1 章 绪 论

1.1 问答题及其参考答案

1.1.1 问答题

1. 什么是数据结构？有关数据结构的讨论涉及哪些方面？
2. 简述逻辑结构与存储结构的关系。
3. 简述数据结构中运算描述和运算实现的异同。
4. 简述数据结构、抽象数据结构和数据类型之间的异同。
5. 什么是算法？算法的 5 个特性是什么？试根据这些特性解释算法与程序的区别。
6. 按增长率由小到大的顺序排列 2^{100}、$(3/2)^n$、$(2/3)^n$、n^n、$n^{0.5}$、$n!$、2^n、$\log_2 n$、$n^{\log_2 n}$、$n^{(3/2)}$。
7. 试证明：若 $T(n)=c_k n^k + c_{k-1} n^{k-1} + \cdots + c_1 n + c_0$ 是一个 k 次多项式（$c_k > 0$），则 $T(n) = O(n^k)$。

1.1.2 问答题参考答案

1. 答：按某种逻辑关系组织起来的一组数据元素，按一定的存储方式存储于计算机中，并在其上定义了一个运算的集合，称为一个数据结构。

数据结构涉及以下三方面的内容。

① 数据成员以及它们相互之间的逻辑关系，也称为数据的逻辑结构。

② 数据元素及其关系在计算机存储器内的存储表示，也称为数据的物理结构，简称为存储结构。

③ 施加于该数据结构上的操作，即运算。

2. 答：在数据结构中，逻辑结构与计算机无关，存储结构是数据元素之间的逻辑关系在计算机中的表示。存储结构不仅将逻辑结构中的所有数据元素存储到计算机内存中，而且要在内存中存储各数据元素间的逻辑关系。通常情况下，一种逻辑结构可以有多种存储结构，例如线性结构可以采用顺序存储结构或链式存储结构表示。

3. 答：运算描述是指逻辑结构施加的操作，而运算实现是指一个完成该运算功能的算法。它们的相同点是运算描述和运算实现都能完成对数据的"处理"或某种特定的操作；不同点是运算描述只描述处理功能，不包括处理步骤和方法，而运算实现的核心则是处理步骤。

4. 答：数据结构、抽象数据结构和数据类型本质上是同一概念。从代数上讲，它们都是一个代数系统。数据类型是程序设计语言中实现了的数据结构，而抽象数据类型是数据类型的进一步抽象和发展，借助数据类型可以在程序设计语言中实现抽象数据类型。

具体来说，数据类型是程序设计语言中的一个概念，是一个值的集合和运算（操作）的集合。抽象数据类型是一个数学模型及其定义在该模型上的一组运算，抽象数据类型的定义取决于它的逻辑特性，而与计算机内部如何表示和实现无关，无论其内部结构如何变化，只要它的逻辑特性不变就不影响它的外部使用。

5. 答：通常算法的定义为解决某一特定任务而规定的一个指令序列。一个算法应当具有以下特性。

① 有穷性。一个算法无论在什么情况下都应在执行有穷步后结束。

② 确定性。算法的每一步都应确切地、无歧义地定义。对于每一种情况，需要执行的动作都应严格地、清晰地规定。

③ 可行性。算法中的每一条运算都可以通过已经实现的基本运算执行有限次来实现。也就是说，它们原则上都能精确地执行，甚至人们仅用笔和纸做有限次运算就能完成。

④ 输入。一个算法必须有 0 个或多个输入，它们是算法开始运算前给予算法的量。这些输入取自于特定的对象的集合，它们可以使用输入语句由外部提供，也可以使用赋值语句在算法内给定。

⑤ 输出。一个算法应有一个或多个输出，输出的量是算法计算的结果。

算法和程序不同，程序可以不满足有穷性。例如，一个操作系统程序在用户未使用前一直处于"等待"的循环中，直到出现新的用户事件为止，这样的系统可以无休止地运行，直到系统停机，而算法必须满足有穷性。

6. 答：按增长率由小到大排列的顺序是 $(2/3)^n < 2^{100} < \log_2 n < n^{0.5} < n^{(3/2)} < n^{\log_2 n} < (3/2)^n < 2^n < n! < n^n$。

7. 证明：当 $n > 1$ 时，k 是正整数，一定有 $n^i < n^k (0 \leqslant i < k)$，这样

$$|T(n)| = |c_k n^k + c_{k-1} n^{k-1} + \cdots + c_1 n + c_0|$$
$$\leqslant |c_k| n^k + |c_{k-1}| n^{k-1} + \cdots + |c_1| n + |c_0|$$
$$\leqslant |c_k| n^k + |c_{k-1}| n^k + \cdots + |c_1| n^k + |c_0| n^k$$
$$= (|c_k| + |c_{k-1}| + \cdots + |c_1| + |c_0|) n^k$$
$$= O(n^k)$$

也就是说，当 n_0 足够大时，有 $\lim_{n \to n_0} \left|\dfrac{T(n)}{f(n)}\right| \leqslant c (c \neq 0)$ 成立（$c = |c_k| + |c_{k-1}| + \cdots + |c_1| + |c_0|$），所以 $T(n) = O(n^k)$。

1.2 算法设计题及其参考答案

1.2.1 算法设计题

1. 设 n 为偶数,计算执行下列程序段后 m 的值并给出该程序段的时间复杂度。

```
int m=0;
for (int i=1;i<=n;i++) {
    for (int j=2*i;j<=n;j++)
        m++;
}
```

2. 分析以下各算法的时间复杂度。

(1) 算法 1：

```
int fun(int n) {
    int x=n;
    for (int i=0;i<1000;i++)
        x++;
    return x;
}
```

(2) 算法 2：

```
void fun(int n) {
    int x, y;
    for(int i=0; i<n; i++) {
        x++;
        for(int j=1; j<=n; j*=2)
            y+=x;
    }
}
```

(3) 算法 3：

```
int sum(int n) {
    int i=0,s=0;
    while (s<n) {
        i++;
        s+=i;
    }
    return i;
}
```

(4) 算法 4：

```
int fun(int n) {
    for (int i=0;i<n;i++) {
```

```
        for (int j=0;j<n;j++) {
            int k=1;
            while (k<=n) k=5*k;
        }
    }
    return k;
}
```

（5）算法 5：

```
void fun(int n) {
    for (int i=1;i<=n;i++) {
        for (int j=i;j>0;j/=2)
            printf("%d\n",j);
    }
}
```

3. 设计一个时间性能尽可能高效的算法求 $s=1-2+3-4+5-6+\cdots[+|-]n$，给出对应的时间复杂度。

1.2.2 算法设计题参考答案

1. 答：算法的基本操作语句是 m++，由于内循环从 $2 \times i$ 到 n，即 i 的最大值满足 $2i \leqslant n, i \leqslant n/2$，该语句的频度为

$$\sum_{i=1}^{n}\sum_{j=2i}^{n}1 = \sum_{i=1}^{n/2}(n-2i+1) = n \times \frac{n}{2} - 2\sum_{i=1}^{n/2}i + \frac{n}{2} = \frac{n^2}{4}$$

而 m 从 0 开始，所以 m 最后的值为 $n^2/4$，该程序段的时间复杂度为 $O(n^2)$。

2. 答：（1）算法中的基本操作语句是 x++，它执行固定次数，与问题规模 n 无关，所以算法的时间复杂度为 $O(1)$。

（2）算法中的基本操作语句是 y+=x，外 for 循环的执行时间为 $O(n)$，内 for 循环的执行时间为 $O(\log_2 n)$，按照求积定理得到 $T(n)=O(n) \times O(\log_2 n)=O(n\log_2 n)$。

（3）算法中的基本操作语句是 while 循环体语句，设其执行 m 次，i 从 0 开始每次增 1，则 $s=1+2+\cdots+m=n$，即 $m(m+1)/2=n$，求出 $T(n)=m=-\frac{1}{2}+\sqrt{\frac{1}{4}+2n}=O(\sqrt{n})$。

（4）算法中的基本操作语句为 k=5*k，外面两重 for 的执行时间为 $O(n^2)$。在最里面的 while 循环中，k 从 1 开始每次增加 5 倍，所以其执行时间为 $O(\log_5 n)$，按照求积定理得到本算法的时间复杂度为 $O(n^2 \log_5 n)$。

（5）在算法的外 for 循环中循环变量 i 从 1 到 n，内 for 循环中循环变量 j 从 i 到 1，长度为 i，每次减半，执行时间为 $O(\log_2 i)$，则 $T(n)=\log_2 1+\log_2 2+\log_2 3+\cdots+\log_2 n=\log_2 n!=O(n\log_2 n)$。

3. 解：为了提高时间性能，不能简单地累加每个项。观察一下可以发现，第 1、2 项之和为 -1，第 3、4 项之和为 -1，…，如果 n 为偶数，则总和为 $-n/2$；如果 n 为奇数，则总和为 $-(n-1)/2+n=(n+1)/2$。对应的算法如下：

```
int sum(int n) {
    if (n%2==0)                          //n 为偶数
        return -n/2;
    else                                 //n 为奇数
        return (n+1)/2;
}
```

上述算法的时间复杂度为 $O(1)$。

1.3 基础实验题及其参考答案

1.3.1 基础实验题

1. 编写一个实验程序,求一元二次方程 $ax^2+bx+c=0$ 的根,并用相关数据测试。

2. 编写一个实验程序,求 n 分别为 1、4、10、100、1000、10 000 时,代数式 $\log_2 n$、n、$n\log_2 n$ 和 n^2 的值,小数点最多保留两位。

1.3.2 基础实验题参考答案

1. 解:设计 getroot(a,b,c,x1,x2)函数求一元二次方程 $ax^2+bx+c=0$ 的根,其中函数的返回值表示根的个数,a、b、c 为输入参数,$x1$ 和 $x2$ 为输出参数。求根公式为

$$x=\frac{-b\pm\sqrt{b^2-4ac}}{2a}$$

对应的实验程序 Exp1-1.cpp 如下:

```
#include <iostream>
#include <cmath>
using namespace std;
int getroot(double a,double b,double c,double &x1,double &x2) {    //求方程的根
    double d=b*b-4*a*c;
    if (fabs(d)<=0.0001) {                                          //d 等于 0
        x1=(-b+sqrt(d))/(2*a);
        return 1;
    }
    else if (d>0) {                                                 //d>0
        x1=(-b+sqrt(d))/(2*a);
        x2=(-b-sqrt(d))/(2*a);
        return 2;
    }
    else return 0;                                                  //d<0
}
void solve(double a,double b,double c) {                            //求根并输出结果
    int cnt;
    double x1,x2;
    cnt=getroot(a,b,c,x1,x2);
    if (cnt==0) printf("无根\n");
    else if (cnt==1) printf("两个相同的根为%.1f\n",x1);
```

```
    else printf("两个根为%.1f和%.1f\n",x1,x2);
}

int main() {
    printf("\n  测试1");
    double a=2,b=-3,c=4;
    printf("    a=%.1f, b=%.1f, c=%.1f : ",a,b,c);
    solve(a,b,c);
    printf("\n  测试2");
    a=1; b=-2; c=1;
    printf("    a=%.1f, b=%.1f, c=%.1f : ",a,b,c);
    solve(a,b,c);
    printf("\n  测试3");
    a=2; b=-1; c=-1;
    printf("    a=%.1f, b=%.1f, c=%.1f : ",a,b,c);
    solve(a,b,c);
    return 0;
}
```

上述程序的执行结果如图 1.1 所示。

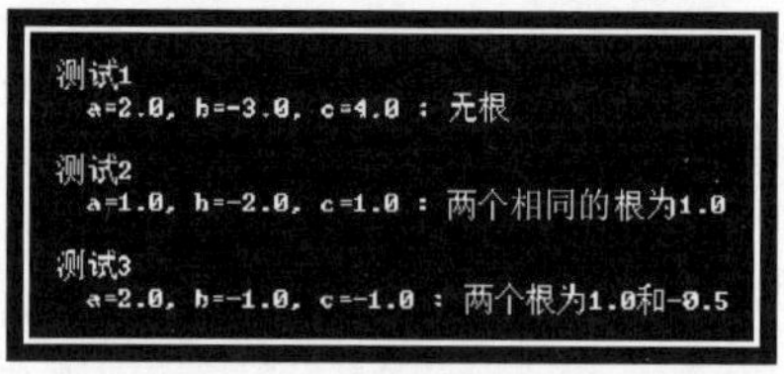

图 1.1　第 1 章基础实验题 1 的执行结果

2. 解：对应的实验程序 Exp1-2.cpp 如下。

```
#include<iostream>
#include<cmath>
using namespace std;
int main() {
    int a[]={1,4,10,100,1000,10000};
    int n=sizeof(a)/sizeof(a[0]);
    printf("\n    log2(n)     n        nlog2(n)        n^2\n");
    printf("  ======================================\n");
    for (int i=0;i<n;i++) {
        int m=a[i];
        printf("%9.2lf%7d%12.2lf%12d\n",log(m)/log(2),m,m*log(m)/log(2),m*m);
    }
    return 0;
}
```

上述程序的执行结果如图 1.2 所示。

log2(n)	n	nlog2(n)	n^2
0.00	1	0.00	1
2.00	4	8.00	16
3.32	10	33.22	100
6.64	100	664.39	10000
9.97	1000	9965.78	1000000
13.29	10000	132877.12	100000000

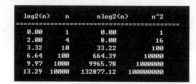

图 1.2　第 1 章基础实验题 2 的执行结果

1.4 应用实验题及其参考答案

1.4.1 应用实验题

1. 求 $1+(1+2)+(1+2+3)+\cdots+(1+2+3+\cdots+n)$ 之和有以下 3 种解法。

解法 1：采用两重迭代依次求出 $(1+2+\cdots+i)(1 \leqslant i \leqslant n)$ 后累加。

解法 2：将解法 1 简化为采用一重迭代实现求和。

解法 3：直接利用 $n(n+1)(n+2)/6$ 的公式求和。

编写一个 C++ 程序，利用上述 3 种解法求 $n=50\,100$ 时的结果，并且给出各种解法的运行时间。

2. 编写一个实验程序，利用《教程》例 1.15 中设计的 Set 类求一个整数序列中不同整数的个数，并用相关数据测试。

1.4.2 应用实验题参考答案

1. 解：对应的实验程序 Exp2-1.cpp 如下。

```cpp
#include <iostream>
#include <ctime>
using namespace std;
long solve1(int n) {                          //解法1
    long sum=0;
    for (int i=1;i<=n;i++) {
        for (int j=1;j<=i;j++)
            sum+=j;
    }
    return sum;
}
long solve2(int n) {                          //解法2
    long sum=0,sum1=0;
    for (int i=1;i<=n;i++) {
        sum1+=i;
        sum+=sum1;
    }
    return sum;
}
long solve3(int n) {                          //解法3
    long sum=n*(n+1)/2*(n+2)/3;
    return sum;
}
int main() {
    clock_t t1,t2;
    int n=50100;
    printf("\n    n=%d\n",n);
    t1=clock();                               //获取开始时间
    printf("  解法1 sum1=%lld\n",solve1(n));
```

```
        t2=clock();                                      //获取结束时间
        printf("   运行时间：%ds\n",(t2-t1)/CLOCKS_PER_SEC);
        t1=clock();                                      //获取开始时间
        printf("   解法2 sum1=%lld\n",solve2(n));
        t2=clock();                                      //获取结束时间
        printf("   运行时间：%ds\n",(t2-t1)/CLOCKS_PER_SEC);
        t1=clock();                                      //获取开始时间
        printf("   解法3 sum1=%lld\n",solve3(n));
        t2=clock();                                      //获取结束时间
        printf("   运行时间：%ds\n",(t2-t1)/CLOCKS_PER_SEC);
        return 0;
    }
```

图1.3 第1章应用实验题1的一次执行结果

上述程序的一次执行结果如图1.3所示。解法1的时间复杂度为$O(n^2)$，解法2的时间复杂度为$O(n)$，解法3的时间复杂度为$O(1)$。

2. 解： 将《教程》例1.15的Set类的代码存放到Set.cpp文件中，以便被本程序引用。由于一个Set类对象（即集合）中不存在相同的元素（本题就是利用这个特点求解的），所以将整数序列a中的所有整数一一添加到Set类对象s中，返回s的长度即可。对应的程序如下：

```
#include"Set.cpp"                        //引用Set类
int Count(int a[],int n) {                 //求a中不同整数的个数
    Set s;
    for (int i=0;i<n;i++)
        s.add(a[i]);
    return s.getlength();
}
int main() {
    int a[]={1,1,2,2,2,3,4,4,4};
    int n=sizeof(a)/sizeof(a[0]);
    printf("\n   a:");
    for (int i=0;i<n;i++)
        printf("%d ",a[i]);
    printf("\n");
    printf("   求解结果:\n");
    printf("      a中不同的整数个数=%d\n",Count(a,n));
    return 0;
}
```

上述程序的执行结果如图1.4所示。

图1.4 第1章应用实验题2的执行结果

第 2 章 线 性 表

2.1 问答题及其参考答案

2.1.1 问答题

1. 在定义一种数据结构时通常指出它的基本运算,什么叫基本运算?
2. 顺序表通常采用 C++ 中的数组实现,那么顺序表和数组有什么区别呢?
3. C++ 语言提供了 STL,为什么还需要学习数据结构呢?
4. 简述顺序表和链表存储方式的主要优缺点。
5. 一个长度为 n 的线性表,在采用顺序表或者单链表存储时,查找第一个值为 x 的元素的时间复杂度都是 $O(n)$。有人据此得到如下结论。

(1) 线性表采用顺序表存储时具有随机存取特性,所以线性表也具有随机存取特性。

(2) 顺序表具有随机存取特性,而单链表查找第一个值为 x 的元素的时间复杂度与之相同,所以单链表也具有随机存取特性。

请问这两个结论是正确的吗?并且说明理由。

6. 一般来说,设计算法时总是将输出参数设计为引用参数,但有人列举了这样一个反例,删除一个带头结点 h 的单链表中第一个值为 x 的结点,设计算法首部为 void delx (LinkNode * h, T x),这里单链表 h 既是输入又是输出,但将其设计为非引用参数也是正确的。由此得出输出参数不必作为引用参数的观点,你认为正确吗?

7. 对单链表设置一个头结点的作用是什么?

8. 假设均带头结点 h,给出单链表、双链表、循环单链表和循环双链表中 p 所指结点为尾结点的条件。

9. 在单链表、双链表和循环单链表中,若仅知道指针 p 指向某结点,不知道头结点,能否将 p 结点从相应的链表中删除?若可以,其时间复杂度各为多少?

10. 为什么在循环单链表中设置尾指针比设置头指针更好?

11. 假设结点 p 是某个双链表的中间结点(非首结点和尾结点),请给出实现以下功能的语句。

(1) 在结点 p 的后面插入结点 s。

(2) 在结点 p 的前面插入结点 s。

(3) 删除结点 p 的前驱结点。

(4) 删除结点 p 的后继结点。

(5) 删除结点 p。

12. 带头结点的双链表和循环双链表相比有什么不同？在何时使用循环双链表？

13. 设计一个算法，以不多于 $3n/2$ 的平均比较次数在一个有 n 个整数的顺序表 A 中找出最大值 max(整数)和最小值 min(整数)，并且分析该算法在最好和最坏情况下的比较次数。

14. 已知一个带头结点的单链表(头结点为 head)存放 n 个元素，其中结点类型为 (data,next)，p 指向其中某个结点。请设计一个平均时间复杂度为 $O(1)$ 的算法删除 p 结点，并且说明该算法的平均时间复杂度为 $O(1)$。

2.1.2 问答题参考答案

1. 答：计算机是进行数据处理的工具，可以根据应用的需要对一个数据结构实施许多适合的运算，基本运算是其中的一部分，是常用的运算，其他运算可以通过调用基本运算来实现，但不能说对该数据结构只能实施这些基本运算。

在计算机语言中，每种数据类型就是一种已实现的数据结构，它提供了一系列基本运算，例如 int 数据类型提供了加、减、乘、除等基本运算，程序人员通过编程使用这些基本运算可以完成 int 数据更复杂的计算功能。

2. 答：顺序表是线性表的一种顺序存储结构，用一组地址连续的存储单元依次存储线性表中的元素，顺序表通常借助 C++ 中的数组来实现。顺序表和数组并非一回事，数组是 C++ 语言中的一种数据类型，主要的操作是存取元素(不含插入和删除操作)，而用数组实现的顺序表的主要操作是线性表的操作，例如删除和插入元素等。一个简单的例子可以说明这两种的区别，如宫保鸡丁的主要食材是鸡脯肉，而鸡脯肉可以做很多的菜，不能说宫保鸡丁和鸡脯肉是一回事。

3. 答：尽管 STL 中提供了常用的数据结构容器，可以在算法设计中直接使用它们，但学习数据结构仍然是十分必要的，一方面可以理解 STL 容器的实现原理，以便更好地使用 STL；另一方面可以根据算法的特殊需要设计类似 STL 容器的数据结构，以便更高效地求解问题。

4. 答：顺序表的优点是可以随机存取元素，存储密度高，结构简单；缺点是需要一片地址连续的存储空间，不便于插入和删除元素(需要移动大量的元素)，表的初始容量难以确定。链表的优点是便于结点的插入和删除(只需要修改指针属性，不需要移动结点)，表的容量扩充十分方便；缺点是不能进行随机访问，只能顺序访问，另外在每个结点上增加指针属性，导致存储密度较低。

5. 答：这两个结论都是错误的，在逻辑上十分混乱，也是初学者经常犯错的地方。

(1) 随机存取特性是针对存储结构而不是逻辑结构的，线性表是一种逻辑结构而不是存储结构，所以"线性表具有随机存取特性"是错误的。

(2) 一个存储结构具有随机存取特性是指找到每个序号的元素值的时间是常量，即

$O(1)$,而不是找到值为 x 的元素的时间是常量。在顺序表中找到每个序号的元素值的时间都是常量,所以顺序表具有随机存取特性,而在单链表中找到每个序号为 i 的元素值的时间是不同的,平均时间是 $O(n)$,所以单链表不具有随机存取特性。

6. 答:这个观点不正确,至少是不准确的。一般算法设计的过程如图 2.1 所示,先有逻辑设计,即确定算法功能、输入输出参数及其类型,再实现算法,即以逻辑设计为蓝图详细描述从输入到输出的计算步骤。在描述算法时输出参数总是采用引用类型,至于不加引用不影响算法功能是另外一回事(如删除一个带头结点 h 的单链表中第一个值为 x 的结点,参数 h 不加引用也能够正确执行就是如此)。看一个简单示例,王老师要求每个学生交作业,他批改后将作业本归还给学生,对王老师而言,作业本既是输入又是输出,它必须加引用,因为学生最后希望看到王老师批改后的结果,如果某个学生全部正确,王老师没有任何批改,也仍然需要这样设计。所以算法实现是把逻辑层面设计的抽象运算映射到实现层面的具体算法,由前者决定后者,而不是倒过来的。

图 2.1 算法设计过程

7. 答:对单链表设置头结点的好处如下。
① 带头结点时,空表也存在一个头结点,从而统一了空表与非空表的处理。
② 在单链表中插入结点和删除结点时,都需要修改前驱结点的指针属性,带头结点时任何数据结点都有前驱结点,这样使得插入和删除结点操作更简单。

8. 答:各种链表中 p 结点为尾结点的条件如下。
① 单链表:p.next==NULL。
② 双链表:p.next==NULL。
③ 循环单链表:p.next==h。
④ 循环双链表:p.next==h。

9. 答:以下分 3 种链表进行讨论。
① 单链表。当已知指针 p 指向某结点时,能够根据该指针找到其后继结点,但是由于不知道其头结点,无法访问到 p 指针指向的结点的前驱结点,因此无法删除该结点。
② 双链表。由于这样的链表提供双向链接,因此根据已知结点可以查找到其前驱和后继结点,从而可以删除该结点。其时间复杂度为 $O(1)$。
③ 循环单链表。根据已知结点位置可以直接找到其后继结点,又因为是循环单链表,所以可以通过查找得到 p 结点的前驱结点,因此可以删除 p 所指结点。其时间复杂度为 $O(n)$。

10. 答:尾指针是指向链表尾结点的指针,用它来标识循环单链表时可以使得查找链表的开始结点和尾结点都很方便。例如,一个循环单链表仅由尾指针 rear 来标识(不含头指针),则开始结点和尾结点分别是 rear->next->next 和 rear,查找时间都是 $O(1)$。若用头指针 head 来标识该链表,则查找尾结点的时间为 $O(n)$。

11. 答:(1)在结点 p 的后面插入结点 s 的语句如下。

```
s—>next=p—>next;
p—>next—>prior=s;
p—>next=s;
s—>prior=p;
```

(2) 在结点 p 的前面插入结点 s 的语句如下：

```
s—>prior=p—>prior;
p—>prior—>next=s;
s—>next=p;
p—>prior=s;
```

(3) 删除结点 p 的前驱结点的语句如下：

```
q=p—>prior;                    //q指向要删除的结点
q—>prior—>next=p;
p—>prior=q—>prior;
delete q;
```

(4) 删除结点 p 的后继结点的语句如下：

```
q=p—>next;                     //q指向要删除的结点
p—>next=q—>next;
q—>next—>prior=p;
delete q;
```

(5) 删除结点 p 的语句如下：

```
p—>prior—>next=p—>next;
p—>next—>prior=p—>prior;
free(p);
```

12. 答：在带头结点的双链表中，尾结点的后继指针为 NULL，头结点的前驱指针不使用；在带头结点的循环双链表中，尾结点的后继指针指向头结点，头结点的前驱指针指向尾结点。当需要快速找到尾结点时，可以使用循环双链表。

13. 答：在整数顺序表 A 中查找最大值整数 max 和最小值整数 min 的算法如下。

```
void MaxMin(SqList<int> A, int &max, int &min) {
    max=min=A.data[0];
    for (int i=1; i<A.length; i++) {
        if (A.data[i]>max)
            max=A.data[i];
        else if (A.data[i]<min)
            min=A.data[i];
    }
}
```

对于有 n 个整数的顺序表 A，当其中元素递增排列时，for 循环体执行 $n-1$ 次，每次 $A.data[i]>max$ 的比较总是成立，不会做 $A.data[i]<min$ 的比较，所以共比较 $n-1$ 次，是最好情况的比较次数。

当其中元素递减排列时，for 循环体执行 $n-1$ 次，每次 $A.data[i]>max$ 的比较总是不

成立,必须做 A.data[i]<min 的比较,所以共比较 $2(n-1)$ 次,是最坏情况的比较次数。

平均情况是考虑循环中有 $n/2$ 次 A.data[i]>max 成立,$n/2$ 次 A.data[i]>max 不成立,后者还需要做 $n/2$ 次 A.data[i]<min 的比较,所以总的比较次数 $=n+n/2=3n/2$。也就是说上述算法的平均比较次数不多于 $3n/2$。

14. 答:头结点为 head 的单链表的结点类型是确定的,每个结点仅有 data 和 next 两个域。删除 p 指向的结点的操作如下。

① 若 p 结点不是尾结点,将 p 结点的后继结点的 data 值复制到 p 结点中,再删除 p 结点的后继结点。

② 若 p 结点是尾结点,通过 L 找到尾结点的前驱结点 pre,通过 pre 结点删除 p 结点。

对应的算法如下:

```
template < typename T >
void Delpnode(LinkNode< T > * &head,LinkNode< T > * p) {
    LinkNode< T > * q, * pre;
    if (p−>next!=NULL) {                  //p结点不是尾结点
        q=p−>next;                        //q指向p结点的后继结点
        p−>data=q−>data;                  //复制结点值
        p−>next=q−>next;                  //删除q结点
        free(q);
    }
    else {                                //p结点是尾结点
        pre=head;
        while (pre−>next!=p)              //查找p结点的前驱结点pre
            pre=pre−>next;
        pre−>next=p−>next;                //通过pre结点删除p结点
        free(p);
    }
}
```

对于含 n 个结点的单链表,上述算法仅在 p 结点为尾结点时执行时间为 $O(n)$,其他 $n-1$ 种情况的执行时间均为 $O(1)$,所以算法的平均时间复杂度为 $\dfrac{(n-1)\times O(1)+1\times O(n)}{n}=O(1)$。

2.2 算法设计题及其参考答案

2.2.1 算法设计题

1. 有一个递增有序的整数顺序表 L,设计一个算法将整数 x 插入到适当位置上,以保持该表的有序性,并给出算法的时间和空间复杂度。例如,$L=(1,3,5,7)$,插入 $x=6$ 后 $L=(1,3,5,6,7)$。

2. 有一个整数顺序表 L,设计一个尽可能高效的算法删除其中所有值为负整数的元素(假设 L 中值为负整数的元素可能有多个),删除后元素的相对次序不改变,并给出算法的时间和空间复杂度。例如,$L=(1,2,-1,-2,3,-3)$,删除后 $L=(1,2,3)$。

3. 有一个整数顺序表 L,设计一个尽可能高效的算法将所有负整数的元素移到其他元素的前面,并给出算法的时间和空间复杂度。例如,$L=(1,2,-1,-2,3,-3,4)$,移动后 $L=(-1,-2,-3,1,2,3,4)$。

4. 有两个集合采用整数顺序表 A、B 存储,设计一个算法求两个集合的并集 C,C 仍然用顺序表存储,并给出算法的时间和空间复杂度。例如 $A=(1,3,2)$,$B=(5,1,4,2)$,并集 $C=(1,3,2,5,4)$。

说明:这里的集合均指数学意义上的集合,在同一个集合中不存在值相同的元素。

5. 有两个集合采用递增有序的整数顺序表 A、B 存储,设计一个在时间上尽可能高效的算法求两个集合的并集 C,C 仍然用顺序表存储,并给出算法的时间和空间复杂度。例如 $A=(1,3,5,7)$,$B=(1,2,4,5,7)$,并集 $C=(1,2,3,4,5,7)$。

6. 有两个集合采用整数顺序表 A、B 存储,设计一个算法求两个集合的差集 C,C 仍然用顺序表存储,并给出算法的时间和空间复杂度。例如 $A=(1,3,2)$,$B=(5,1,4,2)$,差集 $C=(3)$。

7. 有两个集合采用递增有序的整数顺序表 A、B 存储,设计一个在时间上尽可能高效的算法求两个集合的差集 C,C 仍然用顺序表存储,并给出算法的时间和空间复杂度。例如 $A=(1,3,5,7)$,$B=(1,2,4,5,9)$,差集 $C=A-B=(3,7)$。

8. 有两个集合采用整数顺序表 A、B 存储,设计一个算法求两个集合的交集 C,C 仍然用顺序表存储,并给出算法的时间和空间复杂度。例如 $A=(1,3,2)$,$B=(5,1,4,2)$,交集 $C=(1,2)$。

9. 有两个集合采用递增有序的整数顺序表 A、B 存储,设计一个在时间上尽可能高效的算法求两个集合的交集 C,C 仍然用顺序表存储,并给出算法的时间和空间复杂度。例如 $A=(1,3,5,7)$,$B=(1,2,4,5,7)$,交集 $C=(1,5,7)$。

10. 有两个非空递增整数顺序表 A 和 B,设计一个算法将所有整数合并到递减整数顺序表 C。

11. 有一个整数单链表 L,设计一个算法删除其中所有值为 x 的结点,并给出算法的时间和空间复杂度。例如 $L=(1,2,2,3,1)$,$x=2$,删除后 $L=(1,3,1)$。

12. 有一个整数单链表 L,设计一个尽可能高效的算法将所有负整数的元素移到其他元素的前面。例如,$L=(1,2,-1,-2,3,-3,4)$,移动后 $L=(-1,-2,-3,1,2,3,4)$。

13. 有两个集合采用整数单链表 A、B 存储,设计一个算法求两个集合的并集 C,C 仍然用单链表存储,并给出算法的时间和空间复杂度。例如 $A=(1,3,2)$,$B=(5,1,4,2)$,并集 $C=(1,3,2,5,4)$。

14. 有两个集合采用递增有序的整数单链表 A、B 存储,设计一个在时间上尽可能高效的算法求两个集合的并集 C,C 仍然用单链表存储,并给出算法的时间和空间复杂度。例如 $A=(1,3,5,7)$,$B=(1,2,4,5,7)$,并集 $C=(1,2,3,4,5,7)$。

15. 有两个集合采用整数单链表 A、B 存储,设计一个算法求两个集合的差集 $C=A-B$,C 仍然用单链表存储,并给出算法的时间和空间复杂度。例如 $A=(1,3,2)$,$B=(5,1,4,2)$,差集 $C=(3)$。

16. 有两个集合采用递增有序的整数单链表 A、B 存储,设计一个在时间上尽可能高效的算法求两个集合的差集 $C=A-B$,C 仍然用单链表存储,并给出算法的时间和空间复杂度。例如 $A=(1,3,5,7)$，$B=(1,2,4,5,9)$，差集 $C=(3,7)$。

17. 有两个集合采用整数单链表 A、B 存储，设计一个算法求两个集合的交集 C，C 仍然用单链表存储，并给出算法的时间和空间复杂度。例如 $A=(1,3,2)$，$B=(5,1,4,2)$，交集 $C=(1,2)$。

18. 有两个集合采用递增有序的整数单链表 A、B 存储，设计一个在时间上尽可能高效的算法求两个集合的交集 C，C 仍然用单链表存储，并给出算法的时间和空间复杂度。例如 $A=(1,3,5,7)$，$B=(1,2,4,5,7)$，交集 $C=(1,5,7)$。

19. 设 A 和 B 是两个单链表，表中的元素递增有序。设计一个算法将 A 和 B 归并成一个按结点值递减有序的单链表 C，要求不破坏原来的 A、B 单链表，请分析算法的时间和空间复杂度。

20. 有一个递增有序的整数双链表 L，其中至少有两个结点。设计一个算法就地删除 L 中所有值重复的结点，即多个值相同的结点仅保留一个。例如，$L=(1,2,2,2,3,5,5)$，删除后 $L=(1,2,3,5)$。

21. 有两个递增有序的整数双链表 A 和 B，分别含有 m 和 n 个整数元素，假设这 $m+n$ 个元素均不相同。设计一个算法求这 $m+n$ 个元素中第 $k(1 \leqslant k \leqslant m+n)$ 小的元素的值。例如，$A=(1,3)$，$B=(2,4,6,8,10)$，$k=2$ 时返回 2，$k=6$ 时返回 8。

22. 假设有一个长度大于 1 的带头结点的循环单链表 A，p 指针指向其中的某个数据结点，设计一个算法不使用头结点指针来删除结点 p。

23. 假设有一个长度大于 1 的带头结点的循环双链表 A，某个结点的 next 指针指向后继结点，但 prior 指针都是 NULL，设计一个算法修复所有结点的 prior 指针值。

2.2.2 算法设计题参考答案

1. 解：先在有序顺序表 L 中查找有序插入 x 的位置 i（即在 L 中从前向后查找到刚好大于或等于 x 的位置 i），再调用 $L.\text{Insert}(i,x)$ 插入元素 x。对应的算法如下：

```
void Insertx(SqList< int > &L, int x) {
    int i=0;
    while (i< L.length && L.data[i]< x)      //查找刚好≥x 的元素的序号 i
        i++;
    L.Insert(i, x);
}
```

上述算法的时间复杂度为 $O(n)$，空间复杂度为 $O(1)$。

2. 解：采用《教程》中例 2.3 的 3 种解法，仅将保留元素的条件改为"元素值≥0"即可。对应的 3 种算法如下：

```
void Delminus1(SqList< int > &L) {           //解法 1
    int k=0;
    for (int i=0;i< L.length;i++) {
        if (L.data[i]>=0) {
            L.data[k]=L.data[i];             //将元素值≥0 的元素插入 data 中
            k++;                              //累计插入的元素个数
        }
    }
}
```

```
        L.length=k;                             //重置长度
    }
    void Delminus2(SqList<int> &L) {            //解法2
        int k=0;
        for (int i=0;i<L.length;i++) {
            if (L.data[i]>=0)                   //将元素值≥0的元素前移k个位置
                L.data[i-k]=L.data[i];
            else                                //累计删除的元素个数
                k++;
        }
        L.length-=k;                            //重置长度
    }
    void Delminus3(SqList<int> &L) {            //解法3
        int i=-1;
        int j=0;
        while (j<L.length) {                    //j遍历所有元素
            if (L.data[j]>=0) {                 //找到元素值≥0的元素data[j]
                i++;                            //扩大元素值≥0的区间
                if (i!=j) swap(L.data[i],L.data[j]);  //i不等于j时将data[i]与data[j]交换
            }
            j++;                                //继续遍历
        }
        L.length=i+1;                           //重置长度
    }
```

上述3种算法的时间复杂度均为$O(n)$,空间复杂度均为$O(1)$。

3. **解**：采用《教程》中例2.3的解法3(即区间划分法),将"元素值!=x"改为"元素值<0",并且移动后顺序表的长度不变。对应的算法如下：

```
    void Move(SqList<int> &L) {
        int i=-1;
        int j=0;
        while (j<L.length) {                    //j遍历所有元素
            if (L.data[j]<0) {                  //找到需要前移的元素data[j]
                i++;                            //扩大负元素的区间
                if (i!=j)                       //i不等于j时将data[i]与data[j]交换
                    swap(L.data[i],L.data[j]);  //将序号为i和j的两个元素交换
            }
            j++;                                //继续遍历
        }
    }
```

上述算法的时间复杂度为$O(n)$,空间复杂度为$O(1)$。

4. **解**：将集合A中的所有元素添加到集合C中,再将集合B中不属于集合A的元素添加到集合C中,最后返回C,如图2.2所示。

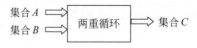

图2.2 两个无序集合求并集

对应的算法如下：

```
SqList <int> &Union(SqList <int> &A, SqList <int> &B) {
    static SqList <int> C;
    for (int i=0;i<A.length;i++)          //将 A 中的所有元素添加到 C 中
        C.Add(A.data[i]);
    for (int j=0;j<B.length;j++) {        //将 B 中不属于 A 的元素添加到 C 中
        int e=B.data[j];
        if (A.GetNo(e)==-1)               //时间为 O(n)
            C.Add(e);
    }
    return C;                             //返回 C
}
```

上述算法的时间复杂度为 $O(m \times n)$，空间复杂度为 $O(m+n)$，其中 m 和 n 分别表示 A 和 B 中的元素个数。

5. 解：由于顺序表 A、B 是有序的，采用二路归并方法，当 A、B 都没有遍历完时将较小元素添加到 C 中，相等的公共元素仅添加一个，如图 2.3 所示。再将没有归并完的其余元素添加到 C 中，最后返回 C。对应的算法如下：

```
SqList <int> &Union(SqList <int> &A, SqList <int> &B) {
    static SqList <int> C;
    int i=0,j=0;
    while (i<A.length && j<B.length) {
        if (A.data[i]<B.data[j]) {        //将较小元素 A.data[i] 添加到 C 中
            C.Add(A.data[i]);
            i++;
        }
        else if (B.data[j]<A.data[i]) {   //将较小元素 B.data[j] 添加到 C 中
            C.Add(B.data[j]);
            j++;
        }
        else {                             //公共元素只添加一个
            C.Add(A.data[i]);
            i++; j++;
        }
    }
    while (i<A.length) {                   //若 A 未遍历完，将余下的所有元素添加到 C 中
        C.Add(A.data[i]);
        i++;
    }
    while (j<B.length) {                   //若 B 未遍历完，将余下的所有元素添加到 C 中
        C.Add(B.data[j]);
        j++;
    }
    return C;
}
```

图 2.3 两个有序集合求并集

上述算法的时间复杂度为 $O(m+n)$，空间复杂度为 $O(m+n)$，其中 m 和 n 分别表示

A 和 B 中的元素个数。

6. 解：将集合 A 中所有不属于集合 B 的元素添加到 C 中，最后返回 C。对应的算法如下：

```cpp
SqList<int> &Diff(SqList<int> &A, SqList<int> &B) {
    static SqList<int> C;
    for (int i=0; i<A.length; i++) {        //将 A 中不属于 B 的元素添加到 C 中
        int e=A.data[i];
        if (B.GetNo(e)==-1)                 //时间为 O(n)
            C.Add(e);
    }
    return C;                               //返回 C
}
```

上述算法的时间复杂度为 $O(m \times n)$，空间复杂度为 $O(m)$，其中 m 和 n 分别表示 A 和 B 中的元素个数。

7. 解：差集 C 中的元素是属于 A 但不属于 B 的元素，由于顺序表 A、B 是有序的，采用二路归并方法，在归并中先将 A 中小于 B 的元素添加到 C 中，当 B 遍历完后，再将 A 中较大的元素（如果存在这样的元素）添加到 C 中，最后返回 C。对应的算法如下：

```cpp
SqList<int> &Diff(SqList<int> &A, SqList<int> &B) {
    static SqList<int> C;
    int i=0, j=0;
    while (i<A.length && j<B.length) {
        if (A.data[i]<B.data[j]) {          //将较小元素 A.data[i] 添加到 C 中
            C.Add(A.data[i]);
            i++;
        }
        else if (B.data[j]<A.data[i])       //忽略较小元素 B.data[j]
            j++;
        else {                              //忽略公共元素
            i++; j++;
        }
    }
    while (i<A.length) {                    //若 A 未遍历完，将余下的所有元素添加到 C 中
        C.Add(A.data[i]);
        i++;
    }
    return C;
}
```

上述算法的时间复杂度为 $O(m+n)$，空间复杂度为 $O(m)$，其中 m 和 n 分别表示 A 和 B 中的元素个数。

8. 解：将集合 A 中所有属于 B 的元素添加到集合 C 中并返回 C。对应的算法如下：

```cpp
SqList<int> &Inter(SqList<int> &A, SqList<int> &B) {
    static SqList<int> C;
    for (int i=0; i<A.length; i++) {        //将 A 中属于 B 的元素添加到 C 中
        int e=A.data[i];
        if (B.GetNo(e)!=-1)                 //时间为 O(n)
            C.Add(e);
    }
}
```

```
        return C;                                    //返回C
    }
```

上述算法的时间复杂度为 $O(m \times n)$，空间复杂度为 $O(\text{MIN}(m,n))$，其中 m 和 n 分别表示 A 和 B 中的元素个数。

9. **解**：由于顺序表 A、B 是有序的，采用二路归并方法，在归并中仅将 A、B 中值相同的元素添加到 C 中，最后返回 C。对应的算法如下：

```
SqList<int> &Inter(SqList<int> &A,SqList<int> &B) {
    static SqList<int> C;
    int i=0,j=0;
    while (i<A.length && j<B.length) {
        if (A.data[i]<B.data[j])                     //忽略较小元素 A.data[i]
            i++;
        else if (B.data[j]<A.data[i])                //忽略较小元素 B.data[j]
            j++;
        else {
            C.Add(A.data[i]);                        //仅将公共元素添加到C中
            i++;
            j++;
        }
    }
    return C;
}
```

上述算法的时间复杂度为 $O(m+n)$，空间复杂度为 $O(\text{MIN}(m,n))$，其中 m 和 n 分别表示 A 和 B 中的元素个数。

10. **解**：采用二路归并方法产生有序整数顺序表 C，由于 C 是递减的，将 A 或者 B 中归并的元素从 C 的尾部开始存放。对应的算法如下：

```
void Merge(SqList<int> &A,SqList<int> &B,SqList<int> &C) {
    int i=0,j=0,k=A.length+B.length-1;
    while (i<A.length && j<B.length) {
        if (A.data[i]<B.data[j]) {                   //归并较小元素 A.data[i]
            C.data[k]=A.data[i];
            i++; k--;
        }
        else {                                       //归并较小元素 B.data[j]
            C.data[k]=B.data[j];
            j++; k--;
        }
    }
    while (i<A.length) {                             //归并A中剩余的元素
        C.data[k]=A.data[i];
        i++; k--;
    }
    while (j<B.length) {                             //归并B中剩余的元素
        C.data[k]=B.data[j];
        j++; k--;
    }
    C.length=A.length+B.length;
}
```

11. 解：设置(pre,p)指向 L 中相邻的两个结点，初始时 pre 指向头结点，p 指向首结点。用 p 遍历 L：

① 若 p 结点值为 x，则通过 pre 结点删除 p 结点，置 p 结点为 pre 结点的后继结点。

② 若 p 结点值不为 x，则 pre 和 p 同步后移一个结点。

对应的算法如下：

```
void Delx(LinkList<int> &L, int x) {
    LinkNode<int> *pre=L.head;
    LinkNode<int> *p=pre->next;          //p 指向首结点
    while (p!=NULL) {                     //遍历所有数据结点
        if (p->data==x) {                 //找到值为 x 的 p 结点
            pre->next=p->next;            //通过 pre 结点删除 p 结点
            p=pre->next;                  //置 p 结点为 pre 结点的后继结点
        }
        else {                            //p 结点不是值为 x 的结点
            pre=pre->next;                //pre 和 p 同步后移一个结点
            p=pre->next;
        }
    }
}
```

上述算法的时间复杂度为 $O(n)$，空间复杂度为 $O(1)$。

12. 解法 1：删除插入法。先跳过单链表 L 开头的连续负整数结点（如果有开头的负整数结点），让 last 指向其最后一个负整数结点，若单链表 L 的首结点不是负整数结点，则 last 指向头结点。p 指向 last 结点的后继结点，pre 置为 last，用(pre,p)遍历余下的结点：

① 若 p 结点值<0，则通过 pre 结点删除 p 结点，再将 p 结点插入 last 结点之后，然后置 last=p，p 继续指向 pre 结点的后继结点，以此类推，直到 p 为空。

② 否则，pre 和 p 同步后移一个结点。

对应的算法如下：

```
void Move1(LinkList<int> &L) {                      //解法 1
    LinkNode<int> *last=L.head;
    LinkNode<int> *p=L.head->next;
    while (p!=NULL && p->data<0) {                  //跳过开头的负整数结点
        last=last->next;                            //last,p 同步后移一个结点
        p=p->next;                                  //循环结束后,last 为前面负整数的尾结点
    }
    LinkNode<int> *pre=last;
    while (p!=NULL) {                               //查找负整数结点 p
        if (p->data<0) {                            //找到负整数结点 p
            pre->next=p->next;                      //删除 p 结点
            p->next=last->next;                     //将 p 结点插入 last 结点之后
            last->next=p;
            last=p;
            p=pre->next;
        }
        else {                                      //p 结点不是负整数结点
            pre=pre->next;                          //last,p 同步后移一个结点
            p=pre->next;
        }
    }
}
```

```
        }
    }
}
```

解法 2：分拆合并法。扫描单链表 L，采用尾插法建立由所有负整数结点构成的单链表 A，采用尾插法建立由所有其他结点构成的单链表 B（A、B 均为头结点）。将 B 链接到 A 之后，再将 L 的头结点作为新单链表的头结点。对应的算法如下：

```
void Move2(LinkList<int> &L) {                    //解法 2
    LinkNode<int> *p=L.head->next;
    LinkNode<int> *A=new LinkNode<int>();         //建立单链表 A 的头结点
    LinkNode<int> *B=new LinkNode<int>();         //建立单链表 B 的头结点
    LinkNode<int> *ta=A, *tb=B;                   //ta、tb 分别为 A 和 B 的尾结点
    while (p!=NULL) {
        if (p->data<0) {                          //若找到负整数结点 p
            ta->next=p;                           //将 p 结点链接到 A 的末尾
            ta=p;
            p=p->next;
        }
        else {                                    //不是负整数结点 p
            tb->next=p;                           //将 p 结点链接到 B 的末尾
            tb=p;
            p=p->next;
        }
    }
    ta->next=tb->next=NULL;                       //将两个单链表的尾结点的 next 置为 NULL
    ta->next=B->next;                             //将 B 链接到 A 的后面
    L.head->next=A->next;                         //重置 L
}
```

13. 解：本题先将集合 A 中的所有元素复制到 C 中，再将集合 B 中不属于 A 的元素添加到集合 C 中，最后返回 C。对应的算法如下：

```
LinkList<int> &Union(LinkList<int> &A, LinkList<int> &B) {
    static LinkList<int> C;
    LinkNode<int> *r=C.head;                              //r 指向单链表 C 的尾结点
    LinkNode<int> *p=A.head->next, *q;
    while (p!=NULL) {                                     //将 A 复制到 C 中
        LinkNode<int> *s=new LinkNode<int>(p->data);
        r->next=s; r=s;
        p=p->next;
    }
    q=B.head->next;
    while (q!=NULL) {                                     //用 q 指针遍历 B
        p=A.head->next;
        while (p!=NULL && p->data!=q->data)               //在 A 中查找 q->data
            p=p->next;
        if (p==NULL) {                                    //q 结点值在 A 中没有出现
            LinkNode<int> *s=new LinkNode<int>(q->data);
            r->next=s; r=s;
        }
        q=q->next;
```

```
            r->next=NULL;                              //将C的尾结点的next置为空
            return C;                                  //返回C
        }
```

上述算法的时间复杂度为 $O(m \times n)$,空间复杂度为 $O(m+n)$,其中 m 和 n 分别表示 A 和 B 中的元素个数。

14. 解:本题采用二路归并+尾插法建立并集单链表 C。对应的算法如下:

```
LinkList<int> &Union(LinkList<int> &A, LinkList<int> &B) {
    static LinkList<int> C;
    LinkNode<int> *r=C.head;                           //r指向单链表C的尾结点
    LinkNode<int> *p=A.head->next;
    LinkNode<int> *q=B.head->next;
    while (p!=NULL && q!=NULL) {
        if (p->data < q->data) {                       //将较小结点p添加到C中
            r->next=p; r=p;
            p=p->next;
        }
        else if (q->data < p->data) {                  //将较小结点q添加到C中
            r->next=q; r=q;
            q=q->next;
        }
        else {                                         //公共结点只添加一个
            r->next=p; r=p;
            p=p->next;
            LinkNode<int> *tmp=q;
            q=q->next;
            delete tmp;                                //释放重复结点的空间
        }
    }
    r->next=NULL;
    if (p!=NULL) r->next=p;                            //若A未遍历完,则将余下的所有结点链接到C中
    if (q!=NULL) r->next=q;                            //若B未遍历完,则将余下的所有结点链接到C中
    A.head->next=B.head->next=NULL;                    //将A和B置为空表
    return C;
}
```

上述算法的时间复杂度为 $O(m+n)$,空间复杂度为 $O(1)$,其中 m 和 n 分别表示 A 和 B 中的元素个数。

说明:这里的单链表 C 是利用 A 和 B 单链表的结点重构得到的,并没有新建结点。算法执行后,A 和 B 单链表不复存在。若采用结点复制的方法,不破坏 A 和 B 单链表,对应的时间复杂度为 $O(m+n)$,空间复杂度为 $O(m+n)$。

15. 解:本题将集合 A 中所有不属于集合 B 的元素添加到 C 中,最后返回 C。对应的算法如下:

```
LinkList<int> &Diff(LinkList<int> &A, LinkList<int> &B) {
    static LinkList<int> C;
    LinkNode<int> *r=C.head;                           //r指向单链表C的尾结点
    LinkNode<int> *p=A.head->next, *q;
```

```
        while (p!=NULL) {                              //将 A 中不属于 B 的元素添加到 C 中
            q=B.head->next;
            while (q!=NULL && p->data!=q->data)        //在 B 中查找 p->data
                q=q->next;
            if (q==NULL) {                             //若 p 结点值在 B 中没有出现
                LinkNode<int> *s=new LinkNode<int>(p->data);
                r->next=s; r=s;
            }
            p=p->next;
        }
        r->next=NULL;                                  //则将 C 的尾结点的 next 置为空
        return C;                                      //返回 C
    }
```

上述算法的时间复杂度为 $O(m \times n)$，空间复杂度为 $O(m)$，其中 m 和 n 分别表示 A 和 B 中的结点个数。

16. 解：采用二路归并＋尾插法建立差集单链表 C。差集 C 中的元素是属于 A 但不属于 B 的元素，在归并中先将 A 中小于 B 的元素添加到 C 中，当 B 遍历完后，再将 A 中较大的元素（如果存在这样的元素）添加到 C 中，最后返回 C。对应的算法如下：

```
    LinkList<int> &Diff(LinkList<int> &A, LinkList<int> &B) {
        static LinkList<int> C;
        LinkNode<int> *r=C.head;                       //r 指向单链表 C 的尾结点
        LinkNode<int> *p=A.head->next;
        LinkNode<int> *q=B.head->next;
        while (p!=NULL && q!=NULL) {
            if (p->data<q->data) {                     //将较小结点 p 添加到 C 中
                LinkNode<int> *s=new LinkNode<int>(p->data);
                r->next=s; r=s;
                p=p->next;
            }
            else if (q->data<p->data)                  //忽略较小结点 q
                q=q->next;
            else {                                     //忽略公共结点
                p=p->next;
                q=q->next;
            }
        }
        r->next=NULL;
        while (p!=NULL) {                              //若 A 未遍历完，将余下的所有结点链接到 C 中
            LinkNode<int> *s=new LinkNode<int>(p->data);
            r->next=s; r=s;
            p=p->next;
        }
        r->next=NULL;
        return C;
    }
```

上述算法的时间复杂度为 $O(m+n)$，空间复杂度为 $O(m)$，其中 m 和 n 分别表示 A 和 B 中的结点个数。

17. 解：本题将集合 A 中所有属于 B 的元素添加到集合 C 中，最后返回 C。对应的算

法如下：

```cpp
LinkList<int> &Inter(LinkList<int> &A, LinkList<int> &B) {
    static LinkList<int> C;
    LinkNode<int> *r=C.head;                    //r指向单链表C的尾结点
    LinkNode<int> *p,*q;
    q=B.head->next;
    while (q!=NULL) {                           //用q指针遍历B
        p=A.head->next;
        while (p!=NULL && p->data!=q->data)     //在A中查找q->data
            p=p->next;
        if (p!=NULL) {                          //q结点值在A中出现过
            LinkNode<int> *s=new LinkNode<int>(q->data);
            r->next=s; r=s;
        }
        q=q->next;
    }
    r->next=NULL;                               //将C的尾结点的next置为空
    return C;                                   //返回C
}
```

上述算法的时间复杂度为 $O(m\times n)$，空间复杂度为 $O(MIN(m,n))$，其中 m 和 n 分别表示 A 和 B 中的结点个数。

18. 解：采用二路归并＋尾插法建立交集单链表 C，在归并中仅将 A、B 中值相同的元素结点 s 添加到 C 中，最后返回 C。对应的算法如下：

```cpp
LinkList<int> &Inter(LinkList<int> &A, LinkList<int> &B) {
    static LinkList<int> C;
    LinkNode<int> *r=C.head;                    //r指向单链表C的尾结点
    LinkNode<int> *p=A.head->next;
    LinkNode<int> *q=B.head->next;
    while (p!=NULL && q!=NULL) {
        if (p->data<q->data)                    //忽略较小结点p
            p=p->next;
        else if (q->data<p->data)               //忽略较小结点q
            q=q->next;
        else {                                  //公共结点只添加一个
            LinkNode<int> *s=new LinkNode<int>(p->data);
            r->next=s; r=s;
            p=p->next;
            q=q->next;
        }
    }
    r->next=NULL;
    return C;
}
```

上述算法的时间复杂度为 $O(m+n)$，空间复杂度为 $O(\min(m,n))$，其中 m 和 n 分别表示 A 和 B 中的结点个数。

19. 解：采用二路归并＋头插法建表。由于要求不破坏原来的 A、B 单链表，在归并中通过复制结点来产生 C 的结点。对应的算法如下：

```cpp
void Merge(LinkList<int> &A, LinkList<int> &B, LinkList<int> &C) {
    LinkNode<int> *s;
    LinkNode<int> *p=A.head->next;
    LinkNode<int> *q=B.head->next;
    while (p!=NULL && q!=NULL) {
        if (p->data<q->data) {                    //归并较小的结点p
            s=new LinkNode<int>(p->data);
            s->next=C.head->next;                 //用头插法插入结点s
            C.head->next=s;
            p=p->next;
        }
        else {                                    //归并较小的结点q
            s=new LinkNode<int>(q->data);
            s->next=C.head->next;                 //用头插法插入结点s
            C.head->next=s;
            q=q->next;
        }
    }
    if (q!=NULL) p=q;                             //让p指向剩余结点
    while (p!=NULL) {                             //归并剩余结点
        s=new LinkNode<int>(p->data);
        s->next=C.head->next;                     //用头插法插入结点s
        C.head->next=s;
        p=p->next;
    }
}
```

上述算法的时间复杂度为 $O(m+n)$，空间复杂度为 $O(m+n)$，其中 m 和 n 分别表示 A 和 B 中的结点个数。

20. 解：在递增有序的整数双链表 L 中，值相同的结点一定是相邻的。首先让 pre 指向首结点，p 指向其后继结点。然后执行如下循环，直到 p 为空。

① 若 p 结点值等于前驱结点（pre 结点）值，则通过 pre 结点删除 p 结点，置 $p=\text{pre}\rightarrow\text{next}$。

② 否则，pre、p 同步后移一个结点。

对应的算法如下：

```cpp
void DelRep(DLinkList<int> &A) {
    DLinkNode<int> *pre=A.dhead->next;
    DLinkNode<int> *p=pre->next;
    while (p!=NULL) {                             //p遍历其他所有结点
        if (p->data==pre->data) {                 //p结点是重复的要删除的结点
            pre->next=p->next;                    //通过pre结点删除p结点
            if (p->next!=NULL)
                p->next->prior=pre;
            p=pre->next;
        }
        else {                                    //p结点不是重复的结点
            pre=p;                                //pre、p同步后移一个结点
            p=pre->next;
        }
    }
}
```

21. 解：本算法仍采用二路归并的思路。若 $k<1$ 或者 $k>A.\text{Getlength}()+B.\text{Getlength}()$，表示参数 k 错误，抛出异常，否则用 p、q 分别扫描有序双链表 A、B，用 cnt 累计比较次数（从 0 开始），处理如下：

① 当两个顺序表均没有扫描完时，比较它们的当前元素，每比较一次 cnt 增 1，当 $k==\text{cnt}$ 时，较小的元素就是返回的最终结果。

② 如果没有返回，让 p 指向没有比较完的结点，继续遍历并且递增 cnt，直到找到第 k 个结点 p 后返回其值。

对应的算法如下：

```
int topk(DLinkList<int> &A, DLinkList<int> &B, int k) {
    DLinkNode<int> *p=A.dhead->next;
    DLinkNode<int> *q=B.dhead->next;
    int cnt=0;
    while (p!=NULL && q!=NULL) {         //A、B均没有遍历完
        cnt++;                            //比较次数增加1
        if (p->data < q->data) {          //p结点较小
            if (cnt==k) return p->data;   //已比较k次,返回p结点值
            p=p->next;
        }
        else {                            //q结点较小
            if (cnt==k) return q->data;   //已比较k次,返回q结点值
            q=q->next;
        }
    }
    if (q!=NULL) p=q; ;                   //p指向没有比较完的结点
    cnt++;                                //从p开始累计cnt
    while (cnt!=k && p!=NULL) {           //遍历剩余的结点
        p=p->next;
        cnt++;
    }
    return p->data;
}
```

22. 解：通过循环单链表中的环找到结点 p 的前驱结点 pre，通过结点 pre 删除结点 p。对应的算法如下：

```
void delnode(LinkNode<int> *p) {
    LinkNode<int> *pre=p->next;
    while (pre->next!=p)                  //找到结点p的前驱结点pre
        pre=pre->next;
    pre->next=p->next;                    //删除结点p
    delete p;
}
```

23. 解：pre 指向头结点，p 指向首结点，循环置 $p\text{->prior=pre}$，直到 pre 指向尾结点，再置 $A.\text{dhead->prior=pre}$。对应的算法如下：

```
void repair(CDLinkList<int> &A) {
    DLinkNode<int> *pre=A.dhead;
```

```
    DLinkNode<int> *p=pre->next;
    while (pre->next!=A.dhead) {          //循环到pre指向尾结点
        p->prior=pre;
        pre=p; p=p->next;                  //pre和p同步后移
    }
    A.dhead->prior=pre;
}
```

2.3 基础实验题及其参考答案

2.3.1 基础实验题

1. 设计整数顺序表的基本运算程序，并用相关数据进行测试。
2. 设计整数单链表的基本运算程序，并用相关数据进行测试。
3. 设计整数双链表的基本运算程序，并用相关数据进行测试。
4. 设计整数循环单链表的基本运算程序，并用相关数据进行测试。
5. 设计整数循环双链表的基本运算程序，并用相关数据进行测试。

2.3.2 基础实验题参考答案

1. 解：顺序表的基本运算算法的设计原理参见《教程》中的2.2.2节。包含顺序表基本运算算法类 SqList 以及测试主程序的 Exp1-1.cpp 文件如下：

```cpp
#include <iostream>
using namespace std;
const int initcap=5;                       //顺序表的初始容量
template <typename T>
class SqList {                             //顺序表泛型类
public:
    T *data;                               //存放顺序表中的元素
    int capacity;                          //顺序表的容量
    int length;                            //存放顺序表的长度
    SqList() {                             //构造函数
        data=new T[initcap];               //为data分配初始容量大小的空间
        capacity=initcap;
        length=0;                          //初始时置length为0
    }
    ~SqList() {                            //析构函数
        delete [] data;                    //释放空间
    }
    SqList(const SqList<T> &s) {           //复制初始化构造函数
        capacity=s.capacity;
        length=s.length;
        data=new T[capacity];              //为当前顺序表分配空间
        for (int i=0;i<length;i++)
            data[i]=s.data[i];
    }
```

```cpp
void CreateList(T a[],int n) {              //由数组a中的元素整体建立顺序表
    length=0;
    for (int i=0;i<n;i++) {
        if(length==capacity)
            recap(2*length);
        data[length]=a[i];
        length++;                            //添加后元素个数增加1
    }
}
void Add(T e) {                              //在顺序表的末尾添加一个元素e
    if (length==capacity)                    //顺序表空间满时倍增容量
        recap(2*length);
    data[length]=e;                          //添加元素e
    length++;                                //长度增1
}
int Getlength() {                            //求顺序表的长度
    return length;
}
bool GetElem(int i, T &e) {                  //求序号为i的元素
    if (i<0 || i>=length)
        return false;                        //参数错误时返回false
    e=data[i];                               //取元素值
    return true;                             //成功找到元素时返回true
}
bool SetElem(int i,T e) {                    //设置序号为i的元素
    if (i<=0 || i>=length)
        return false;                        //参数错误时返回false
    data[i]=e;
    return true;
}
int GetNo(T e) {                             //查找第一个为e的元素的序号
    int i=0;
    while(i<length && data[i]!=e)
        i++;                                 //查找元素e
    if (i>=length) return -1;                //未找到时返回-1
    else return i;                           //找到后返回其序号
}
bool Insert(int i, T e) {                    //在顺序表中序号为i的位置插入元素e
    if (i<0 || i>length)
        return false;                        //参数i错误返回false
    if(length==capacity)                     //顺序表空间满时倍增容量
        recap(2*length);
    for(int j=length;j>i;j--)                //将data[i]及后面的元素后移一个位置
        data[j]=data[j-1];
    data[i]=e;                               //插入元素e
    length++;                                //长度增1
    return true;
}
bool Delete(int i) {                         //在顺序表中删除序号为i的元素
    if (i<0 || i>=length)
        return false;                        //参数i错误返回false
    for(int j=i;j<length-1;j++)
        data[j]=data[j+1];                   //将data[i]之后的元素前移一个位置
```

```cpp
            length--;                                    //长度减1
            if (capacity>initcap && length<=1.0*capacity/4)
                recap(capacity/2);                       //满足缩容条件则容量减半
            return true;
        }
        void DispList() {                                //输出顺序表L中的所有元素
            for (int i=0;i<length;i++)                   //遍历顺序表中的各元素值
                cout << data[i] << " ";
            cout << endl;
        }
    private:
        void recap(int newcap) {                         //改变顺序表的容量为newcap
            if (newcap<=0) return;
            T * olddata=data;
            data=new T[newcap];                          //分配新空间
            capacity=newcap;                             //更新容量
            for(int i=0;i<length;i++)                    //复制
                data[i]=olddata[i];
            delete [] olddata;                           //释放旧空间
        }
};
int main() {
    SqList<int> L;                                       //建立元素类型为int的顺序表对象L
    printf("\n");
    printf("  ==========顺序表==================\n");
    printf("  建立空表L,其容量=%d\n",L.capacity);
    int a[]={1,2,3,4,5,6};
    int n=sizeof(a)/sizeof(a[0]);
    printf("  1-6 创建L\n");
    L.CreateList(a,n);
    printf("  L[容量=%d,长度=%d]: ",L.capacity,L.length); L.DispList();
    printf("  插入 6-10\n");
    for (int i=6;i<=10;i++)
        L.Add(i);
    printf("  L[容量=%d,长度=%d]: ",L.capacity,L.length); L.DispList();
    int e;
    L.GetElem(2,e);
    printf("  序号为2的元素=%d\n",e);
    printf("  设置序号为2的元素为20\n");
    L.SetElem(2,20);
    printf("  L[容量=%d,长度=%d]: ",L.capacity,L.length); L.DispList();
    int x=6;
    printf("  第一个值为%d 的元素序号=%d\n", x,L.GetNo(x));
    n=L.length;
    for (int i=0;i<n-2;i++) {
        printf("  删除首元素\n");
        L.Delete(0);
        printf("  L[容量=%d,长度=%d]: ",L.capacity,L.length); L.DispList();
    }
    return 0;
}
```

上述程序的执行结果如图2.4所示。

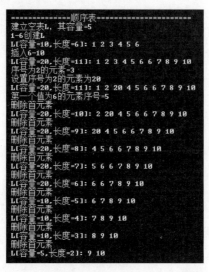

图 2.4　第 2 章基础实验题 1 的执行结果

2. 解：单链表的基本运算算法的设计原理参见《教程》中的 2.3.2 节。包含单链表基本运算算法类 LinkList 以及测试主程序的 Exp1-2.cpp 文件如下：

```cpp
#include <iostream>
using namespace std;
template <typename T>
struct LinkNode {                                      //单链表结点类型
    T data;                                            //存放数据元素
    LinkNode<T> *next;                                 //指向下一个结点的域
    LinkNode():next(NULL) {}                           //构造函数
    LinkNode(T d):data(d),next(NULL) {}                //重载构造函数
};
template <typename T>
class LinkList {                                       //单链表类
public:
    LinkNode<T> *head;                                 //单链表的头结点
    LinkList() {                                       //构造函数,创建一个空单链表
        head=new LinkNode<T>();
    }
    ~LinkList() {                                      //析构函数,销毁单链表
        LinkNode<T> *pre, *p;
        pre=head; p=pre->next;
        while (p!=NULL) {                              //用 p 遍历结点并释放其前驱结点
            delete pre;                                //释放 pre 结点
            pre=p; p=p->next;                          //pre、p 同步后移一个结点
        }
        delete pre;                                    //p 为空时 pre 指向尾结点,此时释放尾结点
    }
    void CreateListF(T a[], int n) {                   //用头插法建立单链表
        for (int i=0;i<n;i++) {                        //循环建立数据结点
            LinkNode<T> *s=new LinkNode<T>(a[i]);
            s->next=head->next;                        //将结点 s 插入 head 结点之后
            head->next=s;
        }
    }
```

```cpp
}
void CreateListR(T a[],int n) {                //用尾插法建立单链表
    LinkNode<T> *s,*r;
    r=head;                                    //r始终指向尾结点,开始时指向头结点
    for (int i=0;i<n;i++) {                    //循环建立数据结点
        s=new LinkNode<T>(a[i]);               //创建数据结点s
        r->next=s;                             //将结点s插入结点r之后
        r=s;
    }
    r->next=NULL;                              //将尾结点的next域置为NULL
}
void Add(T e) {                                //在单链表的末尾添加一个值为e的结点
    LinkNode<T> *s=new LinkNode<T>(e);
    LinkNode<T> *p=head;
    while (p->next!=NULL)                      //查找尾结点p
        p=p->next;
    p->next=s;                                 //在尾结点之后插入结点s
}
int Getlength() {                              //求单链表中数据结点的个数
    LinkNode<T> *p=head;
    int cnt=0;
    while (p->next!=NULL) {                    //找到尾结点为止
        cnt++;
        p=p->next;
    }
    return cnt;
}
bool GetElem(int i,T &e) {                     //求单链表中序号为i的结点的值
    if (i<0) return false;                     //参数i错误返回false
    LinkNode<T> *p=geti(i);                    //查找序号为i的结点p
    if (p!=NULL) {                             //找到了序号为i的结点
        e=p->data;
        return true;                           //成功找到返回true
    }
    else return false;                         //没有找到序号为i的结点返回false
}
bool SetElem(int i,T e) {                      //设置序号为i的结点的值
    if (i<0) return false;                     //参数i错误返回false
    LinkNode<T> *p=geti(i);                    //查找序号为i的结点p
    if (p!=NULL) {                             //找到了序号为i的结点
        p->data=e;
        return true;
    }
    else
        return false;                          //没有找到序号为i的结点
                                               //参数i错误返回false
}
int GetNo(T e) {                               //查找第一个为e的元素位置的序号
    int j=0;
    LinkNode<T> *p=head->next;
    while (p!=NULL && p->data!=e) {
        j++;                                   //查找元素e
        p=p->next;
    }
```

```cpp
        if (p==NULL) return -1;                  //未找到时返回-1
        else return j;                           //找到后返回其序号
    }
    bool Insert(int i, T e) {                    //在单链表中序号为i的位置插入值为e的结点
        if (i<0) return false;                   //参数i错误返回false
        LinkNode<T> *s=new LinkNode<T>(e);
        LinkNode<T> *p=geti(i-1);                //查找序号为i-1的结点p
        if (p!=NULL) {                           //找到了序号为i-1的结点
            s->next=p->next;                     //在p结点的后面插入s结点
            p->next=s;
            return true;                         //插入成功返回true
        }
        else                                     //没有找到序号为i-1的结点
            return false;                        //参数i错误返回false
    }
    bool Delete(int i) {                         //在单链表中删除序号为i的位置的结点
        if (i<0) return false;                   //参数i错误返回false
        LinkNode<T> *p=geti(i-1);                //查找序号为i-1的结点p
        if (p!=NULL) {                           //找到了序号为i-1的结点
            LinkNode<T> *q=p->next;              //q指向序号为i的结点
            if (q!=NULL) {                       //存在序号为i的结点时删除它
                p->next=q->next;                 //删除p结点的后继结点
                delete q;                        //释放空间
                return true;                     //删除成功返回true
            }
            else                                 //没有找到序号为i的结点
                return false;                    //参数i错误返回false
        }
        else                                     //没有找到序号为i-1的结点
            return false;                        //参数i错误返回false
    }
    void DispList() {                            //输出单链表中的所有结点值
        LinkNode<T> *p;
        p=head->next;                            //p指向开始结点
        while (p!=NULL) {                        //p不为NULL,输出p结点的data域
            cout << p->data << " ";
            p=p->next;                           //p移向下一个结点
        }
        cout << endl;
    }
private:
    //****************************************************
    //序号i的正确范围为-1≤i<n,超出范围返回NULL
    //i=-1时返回头结点head
    //i≥0 并且 i<n时返回序号为i的结点
    //****************************************************
    LinkNode<T> *geti(int i) {                   //返回序号为i的结点
        if (i<-1) return NULL;                   //i<-1时返回NULL
        LinkNode<T> *p=head;                     //首先p指向头结点
        int j=-1;                                //j置为-1(可以认为头结点的序号为-1)
        while (j<i && p!=NULL) {                 //指针p移动i+1个结点
            j++;
            p=p->next;
```

```
            return p;                                  //返回p
        }
};
int main() {
    LinkList < int > L;                                //建立元素类型为int的单链表对象L
    printf("\n");
    printf("    ==========单链表==================\n");
    printf("  建立空表L,长度=%d\n",L.Getlength());
    int a[]={1,2,3,4,5,6};
    int n=sizeof(a)/sizeof(a[0]);
    printf("  1-6创建L\n");
    L.CreateListR(a,n);
    printf("  L[长度=%d]: ",L.Getlength()); L.DispList();
    printf("  添加6-7\n");
    L.Add(6); L.Add(7);
    printf("  在序号1处插入10\n");
    L.Insert(1,10);
    printf("  L[长度=%d]: ",L.Getlength()); L.DispList();
    int e;
    L.GetElem(2,e);
    printf("  序号为2的元素=%d\n",e);
    printf("  设置序号为2的元素为20\n");
    L.SetElem(2,20);
    printf("  L[长度=%d]: ",L.Getlength()); L.DispList();
    int x=6;
    printf("  第一个值为%d的元素序号=%d\n",x,L.GetNo(x));
    printf("  删除首元素\n");
    L.Delete(0);
    printf("  L[长度=%d]: ",L.Getlength()); L.DispList();
    printf("  删除序号为5的元素\n");
    L.Delete(5);
    printf("  L[长度=%d]: ",L.Getlength()); L.DispList();
    return 0;
}
```

上述程序的执行结果如图2.5所示。

图2.5　第2章基础实验题2的执行结果

3. 解：双链表的基本运算算法的设计原理参见《教程》中的2.3.4节。包含双链表基本运算算法类DLinkList以及测试主程序的Exp1-3.cpp文件如下：

```cpp
#include <iostream>
using namespace std;
template <typename T>
struct DLinkNode {                                      //双链表结点类型
    T data;                                             //存放数据元素
    DLinkNode<T> *next;                                 //指向后继结点的指针
    DLinkNode<T> *prior;                                //指向前驱结点的指针
    DLinkNode():next(NULL),prior(NULL) {}               //构造函数
    DLinkNode(T d):data(d),next(NULL),prior(NULL) {}    //重载构造函数
};
template <typename T>
class DLinkList {                                       //双链表类
public:
    DLinkNode<T> *dhead;                                //双链表的头结点
    DLinkList() {                                       //构造函数,创建一个空双链表
        dhead=new DLinkNode<T>();
    }
    ~DLinkList() {                                      //析构函数,销毁双链表
        DLinkNode<T> *pre,*p;
        pre=dhead; p=pre->next;
        while (p!=NULL) {                               //用p遍历结点并释放其前驱结点
            delete pre;                                 //释放pre结点
            pre=p; p=p->next;                           //pre、p同步后移一个结点
        }
        delete pre;                                     //p为空时pre指向尾结点,此时释放尾结点
    }
    void CreateListF(T a[],int n) {                     //用头插法建立双链表
        DLinkNode<T> *s;
        for (int i=0;i<n;i++) {                         //循环建立数据结点
            s=new DLinkNode<T>(a[i]);                   //创建数据结点s
            s->next=dhead->next;                        //修改s结点的next成员
            if (dhead->next!=NULL)                      //修改头结点的非空后继结点的prior
                dhead->next->prior=s;
            dhead->next=s;                              //修改头结点的next域
            s->prior=dhead;                             //修改s结点的prior域
        }
    }
    void CreateListR(T a[],int n) {                     //用尾插法建立双链表
        DLinkNode<T> *s,*r;
        r=dhead;                                        //r始终指向尾结点,开始时指向头结点
        for (int i=0;i<n;i++) {                         //循环建立数据结点
            s=new DLinkNode<T>(a[i]);                   //创建数据结点s
            r->next=s;                                  //将s结点插入r结点之后
            s->prior=r;
            r=s;
        }
        r->next=NULL;                                   //将尾结点的next域置为NULL
    }
    void Add(T e) {                                     //在双链表的末尾添加一个值为e的结点
        DLinkNode<T> *s=new DLinkNode<T>(e);            //新建结点s
        DLinkNode<T> *p=dhead;
        while (p->next!=NULL)                           //查找尾结点p
            p=p->next;
```

```cpp
        p->next=s;                              //在尾结点之后插入结点 s
        s->prior=p;
    }
    int Getlength() {                           //求双链表中数据结点的个数
        DLinkNode<T> *p=dhead;
        int cnt=0;
        while (p->next!=NULL) {                 //找到尾结点为止
            cnt++;
            p=p->next;
        }
        return cnt;
    }
    bool GetElem(int i,T &e) {                  //求双链表中序号为 i 的结点的值
        if (i<0) return false;                  //参数 i 错误返回 false
        DLinkNode<T> *p=geti(i);
        if (p!=NULL) {                          //找到序号为 i 的结点
            e=p->data;
            return true;                        //成功找到返回 true
        }
        else return false;                      //没有找到序号为 i 的结点返回 false
    }
    bool SetElem(int i,T e) {                   //设置序号为 i 的结点的值
        if (i<0) return false;                  //参数 i 错误返回 false
        DLinkNode<T> *p=geti(i);
        if (p!=NULL) {                          //找到序号为 i 的结点
            p->data=e;
            return true;
        }
        else                                    //没有找到序号为 i 的结点
            return false;                       //参数 i 错误返回 false
    }
    int GetNo(T e) {                            //查找第一个为 e 的元素的序号
        int j=0;                                //j 置为 0,p 指向首结点
        DLinkNode<T> *p=dhead->next;
        while (p!=NULL && p->data!=e) {
            j++;                                //查找元素 e
            p=p->next;
        }
        if (p==NULL) return -1;                 //未找到时返回-1
        else return j;                          //找到后返回其序号
    }
    bool Insert(int i,T e) {                    //在双链表中序号为 i 的位置插入值为 e 的结点
        if (i<0) return false;                  //参数 i 错误返回 false
        DLinkNode<T> *s=new DLinkNode<T>(e);    //建立新结点 s
        DLinkNode<T> *p=geti(i-1);              //查找序号为 i-1 的结点 p
        if (p!=NULL) {                          //找到了序号为 i-1 的结点
            s->next=p->next;                    //修改 s 结点的 next 域
            if (p->next!=NULL)                  //修改 p 结点的非空后继结点的 prior 域
                p->next->prior=s;
            p->next=s;                          //修改 p 结点的 next 域
            s->prior=p;                         //修改 s 结点的 prior 域
            return true;                        //插入成功返回 true
        }
```

```cpp
            else
                return false;                           //没有找到序号为 i-1 的结点
        }                                               //参数 i 错误返回 false
        bool Delete(int i) {                            //在双链表中删除序号为 i 的位置的结点
            if (i<0) return false;                      //参数 i 错误返回 false
            DLinkNode<T> *p=geti(i);                    //查找序号为 i 的结点
            if (p!=NULL) {                              //找到了序号为 i 的结点 p
                p->prior->next=p->next;                 //修改 p 结点的前驱结点的 next 域
                if (p->next!=NULL)                      //修改 p 结点的非空后继结点的 prior 域
                    p->next->prior=p->prior;
                delete p;                               //释放空间
                return true;                            //删除成功返回 true
            }
            else                                        //没有找到序号为 i-1 的结点
                return false;                           //参数 i 错误返回 false
        }
        void DispList() {                               //输出双链表中的所有结点值
            DLinkNode<T> *p;
            p=dhead->next;                              //p 指向开始结点
            while (p!=NULL) {                           //p 不为 NULL,输出 p 结点的 data 域
                cout << p->data << " ";
                p=p->next;                              //p 移向下一个结点
            }
            cout << endl;
        }
    private:
        //***************************************************
        //序号 i 的正确范围为-1≤i<n,超出范围返回 NULL
        //i=-1 时返回头结点 head
        //i≥0 并且 i<n 时返回序号为 i 的结点
        //***************************************************
        DLinkNode<T> *geti(int i) {                     //返回序号为 i 的结点
            if (i<-1) return NULL;                      //i<-1 返回 NULL
            DLinkNode<T> *p=dhead;                      //首先 p 指向头结点
            int j=-1;                                   //j 置为-1(可以认为头结点的序号为-1)
            while (j<i && p!=NULL) {                    //指针 p 移动 i+1 个结点
                j++;
                p=p->next;
            }
            return p;                                   //返回 p
        }
};
int main() {
    DLinkList<int> L;                                   //建立元素类型为 int 的双链表对象 L
    printf("\n");
    printf("  ===========双链表==================\n");
    printf("  建立空表 L,长度=%d\n",L.Getlength());
    int a[]={1,2,3,4,5,6};
    int n=sizeof(a)/sizeof(a[0]);
    printf("  1-6 创建 L\n");
    L.CreateListR(a,n);
    printf("   L[长度=%d]: ",L.Getlength()); L.DispList();
    printf("  添加 6-7\n");
```

```
    L.Add(6); L.Add(7);
    printf("  在序号1处插入10\n");
    L.Insert(1,10);
    printf("  L[长度=%d]: ",L.Getlength()); L.DispList();
    int e;
    L.GetElem(2,e);
    printf("  序号为2的元素=%d\n",e);
    printf("  设置序号为2的元素为20\n");
    L.SetElem(2,20);
    printf("  L[长度=%d]: ",L.Getlength()); L.DispList();
    int x=6;
    printf("  第一个值为%d的元素序号=%d\n",x,L.GetNo(x));
    printf("  删除首元素\n");
    L.Delete(0);
    printf("  L[长度=%d]: ",L.Getlength()); L.DispList();
    printf("  删除序号为5的元素\n");
    L.Delete(5);
    printf("  L[长度=%d]: ",L.Getlength()); L.DispList();
    return 0;
}
```

上述程序的执行结果如图2.6所示。

图2.6 第2章基础实验题3的执行结果

4. 解：循环单链表的基本运算算法的设计原理参见《教程》中的2.3.6节。包含循环单链表基本运算算法类CLinkList以及测试主程序的Exp1-4.cpp文件如下：

```
#include <iostream>
using namespace std;
template <typename T>
struct LinkNode {                              //循环单链表结点类型
    T data;                                    //存放数据元素
    LinkNode<T> *next;                         //指向下一个结点的域
    LinkNode():next(NULL) {}                   //构造函数
    LinkNode(T d):data(d),next(NULL) {}        //重载构造函数
};
template <typename T>
class CLinkList {                              //循环单链表类
public:
    LinkNode<T> *head;                         //循环单链表的头结点
    CLinkList() {                              //构造函数,创建一个空循环单链表
        head=new LinkNode<T>();
```

```cpp
        head->next=head;                          //构成循环的空链表
    }
    ~CLinkList() {                                //析构函数,销毁循环单链表
        LinkNode<T> *pre,*p;
        pre=head; p=pre->next;
        while (p!=head) {                         //用p遍历结点并释放其前驱结点
            delete pre;                           //释放pre结点
            pre=p; p=p->next;                     //pre、p同步后移一个结点
        }
        delete pre;                               //p等于head时pre指向尾结点,此时释放尾结点
    }
    void CreateListF(T a[],int n) {               //用头插法建立循环单链表
        for (int i=0;i<n;i++) {                   //循环建立数据结点
            LinkNode<T> *s=new LinkNode<T>(a[i]);
            s->next=head->next;                   //将结点s插入head结点之后
            head->next=s;
        }
    }
    void CreateListR(T a[],int n) {               //用尾插法建立循环单链表
        LinkNode<T> *s,*r;
        r=head;                                   //r始终指向尾结点,开始时指向头结点
        for (int i=0;i<n;i++) {                   //循环建立数据结点
            s=new LinkNode<T>(a[i]);              //创建数据结点s
            r->next=s;                            //将结点s插入结点r之后
            r=s;
        }
        r->next=head;                             //将尾结点的next域置为head
    }
    void Add(T e) {                               //在循环单链表的末尾添加一个值为e的结点
        LinkNode<T> *s=new LinkNode<T>(e);        //新建结点s
        LinkNode<T> *p=head;
        while (p->next!=head)                     //查找尾结点p
            p=p->next;
        s->next=p->next;                          //在结点p之后插入结点s
        p->next=s;
    }
    int Getlength() {                             //求循环单链表中数据结点的个数
        LinkNode<T> *p=head;
        int cnt=0;
        while (p->next!=head) {                   //查找到尾结点为止
            cnt++;
            p=p->next;
        }
        return cnt;
    }
    bool GetElem(int i,T &e) {                    //求循环单链表中序号为i的结点的值
        if (i<0) return false;                    //参数i错误返回false
        LinkNode<T> *p=geti(i);                   //查找序号为i的结点
        if (p!=head) {                            //找到了序号为i的结点p
            e=p->data;
            return true;                          //成功找到返回true
        }
        else return false;                        //没有找到序号为i的结点返回false
```

```
    bool SetElem(int i, T e) {              //设置序号为 i 的结点的值
        if (i<0) return false;              //参数 i 错误返回 false
        LinkNode<T> *p=geti(i);             //查找序号为 i 的结点
        if (p!=NULL) {                      //找到了序号为 i 的结点 p
            p->data=e;
            return true;
        }
        else                                //没有找到序号为 i 的结点
            return false;                   //参数 i 错误返回 false
    }

    int GetNo(T e) {                        //查找第一个为 e 的元素的序号
        int j=0;
        LinkNode<T> *p=head->next;
        while (p!=head && p->data!=e) {
            j++;                            //查找元素 e
            p=p->next;
        }
        if (p==head) return -1;             //未找到时返回 -1
        else return j;                      //找到后返回其序号
    }

    bool Insert(int i, T e) {               //在循环单链表中序号为 i 的位置插入值为 e 的结点
        if (i<0) return false;              //参数 i 错误返回 false
        LinkNode<T> *s=new LinkNode<T>(e);  //建立新结点 s
        LinkNode<T> *p=geti(i-1);           //查找序号为 i-1 的结点 p
        if (p!=NULL) {                      //找到了序号为 i-1 的结点
            s->next=p->next;                //在 p 结点的后面插入 s 结点
            p->next=s;
            return true;                    //插入成功返回 true
        }
        else                                //没有找到序号为 i-1 的结点
            return false;                   //参数 i 错误返回 false
    }

    bool Delete(int i) {                    //在循环单链表中删除序号为 i 的位置的结点
        if (i<0) return false;              //参数 i 错误返回 false
        LinkNode<T> *p=geti(i-1);           //查找序号为 i-1 的结点 p
        if (p!=NULL) {                      //找到了序号为 i-1 的结点
            LinkNode<T> *q=p->next;         //q 指向序号为 i 的结点
            if (q!=NULL) {                  //存在序号为 i 的结点时删除它
                p->next=q->next;            //删除 p 结点的后继结点
                delete q;                   //释放空间
                return true;                //删除成功返回 true
            }
            else                            //没有序号为 i 的结点
                return false;               //参数 i 错误返回 false
        }
        else                                //没有找到序号为 i-1 的结点
            return false;                   //参数 i 错误返回 false
    }

    void DispList() {                       //输出循环单链表中的所有结点值
        LinkNode<T> *p;
        p=head->next;                       //p 指向开始结点
        while (p!=head) {                   //p 不为 head,输出 p 结点的 data 域
```

```cpp
            cout << p->data << " ";
            p=p->next;                              //p移向下一个结点
        }
        cout << endl;
    }
private:
    //**************************************************
    //序号i的正确范围为-1≤i<n,超出范围返回NULL
    //i=-1时返回头结点head
    //i≥0 并且i<n时返回序号为i的结点
    //**************************************************
    LinkNode<T> *geti(int i) {                      //返回序号为i的结点
        if (i<-1) return NULL;                      //i<-1时返回NULL
        if (i==-1) return head;                     //i=-1时返回头结点
        LinkNode<T> *p=head->next;                  //首先p指向首结点
        int j=0;                                    //j置为0
        while (j<i && p!=head) {                    //p移动i个结点
            j++;
            p=p->next;
        }
        if (p==head) return NULL;                   //没有找到序号为i的结点返回NULL
        else return p;
    }
};
int main() {
    CLinkList<int> L;                               //建立元素类型为int的循环单链表对象L
    printf("\n");
    printf("  ===========循环单链表====================\n");
    printf("  建立空表L,长度=%d\n",L.Getlength());
    int a[]={1,2,3,4,5,6};
    int n=sizeof(a)/sizeof(a[0]);
    printf("  1-6 创建 L\n");
    L.CreateListR(a,n);
    printf("  L[长度=%d]: ",L.Getlength()); L.DispList();
    printf("  添加 6-7\n");
    L.Add(6); L.Add(7);
    printf("  在序号1处插入10\n");
    L.Insert(1,10);
    printf("  L[长度=%d]: ",L.Getlength()); L.DispList();
    int e;
    L.GetElem(2,e);
    printf("  序号为2的元素=%d\n",e);
    printf("  设置序号为2的元素为20\n");
    L.SetElem(2,20);
    printf("  L[长度=%d]: ",L.Getlength()); L.DispList();
    int x=6;
    printf("  第一个值为%d的元素序号=%d\n",x,L.GetNo(x));
    printf("  删除首元素\n");
    L.Delete(0);
    printf("  L[长度=%d]: ",L.Getlength()); L.DispList();
    printf("  删除序号为5的元素\n");
    L.Delete(5);
    printf("  L[长度=%d]: ",L.Getlength()); L.DispList();
    return 0;
}
```

上述程序的执行结果如图 2.7 所示。

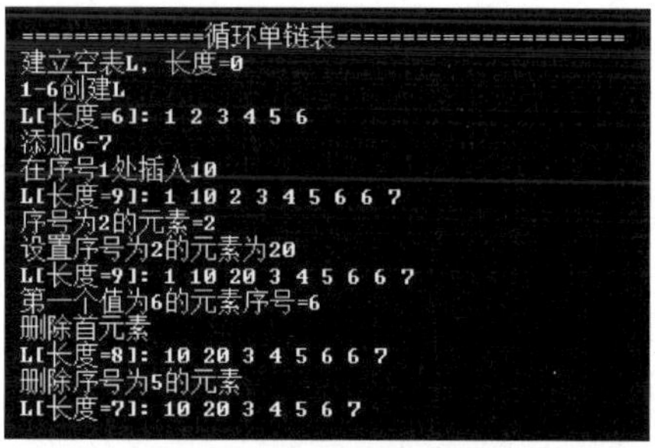

图 2.7 第 2 章基础实验题 4 的执行结果

5. 解：循环双链表的基本运算算法的设计原理参见《教程》中的 2.3.6 节。包含循环双链表基本运算算法类 CDLinkList 以及测试主程序的 Exp1-5.cpp 文件如下：

```cpp
#include <iostream>
using namespace std;
template <typename T>
struct DLinkNode {                              //循环双链表结点类型
    T data;                                     //存放数据元素
    DLinkNode<T> *next;                         //指向后继结点的指针
    DLinkNode<T> *prior;                        //指向前驱结点的指针
    DLinkNode():next(NULL),prior(NULL) {}       //构造函数
    DLinkNode(T d):data(d),next(NULL),prior(NULL) {}   //重载构造函数
};
template <typename T>
class CDLinkList {                              //循环双链表类
public:
    DLinkNode<T> *dhead;                        //循环双链表的头结点
    CDLinkList() {                              //构造函数,创建一个空循环双链表
        dhead=new DLinkNode<T>();
        dhead->next=dhead;                      //构成循环的空链表
        dhead->prior=dhead;
    }
    ~CDLinkList() {                             //析构函数,销毁循环双链表
        DLinkNode<T> *pre, *p;
        pre=dhead; p=pre->next;
        while (p!=dhead) {                      //用p遍历结点并释放其前驱结点
            delete pre;                         //释放 pre 结点
            pre=p; p=p->next;                   //pre,p 同步后移一个结点
        }
        delete pre;                             //p 等于 dhead 时 pre 指向尾结点,释放尾结点
    }
    void CreateListF(T a[], int n) {            //用头插法建立循环双链表
        for (int i=0;i<n;i++) {                 //循环建立数据结点
            DLinkNode<T> *s=new DLinkNode<T>(a[i]);   //创建数据结点 s
            s->next=dhead->next;                //修改 s 结点的 next 域
            dhead->next->prior=s;
            dhead->next=s;                      //修改头结点的 next 域
            s->prior=dhead;                     //修改 s 结点的 prior 域
        }
    }
```

```cpp
void CreateListR(T a[],int n) {                  //用尾插法建立循环双链表
    DLinkNode<T> *s,*r;
    r=dhead;                                     //r始终指向尾结点,开始时指向头结点
    for (int i=0;i<n;i++) {                      //循环建立数据结点
        s=new DLinkNode<T>(a[i]);                //创建数据结点s
        r->next=s;                               //将结点s插入结点r之后
        s->prior=r;
        r=s;
    }
    r->next=dhead;                               //将尾结点的next域置为dhead
    dhead->prior=r;                              //将头结点的prior域置为结点r
}
void Add(T e) {                                  //在循环双链表的末尾添加一个值为e的结点
    DLinkNode<T> *s=new DLinkNode<T>(e);         //新建结点s
    DLinkNode<T> *p=dhead;
    while (p->next!=dhead)                       //查找尾结点p
        p=p->next;
    p->next->prior=s;                            //在结点p之后插入结点s
    s->next=p->next;
    p->next=s;
    s->prior=p;
}
int Getlength() {                                //求循环双链表中数据结点的个数
    DLinkNode<T> *p=dhead;
    int cnt=0;
    while (p->next!=dhead) {                     //查找到尾结点为止
        cnt++;
        p=p->next;
    }
    return cnt;
}
bool GetElem(int i,T &e) {                       //求循环双链表中序号为i的结点的值
    if (i<0) return false;                       //参数i错误返回false
    DLinkNode<T> *p=geti(i);                     //查找序号为i的结点
    if (p!=dhead) {                              //找到了序号为i的结点p
        e=p->data;
        return true;                             //成功找到返回true
    }
    else return false;                           //没有找到序号为i的结点返回false
}
bool SetElem(int i,T e) {                        //设置序号为i的结点的值
    if (i<0) return false;                       //参数i错误返回false
    DLinkNode<T> *p=geti(i);                     //查找序号为i的结点
    if (p!=NULL) {                               //找到了序号为i的结点p
        p->data=e;
        return true;
    }
    else
        return false;                            //没有找到序号为i的结点
                                                 //参数i错误返回false
}
int GetNo(T e) {                                 //查找第一个为e的元素的序号
    int j=0;
    DLinkNode<T> *p=dhead->next;
```

```cpp
            while (p!=dhead && p->data!=e) {
                j++;                                //查找元素 e
                p=p->next;
            }
            if (p==dhead) return -1;                //未找到时返回-1
            else return j;                          //找到后返回其序号
        }
        bool Insert(int i,T e) {                    //在循环双链表中序号为 i 的位置插入值为 e 的结点
            if (i<0) return false;                  //参数 i 错误返回 false
            DLinkNode<T> *s=new DLinkNode<T>(e);    //建立新结点 s
            DLinkNode<T> *p=geti(i-1);              //查找序号为 i-1 的结点 p
            if (p!=NULL) {                          //找到了序号为 i-1 的结点
                s->next=p->next;                    //修改 s 结点的 next 域
                if (p->next!=NULL)                  //修改 p 结点的非空后继结点的 prior 域
                    p->next->prior=s;
                p->next=s;                          //修改 p 结点的 next 域
                s->prior=p;                         //修改 s 结点的 prior 域
                return true;                        //插入成功返回 true
            }
            else                                    //没有找到序号为 i-1 的结点
                return false;                       //参数 i 错误返回 false
        }
        bool Delete(int i) {                        //在循环双链表中删除序号为 i 的位置的结点
            if (i<0) return false;                  //参数 i 错误返回 false
            DLinkNode<T> *p=geti(i);                //查找序号为 i 的结点
            if (p!=NULL) {                          //找到了序号为 i 的结点 p
                p->prior->next=p->next;             //修改 p 结点的前驱结点的 next 域
                p->next->prior=p->prior;            //修改 p 结点的后继结点的 prior 域
                delete p;                           //释放空间
                return true;                        //删除成功返回 true
            }
            else                                    //没有找到序号为 i-1 的结点
                return false;                       //参数 i 错误返回 false
        }
        void DispList() {                           //输出循环双链表中的所有结点值
            DLinkNode<T> *p;
            p=dhead->next;                          //p 指向开始结点
            while (p!=dhead) {                      //p 不为 dhead,输出 p 结点的 data 域
                cout << p->data << " ";
                p=p->next;                          //p 移向下一个结点
            }
            cout << endl;
        }
    private:
        //************************************************
        //序号 i 的正确范围为-1≤i<n,超出范围返回 NULL
        //i=-1 时返回头结点 dhead
        //i≥0 并且 i<n 时返回序号为 i 的结点
        //************************************************
        DLinkNode<T> *geti(int i) {                 //返回序号为 i 的结点
            if (i<-1) return NULL;                  //i<-1 时返回 NULL
            if (i==-1) return dhead;                //i=-1 时返回头结点
            DLinkNode<T> *p=dhead->next;            //首先 p 指向首结点
```

```cpp
            int j=0;                                  //j置为0
            while (j<i && p!=dhead) {                 //p移动i个结点
                j++;
                p=p->next;
            }
            if (p==dhead) return NULL;                //没有找到序号为i的结点返回NULL
            else return p;
        }
};
int main() {
    CDLinkList<int> L;                                //建立元素类型为int的循环双链表对象L
    printf("\n");
    printf("  ==============循环双链表==================\n");
    printf("  建立空表L,长度=%d\n",L.Getlength());
    int a[]={1,2,3,4,5,6};
    int n=sizeof(a)/sizeof(a[0]);
    printf("  1-6创建L\n");
    L.CreateListR(a,n);
    printf("  L[长度=%d]: ",L.Getlength()); L.DispList();
    printf("  添加6-7\n");
    L.Add(6); L.Add(7);
    printf("  在序号1处插入10\n");
    L.Insert(1,10);
    printf("  L[长度=%d]: ",L.Getlength()); L.DispList();
    int e;
    L.GetElem(2,e);
    printf("  序号为2的元素=%d\n",e);
    printf("  设置序号为2的元素为20\n");
    L.SetElem(2,20);
    printf("  L[长度=%d]: ",L.Getlength()); L.DispList();
    int x=6;
    printf("  第一个值为%d的元素序号=%d\n",x,L.GetNo(x));
    printf("  删除首元素\n");
    L.Delete(0);
    printf("  L[长度=%d]: ",L.Getlength()); L.DispList();
    printf("  删除序号为5的元素\n");
    L.Delete(5);
    printf("  L[长度=%d]: ",L.Getlength()); L.DispList();
    return 0;
}
```

上述程序的执行结果如图2.8所示。

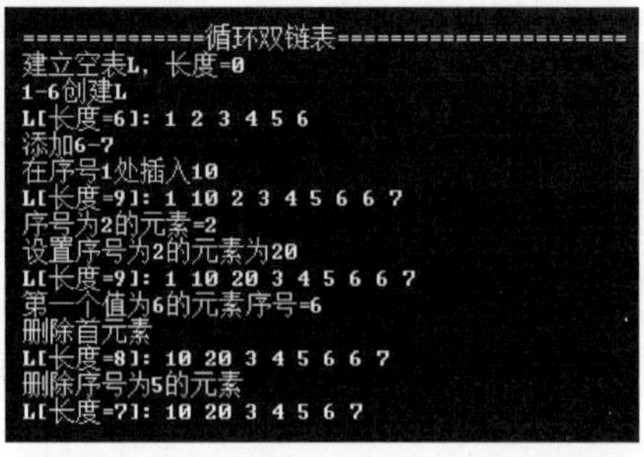

图2.8 第2章基础实验题5的执行结果

2.4 应用实验题及其参考答案

2.4.1 应用实验题

1. 编写一个实验程序实现以下功能。

(1) 从文本文件 xyz1.in 中读取两行整数(每行至少有一个整数,以换行符结束),每行的整数按递增排列,两个整数之间用一个空格分隔,全部整数的个数为 n。

(2) 求这 n 个整数中前 $k(1 \leqslant k \leqslant n)$ 个较小的整数。

2. 编写一个实验程序实现以下功能。

(1) 从文本文件 xyz2.in 中读取 3 行整数,每行的整数按递增排列,两个整数之间用一个空格分隔,全部整数的个数为 n。

(2) 将这 n 个整数归并到递增有序表 L 中。

3. 编写一个实验程序实现以下功能。

(1) 从文本文件 xyz3.in 中读取 3 行整数(每行至少有一个整数,以换行符结束),每行的整数按递增排列,两个整数之间用一个空格分隔,全部整数的个数为 n,这 n 个整数均不相同。

(2) 求这 n 个整数中第 $k(1 \leqslant k \leqslant n)$ 小的整数。

4. 有一个学生成绩文本文件 xyz4.in,第一行为整数 n,接下来为 n 行学生基本信息,包括学号、姓名和班号,然后为整数 m,然后为 m 行课程信息,包括课程编号和课程名,再接下来为整数 k,然后为 k 行学生成绩,包括学号、课程编号和分数。例如,$n=5$、$m=3$、$k=15$ 时的 exp1.txt 文件实例如下:

```
5
1 陈斌 101
3 王辉 102
5 李君 101
4 鲁明 101
2 张昂 102
3
2 数据结构
1 C程序设计
3 计算机导论
15
1 1 82
4 1 78
5 1 85
2 1 90
3 1 62
1 2 77
4 2 86
5 2 84
2 2 88
3 2 80
1 3 60
```

```
        4 3 79
        5 3 88
        2 3 86
        3 3 90
```

编写一个程序按班号递增排序输出所有学生的成绩,相同班号按学号递增排序,同一个学生按课程编号递增排序,相邻的班号和学生信息不重复输出。例如,上述 exp1.txt 文件对应的输出如下:

```
      输出结果
      ======班号:101=====================
        1   陈斌    C 程序设计    82
                   数据结构      77
                   计算机导论    60
        4   鲁明    C 程序设计    78
                   数据结构      86
                   计算机导论    79
        5   李君    C 程序设计    85
                   数据结构      84
                   计算机导论    88

      ======班号:102=====================
        2   张昂    C 程序设计    90
                   数据结构      88
                   计算机导论    86
        3   王辉    C 程序设计    62
                   数据结构      80
                   计算机导论    90
```

5. 编写一个实验程序实现以下功能。

(1) 输入一个正整数 $n(n>2)$,建立带头结点的整数双链表 $L,L=(1,2,\cdots,n)$,该双链表中的每个结点除了有 prior、data 和 next 域外,还有一个访问频度域 freq,初始时值均为 0。

(2) 可以多次按整数 x 查找,每次查找到 x 时,令元素值为 x 的结点的 freq 域值加 1,并调整表中结点的次序,使其按访问频度的递减顺序排列,以便使频繁访问的结点总是靠近表头。

2.4.2 应用实验题参考答案

1. 解:用 vector<int>向量数组 L 存放两个递增整数序列,两个递增整数序列的段号为 0~1。readdata()函数用于从文本文件 xyz1.in 读取数据建立 L,firstk()函数采用二路归并方法求前 $k(1 \leqslant k \leqslant n)$ 个较小的整数。

firstk()函数的思路是用 vector<int>向量 ans 存放前 $k(1 \leqslant k \leqslant n)$ 个较小的整数,用 i、j 变量分别遍历 $L[0]$ 和 $L[1]$(初始值均为 0)。用一维数组 x 存放各个有序段当前遍历的整数,min2()求 x 中最小整数的段号,当最小整数为 INF(∞)时段号取 -1。首先在 x 中取各个段的第一个整数,然后如下循环:调用 min2()求最小元素的段号 mini,若为 -1 则返回,否则将 x[mini]添加到 ans 中,累加归并次数 cnt。若 cnt=k 则返回,否则后移归并元素所在段的遍历指针。若该指针没有越界,则将新元素存放在 x[mini] 中,否则将 INF 存放在 x[mini] 中。

对应的实验程序 Exp2-1.cpp 如下:

```
#include<iostream>
#include<fstream>
#include<sstream>
#include<vector>
using namespace std;
const int INF=0x3f3f3f3f;                  //∞表示最大的整数
vector<int> L[2];                          //存放两个有序整数序列
vector<int> ans;                           //存放结果
void readdata() {                          //从文件中读取两个有序整数序列
    ifstream fin("xyz1.in");
    string line;
    int i=0;
    while (getline(fin,line)) {            //从文件中读取各行数据
        stringstream ss;                   //利用字符串输入流 ss 提取各个整数
        ss << line;                        //向流中传值
        int tmp;
        while (ss >> tmp)                  //提取 int 数据
            L[i].push_back(tmp);           //保存到 3 个 vector 中
        i++;
    }
    fin.close();
}
int min2(int x[]) {                        //返回最小元素的段号
    int mini=0;
    if (x[1]<x[mini])
        mini=1;
    if (x[mini]==INF) return -1;
    else return mini;
}
void firstk(int k) {                       //求前 k 个较小的元素并存放在 ans 中
    int x[2];
    int i=0,j=0;
    x[0]=L[0][i];
    x[1]=L[1][j];
    int cnt=0;                             //累计归并次数
    while (true) {
        int mini=min2(x);
        if (mini==-1) return;              //归并结束
        ans.push_back(x[mini]);
        cnt++;                             //归并次数增 1
        if (cnt==k) return;                //找到第 k 小的元素时返回
        if (mini==0) {
            i++;
            x[0]=(i<L[0].size()?L[0][i]:INF);
        }
        else {
            j++;
            x[1]=(j<L[1].size()?L[1][j]:INF);
        }
```

```
        }
      }
    }
    int main() {
      readdata();
      cout << endl;
      for (int i=0;i<3;i++) {
        printf(" 第%d个有序序列: ",i+1);
        for (int j=0;j<L[i].size();j++)
          cout << L[i][j] << " ";
        cout << endl;
      }
      cout << " ======求解结果=======" << endl;
      for (int k=1;k<=L[0].size()+L[1].size();k++) {
        cout << "  前" << k << "个小元素: ";
        ans.clear();
        firstk(k);
        for (int i=0;i<ans.size();i++)
          cout << " " << ans[i];
        cout << endl;
      }
      return 0;
    }
```

假设 xyz1.in 文件如下：

```
1 2 2 3 5 8
2 3 4 5
```

执行上述程序的结果如图 2.9 所示。

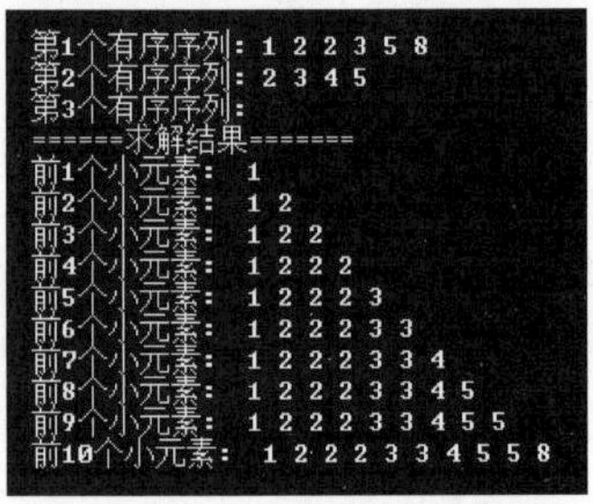

图 2.9 第 2 章应用实验题 1 的执行结果

2. 解：题目中所有元素均为整数，INF 表示最大整数（∞），用 3 个 vector<int>向量 $L0$、$L1$、$L2$ 存放 3 个有序序列，它们的段号分别为 0、1、2，vector<int>向量 L 存放结果。用 i、j、k 作为遍历指针分别遍历 $L0$、$L1$、$L2$，将它们指向的元素值存放在数组 x 中，当段号为 i 的遍历完时 $x[i]$ 取值为 INF。

采用三路归并方法，求出 x 中的最小元素的段号 mini，当最小元素 $x[mini]$ 为 INF 时表示所有元素归并完毕，置 mini$=-1$，此时退出三路归并，否则将 $x[mini]$ 添加到 L 中，将 mini 段的遍历指针后移一个元素，$x[mini]$ 置为该指针指向的元素。

对应的实验程序 Exp2-2.cpp 如下：

```cpp
#include<iostream>
#include<fstream>
#include<sstream>
#include<vector>
using namespace std;
const int INF=0x3f3f3f3f;              //∞表示最大的整数
vector<int> L0,L1,L2;                  //存放3个有序整数序列
```

```cpp
vector<int> L;                                          //存放三路归并结果
void trans(string line,vector<int> &L) {                //在 line 中提取整数放到 L 中
    stringstream ss;                                    //利用字符串输入流 ss 提取各个整数
    ss << line;                                         //向流中传值
    int tmp;
    while (ss >> tmp)                                   //提取 int 数据
        L.push_back(tmp);                               //保存到 L 中
}
void readdata() {                                       //从文件中读取 3 个有序整数序列
    ifstream fin("xyz2.in");
    string line;
    getline(fin,line); trans(line,L0);
    getline(fin,line); trans(line,L1);
    getline(fin,line); trans(line,L2);
    fin.close();
}
int min3(int x[]) {                                     //返回最小元素的段号
    int mini=0;
    for (int i=1;i<3;i++)
        if (x[i]<x[mini]) mini=i;
    if (x[mini]==INF) return -1;
    else return mini;
}
void Merge3() {                                         //三路归并
    int x[3];
    int i=0,j=0,k=0;
    x[0]=L0[i];                                         //初始化 x
    x[1]=L1[j];
    x[2]=L2[k];
    while (true) {
        int mini=min3(x);
        if (mini==-1) return;                           //归并结束
        L.push_back(x[mini]);                           //归并的元素添加到 L 中
        switch(mini) {
            case 0:
                i++;                                    //归并元素所在段的指针后移
                x[0]=(i<L0.size()?L0[i]:INF);           //更新 x[mini]
                break;
            case 1:
                j++;
                x[1]=(j<L1.size()?L1[j]:INF);
                break;
            case 2:
                k++;
                x[2]=(k<L2.size()?L2[k]:INF);
                break;
        }
    }
}
void display(vector<int> L) {                           //输出 L
    for (int i=0;i<L.size();i++)
        cout << " " << L[i];
    cout << endl;
```

```
}
int main() {
    readdata();
    cout << endl;
    cout << "   第1个有序序列: "; display(L0);
    cout << "   第2个有序序列: "; display(L1);
    cout << "   第3个有序序列: "; display(L2);
    cout << "  ==========求解结果==========" << endl;
    Merge3();
    cout << "  L:";
    for (int i=0;i<L.size();i++)
        cout << " " << L[i];
    cout << endl;
    return 0;
}
```

假设 xyz2.in 文件如下：

```
1 5 8
2 4 7 10 12 13
3 6 9 11
```

图 2.10　第 2 章应用实验题 2 的执行结果

上述程序的执行结果如图 2.10 所示。

3．解：用 vector<int>向量数组 L 存放 3 个递增整数序列，3 个递增整数序列的段号为 0～2。readdata()函数用于从文本文件 xyz3.in 读取数据建立 L，topk()函数采用三路归并方法求第 $k(1 \leqslant k \leqslant n)$ 小的整数。

topk()函数的思路是用 p[0]～p[2]整数变量分别遍历 L[0]～L[2]，初始值均为 0。一维数组 x 存放各个有序段当前遍历的整数，即 x[0]存放 L[0][p[0]]，x[1]存放 L[1][p[1]]，x[2]存放 L[2][p[2]]，min3()函数求 x 中最小整数的段号。首先在 x 中取各个段的第一个整数，然后如下循环：调用 min3()求最小元素的段号 mini，累加调用 min3()的次数 cnt，若 cnt=k，则 x[mini]便是第 k 小的整数，退出循环并返回该整数，否则后移一次 i[mini]，重置 x[mini]值(对应段没有遍历尾，取 x[mini]=L[mini][i[mini]]，否则取 x[mini]=INF)。

对应的实验程序 Exp2-3.cpp 如下：

```
#include <iostream>
#include <fstream>
#include <sstream>
#include <vector>
using namespace std;
const int INF=0x3f3f3f3f;                    //设置∞表示最大的整数
vector<int> L[3];                            //存放 3 个有序整数序列
void readdata() {                            //从文件中读取 3 个有序整数序列
    ifstream fin("xyz3.in");
    string line;
    int i=0;
    while (getline(fin,line)) {              //从文件中读取各行数据
        stringstream ss;                     //利用字符串输入流 ss 提取各个整数
        ss << line;                          //向流中传值
```

```cpp
            int tmp;
            while (ss >> tmp)                        //提取 int 数据
                L[i].push_back(tmp);                 //保存到 3 个 vector 中
            i++;
        }
        fin.close();
    }
    int min3(int x[]) {                              //返回最小元素的段号
        int mini=0;
        for (int i=1;i<3;i++)
            if (x[i]<x[mini]) mini=i;
        return mini;
    }
    int topk(int k) {                                //返回第 k 小的元素
        int x[3];
        int p[3]={0,0,0};
        for (int i=0;i<3;i++)
            x[i]=L[i][p[i]];
        int cnt=0;                                   //累计归并次数
        while (true) {
            int mini=min3(x);
            cnt++;                                   //归并次数增 1
            if (cnt==k)                              //找到第 k 小的元素
                return x[mini];
            p[mini]++;                               //归并元素所在段的指针后移
            if (p[mini]<L[mini].size())              //归并元素所在段没有改变完
                x[mini]=L[mini][p[mini]];            //取 p[mini]指向的元素
            else
                x[mini]=INF;
        }
    }
    int main() {
        readdata();
        cout << endl;
        for (int i=0;i<3;i++) {                      //输出 3 个有序序列
            printf("  第%d 个有序序列:",i+1);
            for (int j=0;j<L[i].size();j++)
                cout << L[i][j] << " ";
            cout << endl;
        }
        cout << "  =======求解结果=======" << endl;
        for (int k=1;k<=L[0].size()+L[1].size()+L[2].size();k++)
            cout << "  第" << k << "小的元素:" << topk(k) << endl;
        return 0;
    }
```

假设 xyz3.in 文件如下：

```
1 5 8
2 4 7 10 12 15
3 6 9 11 13 14
```

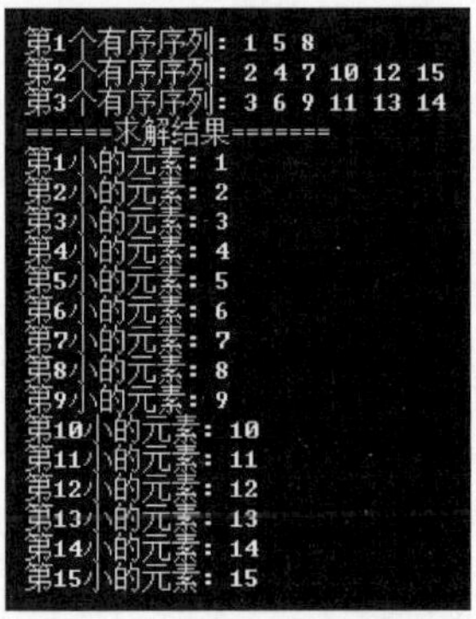

执行上述程序的结果如图 2.11 所示。

4. 解：设计 readdata() 函数从 xyz4.in 文件中读取数据存放到 3 个 list 链表中，其中 list<STUD>链表容器 stud 存放学生基本信息（包含学号、姓名和班号成员），list<COURSE>链表容器 cour 存放课程信息（包含课程号和课程名成员），list<FRACTION>链表容器 frac 存放成绩信息（包含学号、姓名、班号、课程号、课程名和分数成员，初始时仅有学号、课程号和分数成员值）。

设计 solve() 函数输出题目要求的结果，其过程是将 stud 和 frac 链表分别按学号递增排序，采用二路归并方法产生 frac 链表中每个结点的姓名和班号成员值，再将 cour 和 frac 分别按课程号递增排序，采用二路归并方法产生 frac 链表中每个结点的课程名成员值，然后将 frac 链表按班号＋学号递增排序，此时 frac 链表如下：

图 2.11 第 2 章应用实验题 3 的执行结果

```
[101,1,陈斌,1,C 程序设计,82]
[101,1,陈斌,2,数据结构,77]
[101,1,陈斌,3,计算机导论,60]
[101,4,鲁明,1,C 程序设计,78]
[101,4,鲁明,2,数据结构,86]
[101,4,鲁明,3,计算机导论,79]
[101,5,李君,1,C 程序设计,85]
[101,5,李君,2,数据结构,84]
[101,5,李君,3,计算机导论,88]
[102,2,张昂,1,C 程序设计,90]
[102,2,张昂,2,数据结构,88]
[102,2,张昂,3,计算机导论,86]
[102,3,王辉,1,C 程序设计,62]
[102,3,王辉,2,数据结构,80]
[102,3,王辉,3,计算机导论,90]
```

最后输出结果，在输出中判断相邻的班号和学生信息以保证不重复输出。对应的实验程序 Exp2-4.cpp 如下：

```cpp
#include <iostream>
#include <fstream>
#include <sstream>
#include <list>
using namespace std;
struct STUD {                                           //学生基本信息
    int xh;                                             //学号
    string xm;                                          //姓名
    string bh;                                          //班号
    STUD() {}                                           //构造函数
    STUD(int xh1, string xm1, string bh1) {             //重载构造函数
        xh=xh1;
        xm=xm1;
        bh=bh1;
    }
    bool operator<(const STUD &s) {                     //用于按 xh 递增排序
```

```cpp
        return xh<s.xh;
    }
};
struct COURSE {                                     //课程信息
    int kch;                                        //课程号
    string kcm;                                     //课程名
    COURSE() {}                                     //构造函数
    COURSE(int kch1, string kcm1) {                 //重载构造函数
        kch=kch1;
        kcm=kcm1;
    }
    bool operator <(const COURSE &c) {              //用于按 kch 递增排序
        return kch<c.kch;
    }
};
struct FRACTION {                                   //成绩信息
    int xh;                                         //学号
    int kch;                                        //课程号
    int fs;                                         //分数
    string xm;                                      //姓名
    string bh;                                      //班号
    string kcm;                                     //课程名
    FRACTION() {}                                   //构造函数
    FRACTION(int xh1, int kch1, int fs1) {          //重载构造函数
        xh=xh1;
        kch=kch1;
        fs=fs1;
    }
    bool operator <(const FRACTION &f) {            //用于按 xh 递增排序
        return xh<f.xh;
    }
};
struct Cmp1 {                                       //重载()运算符1
    bool operator()(const FRACTION &s, const FRACTION &t) const {
        return s.kch<t.kch;                         //用于按 kch 递增排序
    }
};
struct Cmp2 {                                       //重载()运算符2
    bool operator()(const FRACTION &s, const FRACTION &t) const {
        if (s.bh==t.bh)                             //用于按 bh+xh 递增排序
            return s.xh<t.xh;
        else
            return s.bh<t.bh;
    }
};
//××××××××××××*****************************
list<STUD> stud;                                    //学生基本信息链表 stud
list<COURSE> cour;                                  //课程信息链表 cour
list<FRACTION> frac;                                //成绩信息链表 frac
//*****************************************
void CreateStud(fstream &fin, int n) {              //创建学生基本信息链表 stud
    int xh;
    string xm, bh;
```

```cpp
        for (int i=0;i<n;i++) {
            fin >> xh >> xm >> bh;
            STUD s(xh,xm,bh);
            stud.push_back(s);
        }
    }
    void CreateCour(fstream &fin,int n) {          //创建课程信息链表 cour
        int kch;
        string kcm;
        for (int i=0;i<n;i++) {
            fin >> kch >> kcm;
            COURSE s(kch,kcm);
            cour.push_back(s);
        }
    }
    void CreateFrac(fstream &fin,int n) {          //创建成绩信息链表 frac
        int xh,kch,fs;
        for (int i=0;i<n;i++) {
            fin >> xh >> kch >> fs;
            FRACTION s(xh,kch,fs);
            frac.push_back(s);
        }
    }
    void UpdateFrac() {                            //修改 frac 获取姓名、班号和课程名成员值
        stud.sort();
        frac.sort();
        list<STUD>::iterator sit=stud.begin();
        list<FRACTION>::iterator fit=frac.begin();
        while (sit!=stud.end() && fit!=frac.end()) {   //学生基本信息链表和成绩信息链表按学号归并
            if (sit->xh < fit->xh)
                sit++;
            else if (sit->xh > fit->xh)
                fit++;
            else {
                fit->xm=sit->xm;
                fit->bh=sit->bh;
                fit++;
            }
        }
        cour.sort();                               //cour 按课程号排序
        frac.sort(Cmp1());                         //frac 按课程号排序
        list<COURSE>::iterator cit=cour.begin();
        fit=frac.begin();
        while (cit!=cour.end() && fit!=frac.end()) {   //课程信息链表和成绩信息链表按课程号归并
            if (cit->kch < fit->kch)
                cit++;
            else if (cit->kch > fit->kch)
                fit++;
            else {
                fit->kcm=cit->kcm;
                fit++;
            }
        }
    }
```

```cpp
}
void solve() {                                        //求解算法
    UpdateFrac();
    frac.sort(Cmp2());                                //frac按班号+学号排序
    printf("\n    输出结果\n\n");
    list<FRACTION>::iterator fit=frac.begin();
    string bh=fit->bh;
    int xh=fit->xh;
    cout << "    ====班号:" << bh << "==================" << endl;
    for (;fit!=frac.end();fit++) {
        if (fit->bh!=bh) {
            bh=fit->bh;
            printf("\n");
            cout << "    ====班号:" << bh << "==================" << endl;
        }
        if (fit==frac.begin() || fit->xh!=xh) {
            xh=fit->xh;
            cout << "    " << fit->xh << "\t" << fit->xm << "\t"
                 << fit->kcm << "\t" << fit->fs << endl;
        }
        else cout << "              " << fit->kcm << "\t" << fit->fs << endl;
    }
}
void readdata() {                                     //从文件中读取3个有序整数序列
    fstream fin("xyz4.in", ios::in);
    int n;
    fin >> n;
    CreateStud(fin,n);
    fin >> n;
    CreateCour(fin,n);
    fin >> n;
    CreateFrac(fin,n);
    fin.close();
}
int main() {
    readdata();
    solve();
    return 0;
}
```

上述程序的执行结果如图2.12所示。

图2.12　第2章应用实验题4的执行结果

5. 解：设计双链表结点类 DLinkNode，它含数据成员 data、prior、next 和 freq（访问频度）。设计双链表类 DLinkList，它含双链表头结点的 dhead 成员，以及建表方法 CreateListR() 和输出方法 DispList()，CreateListR() 采用尾插法建立形如 $\{1,2,\cdots,n\}$ 的带头结点的整数双链表，每个结点的 freq 成员均置为 0。

设计 Locate(L, x) 函数，先查找值为 x 的结点 p，找到后将 p 结点的 freq 成员增 1，再向前找到结点 pre，若满足 pre->freq≥p->freq，则将 p 结点移到 pre 结点之后，如图 2.13 所示。其操作是先删除 p 结点，再将其插入 pre 结点之后。

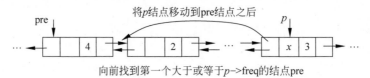

图 2.13 将 p 结点移动到 pre 结点之后

对应的实验程序 Exp2-5.cpp 如下：

```cpp
#include <iostream>
using namespace std;
struct DLinkNode {                       //双链表结点类型
    int data;                            //存放数据元素
    int freq;                            //结点访问频度
    DLinkNode * next;                    //指向后继结点的指针
    DLinkNode * prior;                   //指向前驱结点的指针
    DLinkNode() {                        //构造函数
        next=prior=NULL;
        freq=0;
    }
    DLinkNode(int d) {                   //重载构造函数
        data=d;
        next=prior=NULL;
        freq=0;
    }
};
class DLinkList {                        //双链表类
public:
    DLinkNode * dhead;                   //双链表的头结点
    DLinkList() {                        //构造函数,创建一个空双链表
        dhead=new DLinkNode();
    }
    ~DLinkList() {                       //析构函数,销毁双链表
        DLinkNode * pre, * p;
        pre=dhead; p=pre->next;
        while (p!=NULL) {                //用 p 遍历结点并释放其前驱结点
            delete pre;                  //释放 pre 结点
            pre=p; p=p->next;            //pre,p 同步后移一个结点
        }
        delete pre;                      //p 为空时 pre 指向尾结点,此时释放尾结点
    }
    void CreateListR(int n) {            //用尾插法建立双链表
        DLinkNode * s, * r;
```

```cpp
            r=dhead;                              //r 始终指向尾结点,开始时指向头结点
            for (int i=1;i<=n;i++) {              //循环建立数据结点
                s=new DLinkNode(i);               //创建数据结点 s
                r->next=s;                        //将 s 结点插入 r 结点之后
                s->prior=r;
                r=s;
            }
            r->next=NULL;                         //将尾结点的 next 域置为 NULL
        }
        void DispList() {                         //输出双链表的所有结点值
            DLinkNode *p=dhead->next;             //p 指向开始结点
            while (p!=NULL) {                     //p 不为 NULL,输出 p 结点的 data 域
                cout << "  " << p->data << "[" << p->freq << "]";
                p=p->next;                        //p 移向下一个结点
            }
            cout << endl;
        }
};
//实现实验题功能的函数
bool Locate(DLinkList &L,int x) {                 //查找值为 x 的结点
    DLinkNode *p=L.dhead->next, *pre;
    while (p!=NULL && p->data!=x)
        p=p->next;                                //查找 data 值为 x 的结点 p
    if (p==NULL)                                  //未找到这样的结点
        return false;
    else {                                        //找到这样的结点 p
        p->freq++;                                //频度增 1
        pre=p->prior;                             //pre 为 p 的前驱结点
        if (pre!=L.dhead) {                       //若 pre 不为头结点
            while (pre!=L.dhead && pre->freq < p->freq)
                pre=pre->prior;                   //则向前查找 pre 结点
            p->prior->next=p->next;               //先删除 p 结点
            if (p->next!=NULL)
                p->next->prior=p->prior;
            p->next=pre->next;                    //将 p 结点插入 pre 结点之后
            if (pre->next!=NULL)
                pre->next->prior=p;
            pre->next=p;
            p->prior=pre;
        }
        return true;
    }
}
void Find(DLinkList &L,int x) {                   //输出查找结果
    if (Locate(L,x)) {
        printf("  查找%d 后的结果:",x);
        L.DispList();
    }
    else printf("  查找%d: 没有找到\n",x);
}
int main() {
    DLinkList L;
    L.CreateListR(5);
```

```
    printf("\n");
    printf("  初始L:"); L.DispList();
    Find(L,10); Find(L,5); Find(L,1); Find(L,4);
    Find(L,5); Find(L,2); Find(L,4); Find(L,5);
    return 0;
}
```

上述程序的执行结果如图2.14所示。

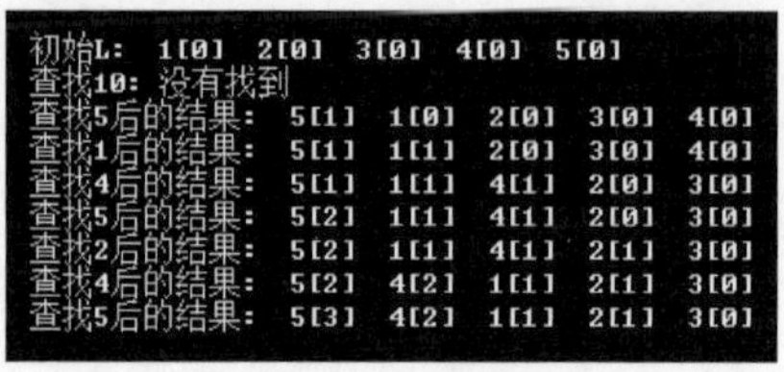

```
初始L:        1[0]  2[0]  3[0]  4[0]  5[0]
查找10: 没有找到
查找5后的结果:   5[1]  1[0]  2[0]  3[0]  4[0]
查找1后的结果:   5[1]  1[1]  2[0]  3[0]  4[0]
查找4后的结果:   5[1]  1[1]  4[1]  2[0]  3[0]
查找5后的结果:   5[2]  1[1]  4[1]  2[0]  3[0]
查找2后的结果:   5[2]  1[1]  4[1]  2[1]  3[0]
查找4后的结果:   5[2]  4[2]  1[1]  2[1]  3[0]
查找5后的结果:   5[3]  4[2]  1[1]  2[1]  3[0]
```

图2.14 第2章应用实验题5的执行结果

栈和队列

3.1 问答题及其参考答案

3.1.1 问答题

1. 简述线性表、栈和队列的异同。

2. 设输入元素为 1、2、3、P 和 A，进栈次序为 123PA，元素经过栈后到达输出序列，当所有元素均到达输出序列后，有哪些序列可以作为高级语言的变量名？

3. 假设以 I 和 O 分别表示进栈和出栈操作，则初态和终态为栈空的进栈和出栈操作序列可以表示为仅由 I 和 O 组成的序列，称可以实现的栈操作序列为合法序列(例如 IIOO 为合法序列，IOOI 为非法序列)。试给出区分给定序列为合法序列或非法序列的一般准则。

4. 有 n 个不同元素的序列经过一个栈产生的出栈序列个数是多少？

5. 若一个栈的存储空间是 data$[0..n-1]$，则对该栈的进栈和出栈操作最多只能执行 n 次。这句话正确吗？为什么？

6. 若采用数组 data$[0..m-1]$ 存放栈元素，回答以下问题：
   (1) 只能以 data$[0]$ 端作为栈底吗？
   (2) 为什么不能以 data 数组的中间位置作为栈底？

7. 链栈只能顺序存取，而顺序栈不仅可以顺序存取，还能够随机存取。这句话正确吗？为什么？

8. 什么叫队列的"假溢出"？如何解决假溢出？

9. 假设循环队列的元素存储空间为 data$[0..m-1]$，队头指针 f 指向队头元素，队尾指针 r 指向队尾元素的下一个位置(例如 data$[0..5]$，若队头元素为 data$[2]$，则 front=2，若队尾元素为 data$[3]$，则 rear=4)，则在少用一个元素空间的前提下，表示队空和队满的条件各是什么？

10. 在算法设计中有时需要保存一系列临时数据元素，如果先保存的后处理，应该采用什么数据结构存放这些元素？如果先保存的先处理，应该采用什么数据结构存放这些元素？

3.1.2 问答题参考答案

1. 答：线性表、栈和队列的相同点是它们的元素的逻辑关系都是线性关系；不同点是运算不同，线性表可以在两端和中间任何位置插入和删除元素，而栈只能在一端插入和删除元素，队列只能在一端插入元素，在另外一端删除元素。

2. 答：高级语言变量名的定义规则是以字母开头的字母数字串。进栈次序为 123PA，以 A 最先出栈的序列为 AP321，以 P 最先出栈的序列为 P321A、P32A1、P3A21、PA321。可以作为高级语言的变量名的序列为 AP321、P321A、P32A1、P3A21 和 PA321。

3. 答：合法的栈操作序列必须满足以下两个条件。

① 在操作序列的任何前缀（从开始到任何一个操作时刻）中，I 的个数不得少于 O 的个数。

② 整个操作序列中 I 和 O 的个数相等。

4. 答：设 n 个不同元素的序列经过一个栈产生的出栈序列（顺序）的个数是 $f(n)$，设该输入序列为 $a,b,c,d,\cdots$，出栈序列有 n 个位置，元素 a 的各种可能性如下。

① 若元素 a 在出栈序列的第 1 个位置，则其操作是 a 进栈，a 出栈，还剩下 $n-1$ 个元素，出栈序列个数是 $f(n-1)$，这种情况下的出栈序列个数等于 $f(n-1)$。

② 若元素 a 在出栈序列的第 2 个位置，则一定有一个元素比 a 先出栈，即有 $f(1)$ 种可能的顺序（只能是 b），还剩 $c,d,\cdots$，其顺序个数是 $f(n-2)$。根据乘法原理，顺序个数为 $f(1) \times f(n-2)$。

③ 如果元素 a 在出栈序列的第 3 个位置，那么一定有两个元素比 a 先出栈，即有 $f(2)$ 种可能顺序（只能是 b、c），还剩 $d,\cdots$，其顺序个数是 $f(n-3)$。根据乘法原理，顺序个数为 $f(2) \times f(n-3)$。

以此类推，按照加法原理，假设 $f(0)=1$，有

$$f(n) = \sum_{i=0}^{n-1} f(i) \times f(n-1-i)$$

可以求出

$$f(n) = \frac{1}{n+1} C_{2n}^n = \frac{(2n)!}{(n+1) \times (n!)^2}$$

例如，$n=3$ 时，

$$f(3) = \frac{1}{3+1} C_6^3 = \frac{6 \times 5 \times 4}{4 \times 3 \times 2 \times 1} = 5$$

$n=4$ 时，

$$f(4) = \frac{1}{4+1} C_8^4 = \frac{8 \times 7 \times 6 \times 5}{5 \times 4 \times 3 \times 2 \times 1} = 14$$

5. 答：错误。从理论上讲，对该栈的进栈和出栈操作次数没有限制，但连续的进栈操作最多只能执行 n 次。

6. 答：(1) 也可以将 $data[m-1]$ 端作为栈底。

(2) 栈中元素是从栈底向栈顶方向生长的，如果以 data 数组的中间位置作为栈底，那么栈顶方向的另外一端空间就不能使用，造成空间浪费，所以不能以 data 数组的中间位置

作为栈底。

7. 答：栈具有顺序存取特性，假设从栈底到栈顶的元素是 $a_0,a_1,\cdots,a_{n-2},a_{n-1}$，出栈栈顶元素 a_{n-1} 后，下一次可以出栈新栈顶元素 a_{n-2}，以此类推，这称为顺序存取特性。链栈和顺序栈都是栈的存储结构，体现栈的特性，都只能顺序存取，而不能随机存取。

8. 答：在非循环顺序队中，当队尾指针已经到了数组的上界，不能再做进队操作，但其实数组中还有空位置，这就叫"假溢出"。解决假溢出的方式之一是采用循环队列。

9. 答：一般教科书中设计循环队列时，让队头指针 f 指向队头元素的前一个位置，队尾指针 r 指向队尾元素。这里是队头指针 f 指向队头元素，队尾指针 r 指向队尾元素的下一个位置。这两种方法本质上没有差别，实际上最重要的是能够方便设置队空、队满的条件。

对于题目中指定的循环队列，f、r 的初始值为 0，仍然以 $f==r$ 作为队空的条件，$(r+1)\%m==f$ 作为队满的条件。

元素 x 进队操作：data$[r]=x$；$r=(r+1)\%m$。队尾指针 r 指向队尾元素的下一个位置。

元素 x 出队操作：$x=$data$[f]$；$f=(f+1)\%m$。队头元素出队后，下一个元素成为队头元素。

10. 答：如果先保存的后处理，则应该采用栈数据结构存放这些元素。如果先保存的先处理，则应该采用队列数据结构存放这些元素。

3.2 算法设计题及其参考答案

3.2.1 算法设计题

1. 给定一个字符串 str，设计一个算法，采用顺序栈判断 str 是否为形如"序列 1@序列 2"的合法字符串，其中序列 2 是序列 1 的逆序，在 str 中恰好只有一个@字符。

2. 假设有一个链栈 st，设计一个算法，出栈从栈顶开始的第 k 个结点。

3. 设计一个算法，利用顺序栈将一个十进制正整数 d 转换为 $r(2\leqslant r\leqslant 16)$ 进制的数，要求 r 进制数采用字符串 string 表示。

4. 用于列车编组的铁路转轨网络是一种栈结构，如图 3.1 所示。其中，右边轨道是输入端，左边轨道是输出端。当右边轨道上的车皮编号顺序为 1、2、3、4 时，如果执行操作进栈、进栈、出栈、进栈、进栈、出栈、出栈、出栈，则在左边轨道上的车皮编号顺序为 2、4、3、1。

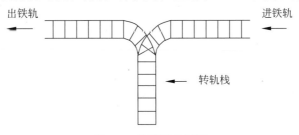

图 3.1 铁路转轨网络

设计一个算法,给定 n 个整数序列 a 表示右边轨道上的车皮编号顺序,用上述转轨栈对这些车皮重新编号,使得编号为奇数的车皮都排在编号为偶数的车皮的前面,要求产生所有操作的字符串 op 和最终结果字符串 ans。

5. 设计一个算法,利用一个顺序栈将一个循环队列中的所有元素倒过来,队头变队尾,队尾变队头。

6. 对于给定的正整数 $n(n>2)$,利用一个队列输出 n 阶杨辉三角形。5 阶杨辉三角形如图 3.2(a)所示,其输出结果如图 3.2(b)所示。

(a) n=5时的杨辉三角形   (b) 输出结果

图 3.2　5 阶杨辉三角形及其生成过程

7. 有一个整数数组 a,设计一个算法,将所有偶数位的元素移动到所有奇数位的元素的前面,要求它们的相对次序不变。例如,a={1,2,3,4,5,6,7,8},移动后 a={2,4,6,8,1,3,5,7}。

8. 设计一个循环队列 QUEUE<T>,用 data[0..MaxSize−1]存放队列元素,用 front 和 rear 分别作为队头和队尾指针,另外用一个标志 tag 标识队列可能空(false)或可能满(true),这样加上 front==rear 可以作为队空或队满的条件。要求设计队列的相关基本运算算法。

3.2.2　算法设计题参考答案

1. 解：设计一个栈 st。遍历 str,将其中'@'字符前面的所有字符进栈,再扫描 str 中'@'字符后面的所有字符,对于每个字符 ch,退栈一个字符,如果两者不相同则返回 false。当循环结束时,若 str 扫描完毕并且栈空则返回 true,否则返回 false。对应的算法如下:

```
bool match(string str) {
    SqStack<char> st;                              //定义一个顺序栈
    char e;
    int i=0;
    while (i<str.length() && str[i]!='@') {
        st.push(str[i]);
        i++;
    }
    if (i==str.length())                           //没有找到@,返回 false
        return false;
    i++;                                           //跳过@
    while (i<str.length() && !st.empty()) {        //str 没有扫描完毕并且栈不空时循环
        st.pop(e);
        if (str[i]!=e) return false;               //两者不等,返回 false
        i++;
    }
```

```
        if (i==str.length() && st.empty())       //str 扫描完毕并且栈空时返回 true
            return true;
        else                                      //其他返回 false
            return false;
    }
```

2. **解**：从链栈头结点 head 开始查找第 $k-1$ 个结点 pre，p 指向其后继结点。本算法是通过结点 pre 删除结点 p 并且取该结点的值，若删除成功则返回 true，若参数错误则返回 false。对应的算法如下：

```
    bool popk(LinkStack<int> &st, int k, int &e) {
        if (k<=0) return false;
        LinkNode<int> *pre=st.head, *p;
        int j=0;
        while (pre!=NULL && j<k-1) {              //查找第 k-1 个结点 pre
            pre=pre->next;
            j++;
        }
        if (pre==NULL) return false;              //参数 k 错误
        p=pre->next;                              //p 指向第 k 个结点
        if (p==NULL) return false;                //参数 k 错误
        e=p->data;                                //取结点 p 的值
        pre->next=p->next;                        //删除结点 p
        delete p;
        return true;
    }
```

3. **解**：设置一个顺序栈 st，采用辗转相除法将十进制数 d 转换成 r 进制数，从低到高产生各个位并进栈，再通过栈从高到低将各个位连接起来生成字符串 s，最后返回 s。对应的算法如下：

```
    string trans(int d, int r) {
        int x;
        SqStack<int> st;                          //定义一个顺序栈
        while (d>0) {                             //产生转换后的各个位并进栈
            st.push(d%r);
            d/=r;
        }
        string chars="0123456789ABCDEF";
        string s="";
        while (!st.empty()) {                     //将各个位从高到低连接起来
            st.pop(x);
            s+=chars[x];
        }
        return s;
    }
```

4. **解**：将铁路转轨网络看成一个栈，a 数组表示进栈序列，要求编号为奇数的车皮都排在编号为偶数的车皮的前面，所以遇到奇数的车皮将其进栈保存，遇到偶数的车皮将其进栈后立即出栈，最后将栈中的所有车皮出栈。op 表示操作字符串，ans 表示重编后的车皮序列（初始时均为空串）。对应的算法如下：

```
void solve(int a[],int n,string &op,string &ans) {
    SqStack<int> st;                              //定义一个顺序栈
    for (int i=0;i<n;i++) {
        if (a[i]%2==1) {                          //若车皮编号为奇数,则进栈
            st.push(a[i]);
            op+="\t"+to_string(a[i])+"进队\n";
        }
        else {                                    //若车皮编号为偶数,则进栈后立即出栈
            op+="\t"+to_string(a[i])+"进栈\n";
            op+="\t"+to_string(a[i])+"出栈\n";
            ans+=to_string(a[i])+" ";
        }
    }
    int x;
    while (!st.empty()) {                         //出栈所有的车皮
        st.pop(x);
        op+="\t"+to_string(x)+"出栈\n";
        ans+=to_string(x)+" ";
    }
}
```

5. 解：设置一个顺序栈 st，先将循环队列 qu 中的所有元素出队并进到 st 栈中，再将栈 st 中的所有元素出栈并进到 qu 队列中。对应的算法如下：

```
void Reverse(CSqQueue<int> &qu) {
    int x;
    SqStack<int> st;                              //定义一个顺序栈
    while (!qu.empty()) {                         //出队所有元素并进栈
        qu.pop(x);
        st.push(x);
    }
    while (!st.empty()) {                         //出栈所有元素并进队
        st.pop(x);
        qu.push(x);
    }
}
```

6. 解：由 n 阶杨辉三角形的特点可知，其高度为 n，第 $r(1 \leqslant r \leqslant n)$ 行恰好包含 r 个数字。在每行前后添加一个 0（第 r 行包含 $r+2$ 个数字），采用迭代方式，定义一个队列 qu，由第 r 行生成第 $r+1$ 行。

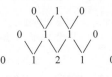

图 3.3 生成前 3 行的过程

① 先输出第 1 行，仅输出 1，将 0、1、0 进队。

② 当队列 qu 中包含第 r 行的全部数字时（队列中共 $r+2$ 个元素），生成并输出第 $r+1$ 行的过程是进队 0，出队元素 s（第一个元素为 0），再依次出队元素 t（共执行 $r+1$ 次），$e=s+t$，输出 e 并进队，重置 $t=s$，最后进队 0，这样输出了第 $r+1$ 行的 $r+1$ 个元素，队列中含 $r+3$ 个元素。图 3.3 所示为生成前 3 行的过程。

对应的算法如下：

```
void YHTriangle(int n) {
    int s,t,e;
```

```
        CSqQueue<int> qu;                      //定义一个循环队列
        printf("%4d\n",1);                     //输出第1行
        qu.push(0);                            //第1行进队
        qu.push(1);
        qu.push(0);
        for (int r=2;r<=n;r++) {               //输出第2行到第n行
            qu.push(0);
            qu.pop(s);
            for (int c=0;c<r;c++) {            //输出第r行的r个数字
                qu.pop(t);
                e=s+t;
                printf("%4d",e);
                qu.push(e);
                s=t;
            }
            qu.push(0);
            printf("\n");
        }
    }
```

7. 解：采用两个队列来实现，先将 *a* 中的所有奇数位元素进队 qu1 中，所有偶数位元素进队 qu2 中，再将 qu2 中的元素依次出队并放到 *a* 中，qu1 中的元素依次出队并放到 *a* 中。对应的算法如下：

```
    void Move(int a[],int n) {
        CSqQueue<int> qu1;                     //存放奇数位元素
        CSqQueue<int> qu2;                     //存放偶数位元素
        int i=0,x;
        while (i<n) {
            qu1.push(a[i]);                    //奇数位元素进qu1队
            i++;
            if (i<n) {
                qu2.push(a[i]);                //偶数位元素进qu2队
                i++;
            }
        }
        i=0;
        while (!qu2.empty()) {                 //先取qu2队列的元素
            qu2.pop(x);
            a[i]=x;
            i++;
        }
        while (!qu1.empty()) {                 //再取qu1队列的元素
            qu1.pop(x);
            a[i]=x;
            i++;
        }
    }
```

8. 解：初始时 tag=false，front=rear=0，成功的进队操作后 tag=true（任何进队操作后队列都不可能空，但可能满），成功的出队操作后 tag=false（任何出队操作后队列都不可能满，但可能空），因此这样的队列的四要素如下。

① 队空条件：front==rear and tag=false；
② 队满条件：front==rear and tag=true；
③ 元素 x 进队：rear=(rear+1)%MaxSize；data[rear]=x；tag=true；
④ 元素 x 出队：front=(front+1)%MaxSize；x=data[front]；tag=false；

设计对应的循环队列类 QUEUE<T>如下：

```cpp
#define MaxSize 100                        //队列的容量
template <typename T>
class QUEUE {                              //循环队列类模板
public:
    T *data;                               //存放队中元素
    int front, rear;                       //队头和队尾指针
    bool tag;                              //为 false 表示可能队空，为 true 表示可能队满
    QUEUE() {                              //构造函数
        data=new T[MaxSize];               //为 data 分配最大容量为 MaxSize 的空间
        front=rear=0;                      //队头、队尾指针置初值
        tag=false;                         //初始时队空，tag 置为 false
    }
    ~QUEUE() {                             //析构函数
        delete [] data;
    }
    //——————————循环队列基本运算算法——————————
    bool empty() {                         //判队空运算
        return front==rear && tag==false;
    }
    bool full() {                          //判队满运算
        return front==rear && tag==true;
    }
    bool push(T e) {                       //进队列运算
        if (full()) return false;          //队满上溢出
        rear=(rear+1)%MaxSize;
        data[rear]=e;
        tag=true;                          //进队操作，队可能满
        return true;
    }
    bool pop(T &e) {                       //出队列运算
        if (empty()) return false;         //队空下溢出
        front=(front+1)%MaxSize;
        e=data[front];
        tag=true;                          //出队操作，队可能空
        return true;
    }
    bool gethead(T &e) {                   //取队头运算
        if (empty()) return false;         //队空下溢出
        int head=(front+1)%MaxSize;
        e=data[head];
        return true;
    }
};
```

3.3 基础实验题及其参考答案

3.3.1 基础实验题

1. 设计整数顺序栈的基本运算程序,并用相关数据进行测试。
2. 设计整数链栈的基本运算程序,并用相关数据进行测试。
3. 设计整数循环队列的基本运算程序,并用相关数据进行测试。
4. 设计整数链队的基本运算程序,并用相关数据进行测试。

3.3.2 基础实验题参考答案

1. 解:顺序栈的基本运算算法的设计原理参见《教程》中的 3.1.2 节。包含顺序栈基本运算算法类 SqStack 以及测试主程序的 Exp1-1.cpp 文件如下:

```
#include <iostream>
using namespace std;
const int MaxSize=100;                      //栈的容量
template <typename T>
class SqStack {                             //顺序栈类
    T * data;                               //存放栈中元素
    int top;                                //栈顶指针
public:
    SqStack() {                             //构造函数
        data=new T[MaxSize];                //为 data 分配最大容量为 MaxSize 的空间
        top=-1;                             //栈顶指针初始化
    }
    ~SqStack() {                            //析构函数
        delete [] data;
    }
    //——————————栈基本运算算法——————————
    bool empty() {                          //判断栈是否为空
        return(top==-1);
    }
    bool push(T e) {                        //进栈算法
        if (top==MaxSize-1) return false;   //栈满时返回 false
        top++;                              //栈顶指针增1
        data[top]=e;                        //将 e 进栈
        return true;
    }
    bool pop(T &e) {                        //出栈算法
        if (empty()) return false;          //栈为空的情况,即栈下溢出
        e=data[top];                        //取栈顶指针位置的元素
        top--;                              //栈顶指针减1
        return true;
    }
    bool gettop(T &e) {                     //取栈顶元素算法
        if (empty()) return false;          //栈为空的情况,即栈下溢出
        e=data[top];                        //取栈顶指针位置的元素
```

```
            return true;
        }
};
int main() {
    SqStack<char> st;                                    //定义一个字符顺序栈 st
    char e;
    cout << "\n 建立空顺序栈 st\n";
    cout << " 栈 st" << (st.empty()?"空":"不空") << endl;
    cout << " 字符 a 进栈\n"; st.push('a');
    cout << " 字符 b 进栈\n"; st.push('b');
    cout << " 字符 c 进栈\n"; st.push('c');
    cout << " 字符 d 进栈\n"; st.push('d');
    cout << " 字符 e 进栈\n"; st.push('e');
    cout << " 栈 st" << (st.empty()?"空":"不空") << endl;
    st.gettop(e);
    cout << " 栈顶元素:" << e << endl;
    cout << " 所有元素出栈次序: ";
    while (!st.empty()) {                                //栈不空时循环
        st.pop(e);                                       //出栈元素 e 并输出
        cout << e << " ";
    }
    cout << endl;
    cout << " 销毁栈 st" << endl;
    return 0;
}
```

上述程序的执行结果如图 3.4 所示。

图 3.4 第 3 章基础实验题 1 的执行结果

2. 解：链栈的基本运算算法的设计原理参见《教程》中的 3.1.4 节。包含链栈基本运算算法类 LinkStack 以及测试主程序的 Exp1-2.cpp 文件如下：

```
#include <iostream>
using namespace std;
template <typename T>
struct LinkNode {                                        //链栈结点类型
    T data;                                              //数据域
    LinkNode *next;                                      //指针域
    LinkNode():next(NULL) {}                             //构造函数
    LinkNode(T d):data(d),next(NULL) {}                  //重载构造函数
};
template <typename T>
class LinkStack {                                        //链栈类模板
public:
```

```cpp
    LinkNode<T> *head;                                  //链栈的头结点
    LinkStack() {                                       //构造函数
        head=new LinkNode<T>();
    }
    ~LinkStack() {                                      //析构函数
        LinkNode<T> *pre=head, *p=pre->next;
        while (p!=NULL) {
            delete pre;
            pre=p; p=p->next;                           //pre、p同步后移
        }
        delete pre;
    }
    bool empty() {                                      //判栈空算法
        return head->next==NULL;
    }
    bool push(T e) {                                    //进栈算法
        LinkNode<T> *p=new LinkNode<T>(e);              //新建结点p
        p->next=head->next;                             //插入结点p作为首结点
        head->next=p;
        return true;
    }
    bool pop(T &e) {                                    //出栈算法
        LinkNode<T> *p;
        if (head->next==NULL) return false;             //栈空的情况
        p=head->next;                                   //p指向开始结点
        e=p->data;
        head->next=p->next;                             //删除结点p
        delete p;                                       //释放结点p
        return true;
    }
    bool gettop(T &e) {                                 //取栈顶元素
        LinkNode<T> *p;
        if (head->next==NULL) return false;             //栈空的情况
        p=head->next;                                   //p指向开始结点
        e=p->data;
        return true;
    }
};
int main() {
    LinkStack<char> st;                                 //定义一个字符链栈st
    char e;
    cout << "\n 建立空链栈 st\n";
    cout << " 栈 st" << (st.empty()?"空":"不空") << endl;
    cout << " 字符a进栈\n"; st.push('a');
    cout << " 字符b进栈\n"; st.push('b');
    cout << " 字符c进栈\n"; st.push('c');
    cout << " 字符d进栈\n"; st.push('d');
    cout << " 字符e进栈\n"; st.push('e');
    cout << " 栈 st" << (st.empty()?"空":"不空") << endl;
    st.gettop(e);
    cout << " 栈顶元素:" << e << endl;
    cout << " 所有元素出栈次序: ";
    while (!st.empty()) {                               //栈不空时循环
```

```cpp
            st.pop(e);                                    //出栈元素e并输出
            cout << e << " ";
        }
        cout << endl;
        cout << " 销毁栈 st" << endl;
        return 0;
    }
```

上述程序的执行结果如图 3.5 所示。

图 3.5　第 3 章基础实验题 2 的执行结果

3. 解：循环队列的基本运算算法的设计原理参见《教程》中的 3.2.2 节。包含循环队列基本运算算法类 CSqQueue 以及测试主程序的 Exp1-3.cpp 文件如下：

```cpp
#include <iostream>
using namespace std;
#define MaxSize 100                                       //队列的容量
template <typename T>
class CSqQueue {                                          //循环队列类模板
public:
    T * data;                                             //存放队中元素
    int front, rear;                                      //队头和队尾指针
    CSqQueue() {                                          //构造函数
        data = new T[MaxSize];                            //为 data 分配最大容量为 MaxSize 的空间
        front = rear = 0;                                 //队头、队尾指针置初值
    }
    ~CSqQueue() {                                         //析构函数
        delete [] data;
    }
    //------------循环队列基本运算算法------------
    bool empty() {                                        //判队空算法
        return (front == rear);
    }
    bool push(T e) {                                      //进队列算法
        if ((rear+1) % MaxSize == front) return false;    //队满上溢出
        rear = (rear+1) % MaxSize;
        data[rear] = e;
        return true;
    }
    bool pop(T &e) {                                      //出队列运算
        if (front == rear) return false;                  //队空下溢出
        front = (front+1) % MaxSize;
        e = data[front];
        return true;
```

```cpp
    }
    bool gethead(T &e) {                              //取队头运算
        if (front==rear) return false;                //队空下溢出
        int head=(front+1)%MaxSize;
        e=data[head];
        return true;
    }
};
int main() {
    CSqQueue<char> qu;                                //定义一个字符顺序队sq
    char e;
    cout << "\n  建立空顺序队sq\n";
    cout << "   队列sq" << (qu.empty()?"空":"不空") << endl;
    cout << "   元素a进队\n"; qu.push('a');
    cout << "   元素b进队\n"; qu.push('b');
    cout << "   元素c进队\n"; qu.push('c');
    cout << "   元素d进队\n"; qu.push('d');
    cout << "   元素e进队\n"; qu.push('e');
    cout << "   队列sq" << (qu.empty()?"空":"不空") << endl;
    cout << "   所有元素出队次序: ";
    while (!qu.empty()) {                             //队不空时循环
        qu.pop(e);                                    //出队元素e
        cout << e << " ";                             //输出元素e
    }
    cout << endl;
    cout << "   销毁队sq" << endl;
    return 0;
}
```

上述程序的执行结果如图3.6所示。

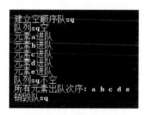

图3.6 第3章基础实验题3的执行结果

4. 解：链队的基本运算算法的设计原理参见《教程》中的3.2.4节。包含链队基本运算算法类LinkQueue以及测试主程序的Exp1-4.cpp文件如下：

```cpp
#include <iostream>
using namespace std;
template <typename T>
struct LinkNode {                                     //链队数据结点类型
    T data;                                           //结点数据域
    LinkNode *next;                                   //指向下一个结点
    LinkNode():next(NULL) {}                          //构造函数
    LinkNode(T d):data(d),next(NULL) {}               //重载构造函数
};
template <typename T>
```

```cpp
class LinkQueue {                                    //链队类模板
public:
    LinkNode<T> *front;                              //队头指针
    LinkNode<T> *rear;                               //队尾指针
    LinkQueue():front(NULL),rear(NULL) {}            //构造函数
    ~LinkQueue() {                                   //析构函数
        LinkNode<T> *pre=front, *p;
        if (pre!=NULL) {                             //非空队的情况
            if (pre==rear)                           //只有一个数据结点的情况
                delete pre;                          //释放pre结点
            else {                                   //有两个或多个数据结点的情况
                p=pre->next;
                while (p!=NULL) {
                    delete pre;                      //释放pre结点
                    pre=p; p=p->next;                //pre、p同步后移
                }
                delete pre;                          //释放尾结点
            }
        }
    }
    bool empty() {                                   //判队空运算
        return rear==NULL;
    }
    bool push(T e) {                                 //进队运算
        LinkNode<T> *p=new LinkNode<T>(e);
        if (rear==NULL)                              //链队为空的情况
            front=rear=p;                            //新结点既是队首结点又是队尾结点
        else {                                       //链队不空的情况
            rear->next=p;                            //将p结点链到队尾,并将rear指向它
            rear=p;
        }
        return true;
    }
    bool pop(T &e) {                                 //出队运算
        if (rear==NULL) return false;                //队列为空
        LinkNode<T> *p=front;                        //p指向首结点
        if (front==rear)                             //队列中只有一个结点时
            front=rear=NULL;
        else                                         //队列中有多个结点时
            front=front->next;
        e=p->data;
        delete p;                                    //释放出队结点
        return true;
    }
    bool gethead(T &e) {                             //取队头运算
        if (rear==NULL)                              //队列为空
            return false;
        e=front->data;                               //取首结点的值
        return true;
    }
};
int main() {
    LinkQueue<char> qu;                              //定义一个字符链队qu
    char e;
```

```
        cout << "\n  建立空链队 qu\n";
        cout << "  队列 qu" << (qu.empty()?"空":"不空") << endl;
        cout << "  元素 a 进队\n"; qu.push('a');
        cout << "  元素 b 进队\n"; qu.push('b');
        cout << "  元素 c 进队\n"; qu.push('c');
        cout << "  元素 d 进队\n"; qu.push('d');
        cout << "  元素 e 进队\n"; qu.push('e');
        cout << "  队列 qu" << (qu.empty()?"空":"不空") << endl;
        cout << "  所有元素出队次序: ";
        while (!qu.empty()) {                              //队不空时循环
            qu.pop(e);                                     //出队元素 e
            cout << e << " ";                              //输出元素 e
        }
        cout << endl;
        cout << "  销毁队 qu" << endl;
        return 0;
    }
```

上述程序的执行结果如图 3.7 所示。

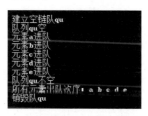

图 3.7　第 3 章基础实验题 4 的执行结果

3.4　应用实验题及其参考答案

3.4.1　应用实验题

1. 改进用栈求解迷宫问题的算法，累计如图 3.8 所示的迷宫的路径条数，并输出所有的迷宫路径。

2. 括号匹配问题。在某个字符串（长度不超过 100）中有左括号、右括号和大小写字母，规定（与常见的算术表达式一样）任何一个左括号都从内到外与在它右边且距离最近的右括号匹配。编写一个实验程序，找到无法匹配的左括号和右括号，输出原来的字符串，并在下一行标出不能匹配的括号。不能匹配的左括号用"$"标出，不能匹配的右括号用"?"标出。例如，输出样例如下：

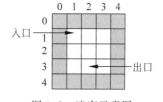

图 3.8　迷宫示意图

```
( (ABCD(x)
 $$
) (rttyy())sss)(
?              ?$
```

3. 修改《教程》中的 3.2 节中的循环队列算法,增加数据成员 length 表示长度,并且其容量可以动态扩展,在进队元素时若容量满则按两倍扩大容量,在出队元素时若当前容量大于初始容量并且元素的个数只有当前容量的 1/4,则栈当前容量缩小为一半。通过测试数据说明队列容量变化的情况。

4. 采用一个不带头结点、只有一个尾结点指针 rear 的循环单链表存储队列,设计出这种链队的进队、出队、判队空和求队中元素个数的算法。

5. 设计一个队列类 QUEUE,其包含判断队列是否为空、进队和出队运算。要求用两个栈 st1、st2 模拟队列,其中栈用 stack<T>容器表示。

6. 设计一个栈类 STACK,其包含判断栈是否为空、进栈和出栈运算。要求用两个队列 qu1、qu2 模拟栈,其中队列用 queue<T>容器表示。

3.4.2 应用实验题参考答案

1. 解:修改《教程》中的 3.1.7 节用栈求解迷宫问题的 mgpath()算法,用 cnt 累计找到的迷宫路径条数(初始为 0)。当找到一条路径后并不返回,而是将 cnt 增加 1,输出该迷宫路径,然后出栈栈顶方块 b 并将该方块的 mg 值恢复为 0,继续前面的过程,直到栈空为止,最后返回 cnt。对应的实验程序 Exp2-1.cpp 如下:

```cpp
#include <iostream>
#include <stack>
using namespace std;
const int MAX=10;
int cnt=0;                                      //累计迷宫路径条数
int mg[MAX][MAX]={{1,1,1,1,1},{1,0,0,0,1},{1,0,0,0,1},{1,0,0,0,1},{1,1,1,1,1}};
int m=5,n=5;                                    //一个 5 行 5 列的迷宫图
int dx[]={-1,0,1,0};                            //x 方向的偏移量
int dy[]={0,1,0,-1};                            //y 方向的偏移量
struct Box {                                    //方块结构体
    int i;                                      //方块的行号
    int j;                                      //方块的列号
    int di;                                     //di 是下一可走相邻方块的方位号
    Box() {}                                    //构造函数
    Box(int i1,int j1,int di1) {                //重载构造函数
        i=i1; j=j1; di=di1;
    }
};
int mgpath(int xi,int yi,int xe,int ye) {       //求一条从(xi,yi)到(xe,ye)的迷宫路径
    int i,j,di,i1,j1;
    bool find;
    Box b,b1;
    stack<Box> st,st1;                          //定义一个顺序栈
    b=Box(xi,yi,-1);                            //建立入口方块对象
    st.push(b);                                 //入口方块进栈
    mg[xi][yi]=-1;                              //为避免来回找相邻方块,置 mg 值为-1
    while (!st.empty()) {                       //栈不空时循环
        b=st.top();                             //取栈顶方块,称为当前方块
        if (b.i==xe && b.j==ye) {               //找到了出口,输出栈中的所有方块构成一条路径
            cnt++;
            printf("  迷宫路径%d: ",cnt);
```

```cpp
            while(!st.empty()) {                //将 st 的所有方块出栈并进栈 st1
                st1.push(st.top());
                st.pop();
            }
            while (!st1.empty()) {              //输出一条迷宫路径
                b1=st1.top(); st1.pop();
                st.push(b1);                    //恢复 st 栈
                printf("[%d,%d] ",b1.i,b1.j);
            }
            printf("\n");
            mg[b.i][b.j]=0;                     //让该位置变为其他路径可走方块
            st.pop();                           //退栈
        }
        else {
            find=false;                         //继续找路径
            di=b.di;
            while (di<3 && find==false) {       //找 b 的一个相邻可走方块
                di++;                           //找下一个方位的相邻方块
                i=b.i+dx[di]; j=b.j+dy[di];     //找 b 的 di 方位的相邻方块(i,j)
                if (i>=0 && i<m && j>=0 && j<n && mg[i][j]==0)
                    find=true;                  //(i,j)方块有效且可走
            }
            if (find) {                         //找到了一个相邻可走方块(i,j)
                st.top().di=di;                 //修改栈顶方块的 di 为新值
                b1=Box(i,j, 1);                 //建立相邻可走方块(i,j)的对象 b1
                st.push(b1);                    //b1 进栈
                mg[i][j]=-1;                    //为避免来回找相邻方块,置 mg 值为-1
            }
            else {                              //没有路径可走,则退栈
                mg[b.i][b.j]=0;                 //恢复当前方块的迷宫值
                st.pop();                       //将栈顶方块退栈
            }
        }
    }
    return cnt;                                 //返回找到的迷宫路径数
}
int main() {
    int xi=1,yi=1,xe=3,ye=2;
    printf("\n   求(%d,%d)到(%d,%d)的迷宫路径\n", xi,yi,xe,ye);
    int cnt=mgpath(xi,yi,xe,ye);
    printf("   共有%d 条迷宫路径\n",cnt);
    return 0;
}
```

上述程序的执行结果如图 3.9 所示。

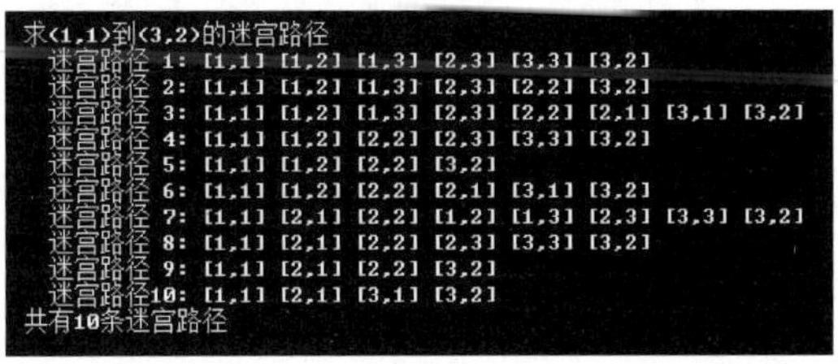

```
求(1,1)到(3,2)的迷宫路径
迷宫路径1: [1,1] [1,2] [1,3] [2,3] [3,3] [3,2]
迷宫路径2: [1,1] [1,2] [1,3] [2,3] [2,2] [3,2]
迷宫路径3: [1,1] [1,2] [1,3] [2,3] [2,2] [2,1] [3,1] [3,2]
迷宫路径4: [1,1] [1,2] [2,2] [2,3] [3,3] [3,2]
迷宫路径5: [1,1] [1,2] [2,2] [3,2]
迷宫路径6: [1,1] [1,2] [2,2] [2,1] [3,1] [3,2]
迷宫路径7: [1,1] [2,1] [2,2] [2,3] [3,3] [3,2]
迷宫路径8: [1,1] [2,1] [2,2] [2,3] [3,3] [3,2]
迷宫路径9: [1,1] [2,1] [2,2] [3,2]
迷宫路径10: [1,1] [2,1] [3,1] [3,2]
共有10条迷宫路径
```

图 3.9 第 3 章应用实验题 1 的执行结果

2. 解：对于字符串 s，设对应的输出字符串为 mark，采用栈 st 来产生 mark。遍历字符 $s[i]$，遇到'('时将其下标 i 进栈，遇到')'时，若栈中存在匹配的'('，置 mark$[i]$=' '，否则置 mark$[i]$='?'。当 s 遍历完毕时，若 st 栈不空，则 st 栈中的所有左括号都是没有右括号匹配的，将相应位置 j 的 mark 值置为'$'。对应的实验程序 Exp2-2.cpp 如下：

```cpp
#include <iostream>
#include <stack>
using namespace std;
string solve(string s) {                     //求解算法
    stack<int> st;                           //定义一个栈
    string mark(s.length(),' ');             //定义输出字符串
    for (int i=0;i<s.length();i++) {
        if (s[i]=='(') {                     //遇到'('则入栈
            st.push(i);                      //将'('的下标暂存在栈中
            mark[i]=' ';                     //对应输出字符串暂且为' '
        }
        else if (s[i]==')') {                //遇到')'
            if (st.empty())                  //栈空，即没有'('相匹配
                mark[i]='?';                 //对应输出字符串改为'?'
            else {                           //有'('相匹配
                mark[i]=' ';                 //对应输出字符串改为' '
                st.pop();                    //栈顶位置的左括号与其匹配，弹出已经匹配的左括号
            }
        }
        else                                 //其他字符与括号无关
            mark[i]=' ';                     //对应输出字符串改为' '
    }
    while (!st.empty()) {                    //若栈不空，则都没有匹配的左括号
        mark[st.top()]='$';                  //对应输出字符串改为'$'
        st.pop();
    }
    return mark;
}
int main() {
    printf("\n");
    printf("  测试1\n");
    string s="((ABCD(x)";
    cout << "   表达式: " << s << endl;
    string ans=solve(s);
    cout << "   结  果: " << ans << endl;
    printf("  测试2\n");
    s=")(rttyy())sss(";
    cout << "   表达式: " << s << endl;
    ans=solve(s);
    cout << "   结  果: " << ans << endl;
    return 0;
}
```

上述程序的执行结果如图 3.10 所示。

3. 解：用全局变量 Initcap 存放初始容量，队列中增加 capacity 属性表示队列的当前容量，增加 recap(newcap) 方法用于将当前容量改变为 newcap。其过程如下：

① 当参数 newcap 正确时 (newcap>n)，建立长度为 newcap 的列表 tmp。

图 3.10　第 3 章应用实验题 2 的执行结果

② 出队 data 中的所有元素并依次存放到 tmp 中(从 tmp[1]开始)。

③ 置 data 为 tmp,队头指针 front 为 0,队尾指针 rear 为 n,新容量为 newcap。

在进队中队满和出队中满足指定的条件时调用 recap(newcap)方法。对应的实验程序 Exp2-3.cpp 如下:

```cpp
#include<iostream>
using namespace std;
const int Initcap=3;                    //全局变量,初始容量为3
template<typename T>
class CSqQueue {                        //非循环队列类
public:                                 //为了方便测试,将所有成员设置为公有的
    T *data;                            //存放队中元素
    int capacity;                       //data 容量
    int length;                         //队中实际元素个数,即长度
    int front;                          //队头指针
    int rear;                           //队尾指针
    CSqQueue() {                        //构造函数
        data=new T[Initcap];            //为 data 分配容量为 Initcap 的空间
        capacity=Initcap;               //设置容量
        front=rear=0;                   //初始化队头和队尾指针
        length=0;                       //初始化长度
    }
    ~CSqQueue() {                       //析构函数
        delete [] data;
    }
    void recap(int newcap) {            //改变队列容量为 newcap
        if (newcap<length)
            throw("新容量大小错误");    //检测 newcap 参数的错误
        printf("  原容量=%d,原长度=%d,修改容量=%d",capacity,length,newcap);
        T *tmp=new T[newcap];           //新建存放队列元素的空间
        int head=(front+1)%capacity;
        for (int i=0;i<length;i++) {    //出队所有元素存放到 tmp[1..length]中
            tmp[i+1]=data[head];        //从 tmp[1]开始,tmp[0]暂时不用
            head=(head+1)%capacity;
        }
        delete [] data;                 //释放原 data 空间
        data=tmp;                       //data 指向新空间
        front=0;                        //重置 front
        rear=length;                    //重置 rear
        capacity=newcap;                //重置 capacity
    }
    bool empty() {                      //判队空运算
        return length==0;
    }
    bool full() {                       //判队满运算
```

```cpp
            return length==capacity;
        }
        bool push(T e) {                            //进队运算
            cout << "   进队" << e;
            if (full())                             //队满上溢出
                recap(2 * capacity);                //队满时倍增容量
            printf("\n");
            rear=(rear+1)%capacity;
            data[rear]=e;
            length++;                               //增加一个元素
            return true;
        }
        bool pop(T &e) {                            //出队运算
            if (empty()) return false;              //队空下溢出
            front=(front+1)%capacity;
            e=data[front];
            length--;                               //减少一个元素
            cout << "   出队" << e;
            if (capacity > Initcap && length==capacity/4)
                recap(capacity/2);                  //满足要求则容量减半
            printf("\n");
            return true;
        }
        bool gethead(T &e) {                        //取队头运算
            if (front==rear) return false;          //队空下溢出
            int head=(front+1)%capacity;
            e=data[head];
            return true;
        }
};
int main() {
    int x;
    printf("\n");
    CSqQueue<int> qu;
    printf("  (1)进队 1,2\n");
    qu.push(1);
    qu.push(2);
    printf("  元素个数=%d,容量=%d\n",qu.length,qu.capacity);
    printf("  (2)进队 3～13\n");
    for (int i=3;i<=13;i++) qu.push(i);
    printf("  元素个数=%d,容量=%d\n",qu.length,qu.capacity);
    printf("  (3)出队所有元素\n");
    while (!qu.empty()) qu.pop(x);
    printf("  元素个数=%d,容量=%d\n",qu.length,qu.capacity);
    return 0;
}
```

上述程序的执行结果如图 3.11 所示。

4. 解：用只有尾结点指针 rear 的循环单链表作为队列存储结构,如图 3.12 所示,其中每个结点的类型为 LinkNode(同第 3 章基础实验题 4 中链队的结点类)。

在这样的链队中,队列为空时 rear=NULL,进队在链表的表尾进行,出队在链表的表头进行。例如,在空链队中进队 a、b、c 元素的结果如图 3.13(a)所示,出队两个元素后的结果如图 3.13(b)所示。

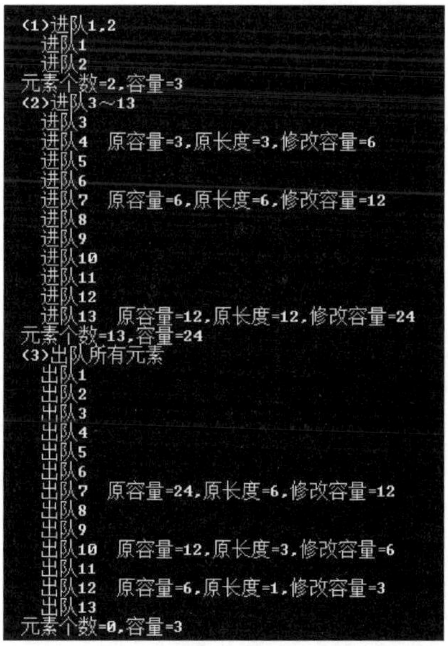

图 3.11　第 3 章应用实验题 3 的执行结果

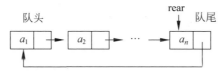

图 3.12　用只有尾结点指针的循环单链表作为队列存储结构

(a) 元素a、b、c进队　　(b) 出队两个元素

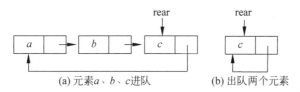

图 3.13　链队的进队和出队操作

对应的实验程序 Exp2-4.cpp 如下：

```
#include <iostream>
using namespace std;
template <typename T>
struct LinkNode {                              //链栈结点类型
    T data;                                    //数据域
    LinkNode *next;                            //指针域
    LinkNode():next(NULL) {}                   //构造函数
    LinkNode(T d):data(d),next(NULL) {}        //重载构造函数
};
template <typename T>
class LinkQueue {                              //链队类模板
public:
    LinkNode<T> *rear;                         //链队的尾结点指针
    LinkQueue():rear(NULL) {}                  //构造函数
    ~LinkQueue() {                             //析构函数
        if (rear==NULL) return;
        LinkNode<T> *pre, *p;
```

```cpp
            pre=rear; p=pre->next;
            while (p!=rear) {                   //用 p 遍历结点并释放其前驱结点
                delete pre;                     //释放 pre 结点
                pre=p; p=p->next;               //pre、p 同步后移一个结点
            }
            delete pre;                         //p 等于 rear 时 pre 指向尾结点,此时释放尾结点
        }
        bool empty() {                          //判队空运算
            return rear==NULL;
        }
        bool push(T e) {                        //进队运算
            LinkNode<T> *p=new LinkNode<T>(e);
            if (rear==NULL) {                   //链队为空的情况
                rear=p;                         //新结点既是队首结点又是队尾结点
                rear->next=rear;                //构成循环单链表
            }
            else {                              //链队不空的情况
                p->next=rear->next;             //将 p 结点插入 rear 结点之后
                rear->next=p;
                rear=p;                         //让 rear 指向 p 结点
            }
            return true;
        }
        bool pop(T &e) {                        //出队运算
            if (empty()) return false;
            if (rear->next==rear) {             //原链队只有一个结点
                e=rear->data;                   //取该结点值
                rear=NULL;                      //置为空队
            }
            else {                              //原链队有多个结点
                e=rear->next->data;             //取队头结点值
                rear->next=rear->next->next;    //删除队头结点
            }
            return true;
        }
        bool gethead(T &e) {                    //取队头运算
            if (empty()) return false;
            e=rear->next->data;
            return true;
        }
};
int main() {
    LinkQueue<char> qu;                         //定义一个字符队 qu
    char e;
    cout << "\n  建立一个空队 qu\n";
    cout << "  队 qu" << (qu.empty()?"空":"不空") << endl;
    cout << "  元素 a 进队\n"; qu.push('a');
    cout << "  元素 b 进队\n"; qu.push('b');
    qu.gethead(e); cout << "  队头元素:" << e << endl;
    cout << "  元素 c 进队\n"; qu.push('c');
    cout << "  元素 d 进队\n"; qu.push('d');
    cout << "  元素 e 进队\n"; qu.push('e');
    cout << "  队 qu" << (qu.empty()?"空":"不空") << endl;
```

```
    qu.gethead(e); cout << "  队头元素: " << e << endl;
    cout << "  所有元素出队次序: ";
    while (!qu.empty()) {                        //队不空时循环
        qu.pop(e);                               //出队元素 e
        cout << e << " ";                        //输出元素 e
    }
    cout << endl;
    cout << "  销毁队 qu" << endl;
    return 0;
}
```

上述程序的执行结果如图 3.14 所示。

图 3.14　第 3 章应用实验题 4 的执行结果

5. 解：由于栈的特点是先进后出，而队列的特点是先进先出，在用两个栈 st1、st2 模拟队列时，st1 栈负责"进队"，st2 栈负责"出队"（反向），在 st1 和 st2 都非空时保证 st2 中的元素都是先于 st1 中的元素进队。

队空的条件：栈 st1 和 st2 均为空。

元素 e 进队的操作：此时只需要直接将 e 进到 st1 栈，如图 3.15(a)所示（这里没有考虑栈满，若考虑栈满的情况，当 st1 栈满时先将 st1 的所有元素出栈并进栈 st2，再将 e 进到 st1 栈）。

出队元素 e 的操作：若 st1 和 st2 均为空，则返回 false；若 st2 不空，则 st2 出栈元素 e；若 st2 空但栈 st1 不空，则将栈 st1 中的所有元素出栈并进到 st2 栈中，再从 st2 出栈元素 e，如图 3.15(b)所示。

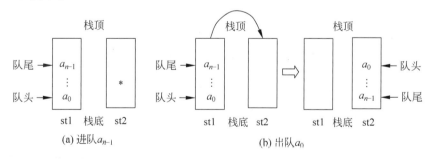

图 3.15　两个栈模拟队列

对应的实验程序 Exp2-5.cpp 如下：

```
#include <iostream>
#include <stack>
using namespace std;
```

```cpp
template <typename T>
class QUEUE {                               //两个栈模拟的队列
    stack<T> st1,st2;
public:
    bool empty() {                          //判队空运算
        return st1.empty() && st2.empty();
    }
    void push(T e) {                        //进队运算
        st1.push(e);
    }
    bool pop(T &e) {                        //出队运算
        if (empty()) return false;
        if (!st2.empty()) {                 //st2 不空时从 st2 出栈元素 e
            e=st2.top();                    //st2 出栈元素 e
            st2.pop();
        }
        else {                              //st2 空时
            while (!st1.empty()) {          //将栈 st1 中的所有元素出栈并进到 st2 栈中
                st2.push(st1.top());
                st1.pop();
            }
            e=st2.top();                    //st2 出栈元素 e
            st2.pop();
        }
        return true;
    }
};
int main() {
    QUEUE<int> qu;                          //定义一个整数队 qu
    int e;
    cout << "\n  建立一个空队 qu\n";
    cout << "  队 qu" << (qu.empty()?"空":"不空") << endl;
    cout << "  元素1进队\n"; qu.push(1);
    cout << "  元素2进队\n"; qu.push(2);
    qu.pop(e); cout << "  出队元素: " << e << endl;
    cout << "  元素3进队\n"; qu.push(3);
    cout << "  元素4进队\n"; qu.push(4);
    qu.pop(e); cout << "  出队元素: " << e << endl;
    cout << "  元素5进队\n"; qu.push(5);
    cout << "  队 qu" << (qu.empty()?"空":"不空") << endl;
    cout << "  其他元素出队次序: ";
    while (!qu.empty()) {                   //队不空时循环
        qu.pop(e);                          //出队元素 e
        cout << e << " ";                   //输出元素 e
    }
    cout << endl;
    cout << "  销毁队 qu" << endl;
    return 0;
}
```

上述程序的执行结果如图3.16所示。

6. 解：由于队列不会改变顺序，在用两个队列 qu1 和 qu2 模拟栈时采用来回倒的方法，保证一个队列是空的，用空队列临时存储队尾外的所有元素。

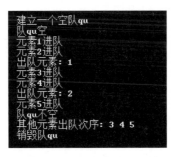

图 3.16　第 3 章应用实验题 5 的执行结果

栈空的条件：两个队列均为空。

元素 e 进栈的操作：总有一个队列是空的，将 e 进到非空队中。假设 qu1 非空，进栈 a_{n-1} 的操作如图 3.17(a) 所示。

出队元素 e 的操作：总有一个队列是空的，假设 qu1 非空，先将 qu1 中的前 $n-1$ 个元素 $a_0 \sim a_{n-2}$ 出队并进到 qu2，如图 3.17(b) 所示，再从 qu1 出队元素 a_{n-1}。qu2 非空的操作与之类似。

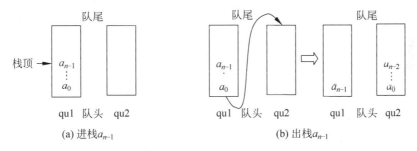

(a) 进栈 a_{n-1}　　　　　　　　(b) 出栈 a_{n-1}

图 3.17　两个队列模拟栈

对应的实验程序 Exp2-6.cpp 如下：

```cpp
#include <iostream>
#include <queue>
using namespace std;
template <typename T>
class STACK {                                    //两个队列模拟的栈
    queue<T> qu1,qu2;
public:
    bool empty() {                               //判栈空运算
        return qu1.empty() && qu2.empty();
    }
    void push(T e) {                             //进栈运算
        if (!qu1.empty()) qu1.push(e);
        else qu2.push(e);
    }
    bool pop(T &e) {                             //出栈运算
        if (empty()) return false;
        if (!qu1.empty()) {                      //qu1 不空时
            while (qu1.size()>1) {               //qu1 中的前 n-1 个元素出队并进到 qu2
                qu2.push(qu1.front());
                qu1.pop();
```

```cpp
            }
            e=qu1.front(); qu1.pop();                   //qu1 出队最后一个元素 e
        }
        else {                                          //qu1 空时
            while (qu2.size()>1) {                      //qu2 中的前 n-1 个元素出队并进到 qu1
                qu1.push(qu2.front());
                qu2.pop();
            }
            e=qu2.front(); qu2.pop();
        }
        return true;
    }
};
int main() {
    STACK<int> st;                                      //定义一个整数栈 st
    int e;
    cout << "\n   建立一个空栈 st\n";
    cout << "   栈 st" << (st.empty()?"空":"不空") << endl;
    cout << "   元素 1 进栈\n"; st.push(1);
    cout << "   元素 2 进栈\n"; st.push(2);
    st.pop(e); cout << "   出栈元素: " << e << endl;
    cout << "   元素 3 进栈\n"; st.push(3);
    cout << "   元素 4 进栈\n"; st.push(4);
    st.pop(e); cout << "   出栈元素: " << e << endl;
    cout << "   元素 5 进栈\n"; st.push(5);
    cout << "   栈 st" << (st.empty()?"空":"不空") << endl;
    cout << "   其他元素出栈次序: ";
    while (!st.empty()) {                               //队不空时循环
        st.pop(e);                                      //出队元素 e
        cout << e << " ";                               //输出元素 e
    }
    cout << endl;
    cout << "   销毁栈 st" << endl;
    return 0;
}
```

上述程序的执行结果如图 3.18 所示。

图 3.18 第 3 章应用实验题 6 的执行结果

第4章 串

4.1 问答题及其参考答案

4.1.1 问答题

1. C语言中提供了一组字符串函数,C++语言中还提供了string容器,为什么在数据结构中还要学习串?

2. 设s是一个长度为n的串,其中的字符各不相同,则s中的互异非平凡子串(非空且不同于s本身)的个数是多少?

3. 在KMP算法中计算模式串的next函数值,当$j=0$时,为什么要取next[0]=−1?

4. KMP算法是BF算法的改进,是不是说在任何情况下KMP算法的时间性能都比BF算法好?

5. 在KMP算法中,nextval数组比next数组更能提高模式匹配的性能,为什么?

6. 设目标串为$s=$"abcaabbabcabaacbacba",模式串$t=$"abcabaa",画出利用基本KMP算法进行模式匹配时每一趟的匹配过程。

7. 设目标串为$s=$"abcaabbabcabaacbacba",模式串$t=$"abcabaa",计算模式串t的nextval函数值,并画出利用改进的KMP算法进行模式匹配时每一趟的匹配过程。

4.1.2 问答题参考答案

1. 答:有两个目的,一是将串作为一种数据结构,体现逻辑结构→存储结构→运算的数据结构的观点;二是通过讨论串算法设计,使读者掌握串运算算法的实现细节。

2. 答:由串s的特性可知,1个字符的子串有n个,2个字符的子串有$n-1$个,3个字符的子串有$n-2$个,…,$n-2$个字符的子串有3个,$n-1$个字符的子串有两个,所以非平凡子串的个数为$n+(n-1)+(n-2)+\cdots+2=n(n+1)/2-1$。

3. 答:在KMP算法中,当目标串s与模式串t匹配时,若$s_i==t_j$,执行$i++,j++$(称为情况1);若$s_i \ne t_j$(失配处),i位置不变,置$j=\text{next}[j]$(称为情况2)。若失配处是$j=0$,即$s_i \ne t_0$,那么从s_i开始的子串与t匹配一定不成功,下一趟匹配应该从s_{i+1}开始与t_0比较,即$i++,j=0$,为了与情况1统一,置next[0]=−1,即$j=\text{next}[0]=-1$,这样再

执行 $i++,j++ \to j=0$,从而保证下一趟从 s_{i+1} 开始与 t_0 进行匹配。

4. 答：不一定。例如，$s=$"aaaabcd",$t=$"abcd",在采用 BF 算法匹配时需要 4 趟匹配，比较字符的次数为 10。采用 KMP 算法，求出 t 对应的 next={-1,0,0,0},同样也需要 4 趟匹配、10 次字符比较，另外还要花时间求 next 数组。所以并非在任何情况下 KMP 算法的性能都比 BF 算法好，只能说在平均情况下 KMP 算法的性能好于 BF 算法。

5. 答：在 KMP 算法中，对于模式串 t 的 nextval 数组的定义是 nextval[0]=-1，nextval[1]=0,若 $t[j]=t[i](i<j)$,则 nextval[j]=nextval[i],否则 nextval[j]=next[i]。

设目标串为 s,当 $t[j]$ 与 $s[i]$ 字符比较不等时，i 不变,置 $j=$next[j],如果 $t[$next[j]]= $t[j]$,这种比较是不必要的,j 应继续回退,这就是 nextval 的含义。所以 nextval 比 next 数组更能提高模式匹配的效率。

6. 答：模式串 t 的 nextval 函数值如表 4.1 所示,采用改进的 KMP 算法的匹配过程如图 4.1 所示。

表 4.1 模式串 t 的 nextval 函数值

j	0	1	2	3	4	5	6
$t[j]$	a	b	c	a	b	a	a
next[j]	-1	0	0	0	1	2	1

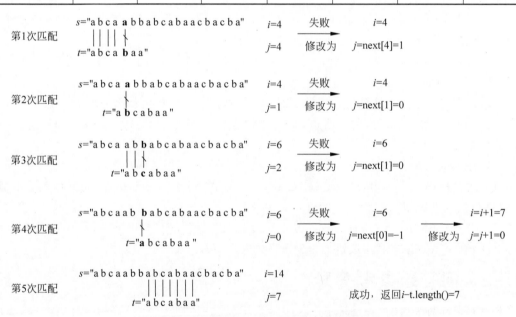

图 4.1 采用改进的 KMP 算法的匹配过程

7. 答：模式串 t 的 nextval 函数值如表 4.2 所示,采用改进的 KMP 算法的匹配过程如图 4.2 所示。

表 4.2 模式串 t 的 nextval 函数值

j	0	1	2	3	4	5	6
$t[j]$	a	b	c	a	b	a	a
next[j]	-1	0	0	0	1	2	1
nextval[j]	-1	0	0	-1	0	2	1

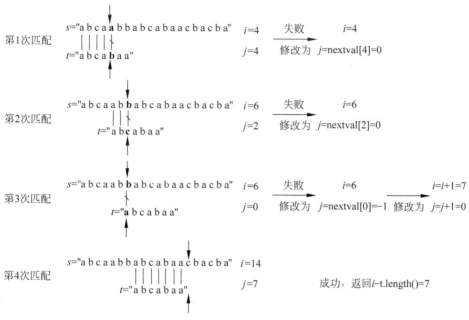

图 4.2 采用改进的 KMP 算法的匹配过程

4.2 算法设计题及其参考答案

4.2.1 算法设计题

1. 设计一个算法,计算一个仅包含字母字符的顺序串 s 中的最大字母出现的次数。

2. 设计一个算法,判断顺序串 s 是否为回文(所谓回文指一个字符串从前向后读和从后向前读的结果相同)。

3. 设有一个顺序串 s,其字符仅由数字和小写字母组成。设计一个算法,将 s 中的所有数字字符放在前半部分,将所有小写字母字符放在后半部分,并给出所设计的算法的时间和空间复杂度。

4. 如果串中一个长度大于 1 的子串的全部字符相同,则称为等值子串。设计一个算法,求顺序串 s 中的一个长度最大的等值子串 t,如果串 s 中不存在等值子串,则 t 为空串。

5. 设计一个算法,删除一个链串 s 中所有非重叠的"abc"子串。例如,s = "aabcabcd",删除后 s = "ad"。

6. 假设字符串 s 采用链串存储,设计一个算法,判断它是否为"x@x"形式的串,其中 x 是不含'@'字符的任意串。例如,当 s = "ab@ab"时返回 true,当 s = "abab"时返回 false。

7. 假定采用带头结点的单链表保存单词,当两个单词有相同的后缀时,则可共享相同的后缀存储空间,例如"loading"和"being",如图 4.3 所示。设计一个算法,找出由 str1 和 str2 所指向两个链表共同后缀的起始位置(如图中字符 i 所在结点的位置 p)。

8. 假设字符串 s 采用顺序串存储,设计一个基于 BF 的算法,在串 s 中查找子串 t 最后一次出现的位置。例如,当 s = "abcdabcd",t = "abc"时结果为 4;当 s = "aaaaa",t = "aaa"

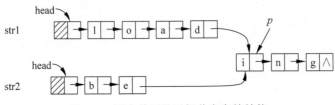

图 4.3 两个单词的后缀共享存储结构

时结果为 2。

9. 假设字符串 s 采用顺序串存储,设计一个基于 KMP 的算法,在串 s 中查找子串 t 最后一次出现的位置。例如,当 $s=$"abcdabcd",$t=$"abc"时结果为 4;当 $s=$"aaaaa",$t=$"aaa"时结果为 2。

4.2.2 算法设计题参考答案

1. 解:置最大字符 mch 为 s 的首字母,mcnt 表示其出现次数。i 扫描其他字母,x 为序号为 i 的字母:

① 若 $x>$mch,则 x 为新的最大字母,置 $x=$mch,mcnt$=1$。

② 若 $x==$mch,则当前最大字母 x 出现的次数 mcnt 增加 1。

最后返回 mcnt。对应的算法如下:

```
int maxcount(SqString &s) {
    int mcnt=1;
    char mch=s.data[0];
    for (int i=0;i<s.getlength();i++) {
        if (s.data[i]>mch) {
            mch=s.data[i];
            mcnt=1;
        }
        else if (s.data[i]==mch)
            mcnt+=1;
    }
    return mcnt;
}
```

2. 解:i 从前向后扫描,j 从后向前扫描。当 $i<j$ 时循环,若 i、j 所指的字符不相同,则返回 false;循环结束后返回 true。对应的算法如下:

```
bool Palindrome(SqString &s) {
    int i=0,j=s.length-1;
    while (i<j) {
        if (s.data[i]!=s.data[j])
            return false;
        i++; j--;
    }
    return true;
}
```

3. 解:从 s 的两端查找,i 从前向后找小写字母字符,j 从后向前找数字字符,找到后将这两个位置的字符进行交换。对应的算法如下:

```
void Move(SqString &s) {
    int i=0,j=s.length-1;
    while (i<j) {
        while (i<j && s.data[i]>='0' && s.data[i]<='9')
            i++;                                        //从前向后找小写字母 S.data[i]
        while (i<j && s.data[j]>='a' && s.data[j]<='z')
            j--;                                        //从后向前找数字字符 S.data[j]
        if (i<j)                                        //交换 S.data[i] 和 S.data[j]
            swap(s.data[i],s.data[j]);
    }
}
```

上述算法仅扫描一遍顺序串 s，其时间复杂度为 $O(n)$，仅用到了辅助变量 i 和 j，空间复杂度为 $O(1)$。

4. 解：用 i 遍历串 s，找以 s.data[i] 为首字符的长度为 cnt 的等值子串 (i,cnt)，将较长的等值子串保存到 (maxi,maxcnt) 中。遍历串 s 结束后，若 maxcnt>1，表示 s 中存在长度最大的等值子串，则将其复制到 t 中，否则置 t 为空串。对应的算法如下：

```
void Eqsubstr(SqString s,SqString &t) {
    int i=0,j,maxi=0,maxcnt=1,cnt;
    while (i<s.length) {                    //遍历串 s
        cnt=1;                              //以 s.data[i] 为等值子串的首字符
        j=i+1;                              //找 s.data[i] 的等值子串(i,cnt)
        while(j<s.length && s.data[i]==s.data[j]) {
            j++; cnt++;
        }
        if (cnt>maxcnt) {                   //将较长的等值子串保存到(maxi,maxcnt)中
            maxi=i;
            maxcnt=cnt;
        }
        i+=cnt;                             //继续
    }
    if (maxcnt>1) {                         //产生最大等值子串
        for (int i=maxi;i<=maxi+maxcnt+1;i++)
            t.data[i-maxi]=s.data[i];
        t.length=maxcnt;
    }
    else t.length=0;                        //设置 t 为空串
}
```

5. 解：用 pre、p 一对同步指针遍历链串 s（初始时 pre=s.head,p=pre->next），当 p 结点及其后继两个结点合起来为"abc"时，通过 pre 结点删除该子串，p=pre->next 继续遍历删除，否则 pre、p 同步后移一个结点。对应的算法如下：

```
void delabc(LinkString &s) {
    LinkNode *pre=s.head;
    LinkNode *p=pre->next;
    if (p==NULL || p->next==NULL || p->next->next==NULL)
        return;
    while (p!=NULL && p->next!=NULL && p->next->next!=NULL) {
        if (p->data=='a' && p->next->data=='b' && p->next->next->data=='c') {
```

```
            pre->next=p->next->next->next;    //查找到"abc"子串实施删除
            p=pre->next;
        }
        else {
            pre=pre->next;                     //pre、p同步后移一个结点
            p=pre->next;
        }
    }
}
```

6. 解：让 p 指向首结点，q 指向 '@' 字符结点的后继结点，判断 p 结点到 '@' 结点的前驱结点的序列与 q 结点到尾结点的序列是否相同。对应的算法如下：

```
bool Same(LinkString &s) {
    LinkNode * p=s.head->next;
    LinkNode * q=p;
    while (q!=NULL and q->data!='@')           //查找'@'的结点
        q=q->next;
    if (q==NULL) return false;
    q=q->next;                                 //q后移一个结点
    while (p!=NULL && q!=NULL) {               //判断前后子串是否相同
        if (p->data!=q->data) return false;
        p=p->next;
        q=q->next;
    }
    return p->data=='@' && q==NULL;
}
```

7. 解：分别求出 str1 和 str2 两个链串的长度 m 和 n。将两个链串以表尾对齐，令指针 p、q 分别指向 str1 和 str2 的头结点，若 $m \geq n$，则使 p 指向链表中的第 $m-n+1$ 个结点；若 $m<n$，则使 q 指向链表中的第 $n-m+1$ 个结点，即使指针 p、q 所指的结点到表尾的长度相同。再反复将指针 p、q 同步后移，并判断它们是否指向同一结点，若 p、q 指向同一结点，则该结点即为所求的共同后缀的起始位置。对应的算法如下：

```
LinkNode * Commnode(LinkString str1,LinkString str2) {
    int m=str1.getlength();                    //求单链表 str1 的长度 m
    int n=str2.getlength();                    //求单链表 str2 的长度 n
    LinkNode * p, * q;
    for (p=str1.head;m>n;m--)                  //若 m 大,则 str1 后移 m-n+1 个结点
        p=p->next;
    for (q=str2.head;m<n;n--)                  //若 n 大,则 str1 后移 n-m+1 个结点
        q=q->next;
    while (p->next!=NULL && p->next!=q->next) {
        p=p->next;                             //p,q两步后移找第一个地址相等的结点
        q=q->next;
    }
    return p->next;
}
```

8. 解：与《教程》中实战 4.2 的思路相同，用 lasti 记录串 s 中子串 t 最后一次出现的位置(初始为 -1)。修改 BF 算法，在 s 中找到一个 t 后，用 lasti 记录其位置，此时 i 回退，j 置

为 0 继续查找。对应的算法如下：

```
int BF(SqString &s,SqString &t) {          //采用 BF 算法求解
    int lasti=-1;
    int i=0,j=0;
    int m=s.getlength();
    int n=t.getlength();
    while (i<m && j<n) {
        if (s.data[i]==t.data[j]) {
            i++; j++;
        }
        else {
            i=i-j+1; j=0;
        }
        if (j>=n) {                         //找到一个子串
            lasti=i-m;                      //记录子串的位置
            i=i-j+1;
            j=0;
        }
    }
    return lasti;
}
```

9. **解**：与《教程》中实战 4.2 的思路相同，用 lasti 记录串 s 中子串 t 最后一次出现的位置（初始为 −1）。修改基本 KMP 算法，在 s 中找到一个 t 后，用 lasti 记录其位置，由于是从前向后找 t 在 s 中的所有位置，所以最终的 lasti 就是求解的结果。对应的算法如下：

```
void GetNext(SqString &t,int * next) {      //由模式串 t 求出 next 值
    int j,k;
    int m=t.length;
    j=0; k=-1; next[0]=-1;
    while (j<m) {                           //含求 next[m],基本 KMP 算法为 j<m-1
        if (k==-1 || t.data[j]==t.data[k]) { //k 为-1 或比较的字符相等时
            j++;k++;
            next[j]=k;
        }
        else k=next[k];
    }
}
int KMP(SqString &s,SqString &t) {          //利用 KMP 算法求 t 在 s 中的最后位置
    int n=s.length,m=t.length;
    int * next=new int[n];
    GetNext(t,next);
    int i=0,j=0,lasti=-1;
    while (i<n && j<m) {
        if (j==-1 || s.data[i]==t.data[j]) {
            i++; j++;                       //i,j 各增 1
        }
        else j=next[j];                     //i 不变,j 后退
        if (j>=m) {                         //成功匹配一次
            lasti=i-m;                      //记录 t 在 s 中出现的位置
            j=next[j];                      //将 j 设置为 next[j],继续匹配
        }
    }
```

```
    }
    delete [] next;
    return lasti;
}
```

4.3 基础实验题及其参考答案

4.3.1 基础实验题

1. 设计顺序串的基本运算程序,并用相关数据进行测试。
2. 设计链串的基本运算程序,并用相关数据进行测试。
3. 假设字符串采用 string 表示,设计串 s 和串 t 模式匹配的基本 KMP 算法和改进 KMP 算法,输出 t 的 next 和 nextval 数组,并用相关数据进行测试。

4.3.2 基础实验题参考答案

1. 解:顺序串的基本运算算法的设计原理参见《教程》中的 4.2.1 节。包含顺序串基本运算算法类 SqString 以及测试主程序的 Exp1-1.cpp 文件如下:

```cpp
#include <iostream>
using namespace std;
const int MaxSize=100;                      //字符串的最大长度
class SqString {                            //顺序串类
public:
    char * data;                            //存放串中的元素
    int length;                             //串的长度
    SqString() {                            //构造函数
        data=new char[MaxSize];
        length=0;
    }
    ~SqString() {                           //析构函数
        delete [] data;
    }
    void StrAssign(char * cstr) {           //创建一个串
        int i=0;
        for (;i<cstr[i]!='\0';i++)
            data[i]=cstr[i];
        length=i;
    }
    void operator=(SqString &t) {           //重载=运算符实现串复制
        for (int i=0;i<t.length;i++)
            data[i]=t.data[i];
        length=t.length;
    }
    int getlength() {                       //求串长
        return length;
    }
    char geti(int i) {                      //返回序号为 i 的字符
```

```cpp
        if (i<0 || i>=length) throw -1;    //参数错误时抛出异常
        return data[i];
    }
    void seti(int i,char x) {              //设置序号为i的字符为x
        if (i<0 || i>=length) throw -1;    //参数错误时抛出异常
        data[i]=x;
    }
    SqString &operator+(SqString &t) {     //串连接
        static SqString s;                 //新建一个空串
        int i;
        s.length=length+t.length;
        for (i=0;i<length;i++)             //将当前串 data[0..str.length-1]->s
            s.data[i]=data[i];
        for (i=0;i<t.length;i++)           //将 t.data[0..t.length-1]->s
            s.data[length+i]=t.data[i];
        return s;                          //返回新串
    }
    SqString &SubStr(int i,int j) {        //求子串
        static SqString s;                 //新建一个空串
        if (i<0 || i>=length || j<0 || i+j>length)
            return s;                      //参数不正确时返回空串
        for (int k=i;k<i+j;k++)            //将 str.data[i..i+j-1]->s
            s.data[k-i]=data[k];
        s.length=j;
        return s;                          //返回新建的顺序串
    }
    SqString &InsStr(int i,SqString &t) {  //串插入
        static SqString s;                 //新建一个空串
        if (i<0 || i>length)
            return s;                      //参数不正确时返回空串
        for (int j=0;j<i;j++)              //将当前串 data[0..i-2]->s
            s.data[j]=data[j];
        for (int j=0;j<t.length;j++)       //将 s.data[0..s.length-1]->s
            s.data[i+j-1]=t.data[j];
        for (int j=i;j<length;j++)         //将当前串 data[i-1..length-1]->s
            s.data[t.length+j]=data[i];
        s.length=length+t.length;
        return s;                          //返回新建的顺序串
    }
    SqString &DelStr(int i,int j) {        //串删除
        static SqString s;                 //新建一个空串
        if (i<0 || i>=length || j<0 || i+j>length)
            return s;                      //参数不正确时返回空串
        for (int k=0;k<i;k++)              //将当前串 data[0..i-2]->s
            s.data[k]=data[k];
        for (int k=i+j;k<length;k++)       //将当前串 data[i+j-1..length-1]->s
            s.data[k-j]=data[k];
        s.length=length-j;
        return s;                          //返回新建的顺序串
    }
    SqString &RepStr(int i,int j,SqString t) {  //串替换
        static SqString s;                 //新建一个空串
        if (i<0 || i>=length || j<0 || i+j>length)
            return s;                      //参数不正确时返回空串
        for (int k=0;k<i;k++)              //将当前串 data[0..i-2]->s
```

```cpp
            s.data[k]=data[k];
        for (int k=0;k<t.length;k++)          //将 s.data[0..s.length-1]->s
            s.data[i+k]=t.data[k];
        for (int k=i+j;k<length;k++)          //将当前串 data[i+j-1..length-1]->s
            s.data[t.length+k-j]=data[k];
        s.length=length-j+t.length;
        return s;                             //返回新建的顺序串
    }
    void DispStr() {                          //串输出
        for (int i=0;i<length;i++)
            cout << data[i];
        cout << endl;
    }
};
int main() {
    SqString s1,s2,s3,s4,s5,s6,s7;
    s1.StrAssign("abcd");
    cout << "\n   s1: "; s1.DispStr();
    cout << "   s1[2]=" << s1.geti(2) << endl;
    cout << "   执行 s1[2]='x'" << endl;
    s1.seti(2,'x');
    cout << "   s1: "; s1.DispStr();
    cout << "   s1 的长度:" << s1.getlength() << endl;
    cout << "   s1=>s2\n";
    s2=s1;
    cout << "   s2:"; s2.DispStr();
    s3.StrAssign("12345678");
    cout << "   s3:"; s3.DispStr();
    cout << "   s1 和 s3 连接=>s4\n";
    s4=s1+s3;
    cout << "   s4:"; s4.DispStr();
    cout << "   s3[2..5]=>s5\n";
    s5=s3.SubStr(2,4);
    cout << "   s5:"; s5.DispStr();
    cout << "   从 s3 中删除 s3[3..6]字符=>s6\n";
    s6=s3.DelStr(3,4);
    cout << "   s6:"; s6.DispStr();
    cout << "   将 s4[2..4]替换成 s1=>s7\n";
    s7=s4.RepStr(2,3,s1);
    cout << "   s7:"; s7.DispStr();
    return 0;
}
```

上述程序的执行结果如图 4.4 所示。

```
s1: abcd
s1[2]=c
执行s1[2]='x'
s1: abxd
s1的长度:4
s1=>s2
s2:abxd
s3:12345678
s1和s3连接=>s4
s4:abxd12345678
s3[2..5]=>s5
s5:3456
从s3中删除s3[3..6]字符=>s6
s6:1238
将s4[2..4]替换成s1=>s7
s7:ababxd2345678
```

图 4.4　第 4 章基础实验题 1 的执行结果

2. 解：链串的基本运算算法的设计原理参见《教程》中的 4.2.2 节。包含链串基本运算算法类 LinkString 以及测试主程序的 Exp1-2.cpp 如下：

```cpp
#include <iostream>
using namespace std;
struct LinkNode {                                       //链串结点类型
    char data;                                          //存放一个字符
    LinkNode * next;                                    //指向下一个结点
    LinkNode():next(NULL) {}                            //构造函数
    LinkNode(char d):data(d),next(NULL) {}              //重载构造函数
};
class LinkString {                                      //链串类
public:
    LinkNode * head;                                    //链串的头结点 head
    int length;                                         //链串的长度
    LinkString() {                                      //构造函数
        head=new LinkNode();                            //创建头结点
        head->next=NULL;
        length=0;
    }
    ~LinkString() {                                     //析构函数
        LinkNode * pre, * p;
        pre=head;p=pre->next;
        while (p!=NULL) {                               //释放链串的所有结点空间
            delete pre;
            pre=p; p=p->next;                           //pre、p 同步后移
        }
        delete pre;
    }
    void StrAssign(char * cstr) {                       //创建一个串
        LinkNode * r=head;                              //r 始终指向尾结点
        int i=0;
        for (;cstr[i]!='\0';i++) {                      //循环建立字符结点
            LinkNode * p=new LinkNode(cstr[i]);
            r->next=p; r=p;                             //将 p 结点插入尾部
        }
        length=i;
        r->next=NULL;                                   //尾结点的 next 置为 NULL
    }
    void operator=(LinkString &t) {                     //重载=运算符实现串复制
        LinkNode * p=t.head->next;
        LinkNode * r=head;                              //r 始终指向尾结点
        while (p!=NULL) {                               //将 t 中的结点 p 复制产生结点 q
            LinkNode * q=new LinkNode(p->data);
            r->next=q; r=q;                             //将结点 q 插入尾部
            p=p->next;
        }
        r->next=NULL;                                   //尾结点的 next 置为 NULL
        length=t.length;
    }
    int getlength() {                                   //求串的长度
        return length;
    }
```

```cpp
    char geti(int i) {                              //返回序号为 i 的字符
        if (i<0 || i>=length) throw -1;             //参数错误时抛出异常
        LinkNode *p=head;
        int j=-1;
        while (j<i) {                               //查找序号为 i 的结点 p
            j++;
            p=p->next;
        }
        return p->data;                             //返回 p 结点值
    }
    void seti(int i,char x) {                       //设置序号为 i 的字符为 x
        if (i<0 || i>=length) throw -1;             //参数错误时抛出异常
        LinkNode *p=head;
        int j=-1;
        while (j<i) {                               //查找序号为 i 的结点 p
            j++;
            p=p->next;
        }
        p->data=x;                                  //设置 p 结点的值
    }
    LinkString &operator+(LinkString &t) {          //串连接
        static LinkString s;                        //新建一个空串
        LinkNode *p=head->next,*q;
        LinkNode *r=s.head;
        while (p!=NULL) {                           //将当前链串的所有结点复制到 s
            q=new LinkNode(p->data);                //新建结点 q
            r->next=q; r=q;                         //将结点 q 链接到尾部
            p=p->next;
        }
        p=t.head->next;
        while (p!=NULL) {                           //将链串 t 的所有结点复制到 s
            q=new LinkNode(p->data);                //新建结点 q
            r->next=q; r=q;                         //将结点 q 链接到尾部
            p=p->next;
        }
        r->next=NULL;                               //尾结点的 next 置为 NULL
        s.length=length+t.length;
        return s;                                   //返回新建的链串
    }
    LinkString &SubStr(int i,int j) {               //求子串
        static LinkString s;                        //建立结果空串
        if (i<0 || i>=length || j<0 || i+j>length)
            return s;                               //参数不正确时返回空串
        LinkNode *p=head->next,*q,*r;
        r=s.head;                                   //r 指向新建链串的尾结点
        for (int k=0;k<i;k++)                       //移动 i-1 个结点
            p=p->next;
        for (int k=0;k<j;k++) {                     //将 s 的以序号 i 结点开始的 j 个结点复制到 s
            q=new LinkNode(p->data);
            r->next=q; r=q;                         //将 q 结点插入尾部
            p=p->next;
        }
        r->next=NULL;                               //尾结点的 next 置为 NULL
```

```
        s.length=j;
        return s;                                   //返回新建的链串
}
LinkString &InsStr(int i,LinkString &t) {           //串插入
    static LinkString s;                            //新建一个空串
    if (i<0 || i>length)
        return s;                                   //参数不正确时返回空串
    LinkNode *p=head->next, *p1=t.head->next;
    LinkNode *r=s.head, *q;                         //r指向新建链表的尾结点
    for (int k=0; k<i; k++) {                       //将当前链串的前i个结点复制到s
        q=new LinkNode(p->data);                    //新建结点q
        r->next=q; r=q;                             //将结点q链接到尾部
        p=p->next;
    }
    while (p1!=NULL) {                              //将t中的所有结点复制到s
        q=new LinkNode(p1->data);                   //新建结点q
        r->next=q; r=q;                             //将结点q链接到尾部
        p1=p1->next;
    }
    while (p!=NULL) {                               //将p及其后的结点复制到s
        q=new LinkNode(p->data);                    //新建结点q
        r->next=q; r=q;                             //将结点q链接到尾部
        p=p->next;
    }
    s.length=length+t.length;
    r->next=NULL;                                   //尾结点的next置为NULL
    return s;                                       //返回新建的链串
}
LinkString &DelStr(int i, int j) {                  //串删除
    static LinkString s;                            //新建一个空串
    if (i<0 || i>length || i+j>length)
        return s;                                   //参数不正确时返回空串
    LinkNode *p=head->next, *q;
    LinkNode *r=s.head;                             //r指向新建链表的尾结点
    for (int k=0; k<i;k++) {                        //将s的前i个结点复制到s
        q=new LinkNode(p->data);
        r->next=q; r=q;                             //将q结点插入尾部
        p=p->next;
    }
    for (int k=0;k<j;k++)                           //让p沿next跳j个结点
        p=p->next;
    while (p!=NULL) {                               //将p及其后的结点复制到s
        q=new LinkNode(p->data);
        r->next=q; r=q;                             //将q结点插入尾部
        p=p->next;
    }
    s.length=length-j;
    r->next=NULL;                                   //尾结点的next置为NULL
    return s;                                       //返回新建的链串
}
LinkString &RepStr(int i,int j,LinkString t) {      //串替换
    static LinkString s;                            //新建一个空串
    if (i<0 || i>length || i+j>length)              //参数不正确时返回空串
```

```cpp
            return s;
        LinkNode *p=head->next, *p1=t.head->next, *q;
        LinkNode *r=s.head;                    //r 指向新建链表的尾结点
        for (int k=0; k<i; k++) {              //将 s 的前 i 个结点复制到 s
            q=new LinkNode(p->data);
            r->next=q; r=q;                    //将 q 结点插入尾部
            p=p->next;
        }
        for (int k=0;k<j;k++)                  //让 p 沿 next 跳 j 个结点
            p=p->next;
        while (p1!=NULL) {                     //将 t 中的所有结点复制到 s
            q=new LinkNode(p1->data);
            r->next=q; r=q;                    //将 q 结点插入尾部
            p1=p1->next;
        }
        while (p!=NULL) {                      //将 p 及其后的结点复制到 s
            q=new LinkNode(p->data);
            r->next=q; r=q;                    //将 q 结点插入尾部
            p=p->next;
        }
        s.length=length-j+t.length;
        r->next=NULL;                          //尾结点的 next 置为 NULL
        return s;                              //返回新建的链串
    }
    void DispStr() {                           //串输出
        LinkNode *p=head->next;                //p 指向链串的头结点
        while (p!=NULL) {
            cout << p->data;
            p=p->next;                         //p 指向下一个结点
        }
        cout << endl;
    }
};
int main() {
    LinkString s1,s2,s3,s4,s5,s6,s7;
    s1.StrAssign("abcd");
    cout << "\n   s1: "; s1.DispStr();
    cout << "   s1[2]=" << s1.geti(2) << endl;
    cout << "   执行 s1[2]='x'" << endl;
    s1.seti(2,'x');
    cout << "   s1: "; s1.DispStr();
    cout << "   s1 的长度:" << s1.getlength() << endl;
    cout << "   s1=>s2\n";
    s2=s1;
    cout << "   s2:"; s2.DispStr();
    s3.StrAssign("12345678");
    cout << "   s3:"; s3.DispStr();
    cout << "   s1 和 s3 连接=>s4\n";
    s4=s1+s3;
    cout << "   s4:"; s4.DispStr();
    cout << "   s3[2..5]=>s5\n";
    s5=s3.SubStr(2,4);
    cout << "   s5:"; s5.DispStr();
```

```
    cout << "  从 s3 中删除 s3[3..6]字符=>s6\n";
    s6=s3.DelStr(3,4);
    cout << "    s6:"; s6.DispStr();
    cout << "  将 s4[2..4]替换成 s1=>s7\n";
    s7=s4.RepStr(2,3,s1);
    cout << "    s7:"; s7.DispStr();
    return 0;
}
```

上述程序的执行结果如图 4.4 所示。

3. 解：基本 KMP 算法和改进 KMP 算法的设计原理参见《教程》中的 4.4.2 节。对应串匹配的程序 Exp1-3.cpp 如下：

```
#include <iomanip>
#include <iostream>
#include <string>
using namespace std;
void Dispnext(string t,int next[]) {          //输出 next
    int j;
    cout << setw(14) << "j";
    for (j=0;j<t.length();j++)
        cout << setw(3) << j;
    cout << endl;
    cout << setw(14) << "t[j]";
    for (j=0;j<t.length();j++)
        cout << setw(3) << t[j];
    cout << endl;
    cout << setw(14) << "next[j]";
    for (j=0;j<t.length();j++)
        cout << setw(3) << next[j];
    cout << endl;
}
void GetNext(string t,int *next) {            //由模式串 t 求出 next 值
    int j,k;
    j=0; k=-1;
    next[0]=-1;
    while (j<t.length()-1) {
        if (k==-1 || t[j]==t[k]) {            //k 为-1 或比较的字符相等时
            j++; k++;                         //依次移到下一个字符
            next[j]=k;
        }
        else
            k=next[k];                        //k≠-1 且比较的字符不相等时
    }                                          //k 回退
}
int KMP(string s,string t) {                  //基本 KMP 算法
    int n=s.length(),m=t.length();
    int *next=new int[m];
    GetNext(t,next);                          //求出部分匹配信息 next 数组
    Dispnext(t,next);
    int i=0,j=0;
    while (i<n && j<m) {                      //s 和 t 均没有遍历完
```

```cpp
            if (j==-1 || s[i]==t[j]) {        //j=-1或者比较的字符相等时
                i++;
                j++;                          //i、j各增1
            }
            else                              //比较的字符不相等时
                j=next[j];                    //i不变,j回退
        }
        if (j>=m)                             //t串遍历完毕:匹配成功
            return i-m;                       //返回t在s中的首字符索引
        else                                  //s串遍历完而t串没有遍历完:匹配不成功
            return -1;                        //返回-1
    }
    void GetNextval(string t,int * nextval) { //由模式串t求出nextval值
        int j=0,k=-1;
        nextval[0]=-1;
        while (j<t.length()) {
            if (k==-1 || t[j]==t[k]) {        //k为-1或比较的字符相等时
                j++;k++;
                if (t[j]!=t[k])               //两个字符不相等时
                    nextval[j]=k;
                else
                    nextval[j]=nextval[k];
            }
            else                              //比较的字符不相等时
                k=nextval[k];                 //k回退
        }
    }
    void Dispnextval(string t,int nextval[]) { //输出nextval
        int j;
        cout << setw(14) << "j";
        for (j=0;j<t.length();j++)
            cout << setw(3) << j;
        cout << endl;
        cout << setw(14) << "t[j]";
        for (j=0;j<t.length();j++)
            cout << setw(3) << t[j];
        cout << endl;
        cout << setw(14) << "nextval[j]";
        for (j=0;j<t.length();j++)
            cout << setw(3) << nextval[j];
        cout << endl;
    }
    int KMPval(string s,string t) {            //改进的KMP算法
        int n=s.length(),m=t.length();
        int * nextval=new int[m];
        GetNextval(t,nextval);                 //求出nextval数组
        Dispnextval(t,nextval);
        int i=0,j=0;
        while (i<n && j<m) {
            if (j==-1 || s[i]==t[j]) {
                i++;                           //i、j各增1
                j++;
            }
```

```
                else j=nextval[j];                              //i不变,j回退
        }
        if (j>=m) return i-m;
        else return -1;
}
int main() {
        string s="abcaabbabcabaacbacba";
        cout << endl;
        cout << "    s: " << s << endl;
        string t="abcabaa";
        cout << "    t: " << t << endl;
        cout << "    (1)基本KMP算法" << endl;
        cout << "    t在s中的位置: " << KMP(s,t) << endl;
        cout << "    (2)改进KMP算法" << endl;
        cout << "    t在s中的位置: " << KMPval(s,t) << endl;
        return 0;
}
```

上述程序的执行结果如图 4.5 所示。

图 4.5 第 4 章基础实验题 3 的执行结果

4.4 应用实验题及其参考答案

4.4.1 应用实验题

1. 编写一个实验程序,假设串用顺序串对象 SqString 表示,给定一个字符串 s,要求采用就地算法将其中的所有空格字符用"%20"替换。例如 $s=$"Mr John Smith"(含 11 个非空字符,两个空格,长度为 13),替换后 $s=$"Mr%20John%20Smith",长度为 17。

2. 编写一个实验程序,假设串用 string 对象表示,判断串 t 是否包含在串 s 循环左移得到的串中。例如,若 $s=$"aabcd",$t=$"cdaa",结果返回 true;若 $s=$"abcd",$t=$"acbd",结果返回 false。用相关数据进行测试。

3. 编写一个实验程序,假设串用 string 对象表示,给定一个字符串 s,求字符串 s 中出现的最长可重叠的重复子串。例如,$s=$"abababab",输出结果为"ababab";$s=$"abcdacdac",输出结果为"cdac"。用相关数据进行测试。

4. 编写一个实验程序,假设串用 string 对象表示,给定两个字符串 s 和 t,求串 t 在串 s 中不重叠出现的次数,如果不是子串,则返回 0。例如,$s=$"aaaab",$t=$"aa",则 t 在 s 中出现两次。

5. 编写一个实验程序，假设串用 string 对象表示，给定两个字符串 s 和 t，求串 t 在串 s 中不重叠出现的次数，如果不是子串，则返回 0，在判断子串时是大小写无关的。例如，s = "aAbAabaab"，t = "aab"，则 t 在 s 中出现 3 次。

6. 编写一个实验程序，假设串用链串存储，将非空串 str 中出现的所有子串 s 用串 t 替换（s 和 t 均为非空串），不考虑子串重叠的情况，并且采用就地算法，即直接在 str 链串上实现替换，算法执行后不破坏串 s 和 t。用相关数据进行测试。

4.4.2 应用实验题参考答案

1. 解：先求出字符串 s 的长度 n，再求出其中的空格个数 num，由于每个空格用 3 个字符替换，所以新长度 newlength＝n＋2＊num。从后向前扫描 s.data[i]，k 记录 s.data[i] 的新位置（初始为 newlength－1）。若 s.data[i]≠' '，则将其移动到 s.data[k]；若 s.data[i]=' '，则将 s.data[k..k－2]放置到"％20"。对应的实验程序 Exp2-1.cpp 如下：

```cpp
#include"SqString.cpp"                        //引用顺序串
void ReplaceSpaces(SqString &s) {
    int num=0;
    int n=s.getlength();
    if (n==0) return;
    for (int i=0;i<n;i++)                     //求 s 中空格的个数 num
        if (s.data[i]==' ') num++;
    s.length=n+num*2;                         //设置替换后的长度
    int k=s.length-1;
    for (int i=n-1;i>=0;i--) {
        if (s.data[i]==' ') {                 //处理的是空字符
            s.data[k]='0';
            s.data[k-1]='2';
            s.data[k-2]='%';
            k=k-3;
        }
        else {                                //处理的是非空字符
            s.data[k]=s.data[i];              //s.data[i]字符后移
            k--;
        }
    }
}
int main() {
    SqString str;
    printf("\n  测试 1\n");
    str.StrAssign("a b c d");
    printf("   替换前 str: "); str.DispStr();
    ReplaceSpaces(str);
    printf("   替换后 str: "); str.DispStr();
    printf("  测试 2\n");
    str.StrAssign("Mr John Smith");
    printf("   替换前 str: "); str.DispStr();
    ReplaceSpaces(str);
    printf("   替换后 str: "); str.DispStr();
    printf("  测试 3\n");
    str.StrAssign("1234");
```

```
            printf("   替换前 str: "); str.DispStr();
            ReplaceSpaces(str);
            printf("   替换后 str: "); str.DispStr();
            return 0;
        }
```

上述程序的执行结果如图 4.6 所示。

图 4.6　第 4 章应用实验题 1 的执行结果

2. 解：提供两种解法，都使用改进的 KMP 算法判断 t 是否为 s 的子串。

解法 1：依次将 s 的首字符移动到末尾，再看 t 是否为 s 的子串，如果是则返回 true，如果不是则返回 false。例如，$s=$"aabcd"，$t=$"cdaa"时，先将 s 的首字符移动到末尾得到 $s=$"abcda"，t 不是它的子串，再将 s 的首字符移动到末尾得到 $s=$"bcdaa"，t 是它的子串，返回 true。对应的实验程序 Exp2-2.cpp 如下：

```cpp
#include <iostream>
#include <string>
using namespace std;
void GetNext(string t, int next[]) {          //由模式串 t 求出 next 值
    int j, k;
    int m = t.length();
    j = 0; k = -1; next[0] = -1;
    while (j < m-1) {
        if (k == -1 || t[j] == t[k]) {        //k 为-1 或比较的字符相等时
            j++; k++;
            next[j] = k;
        }
        else k = next[k];
    }
}
bool KMP(string s, string t) {                //利用 KMP 算法判断 t 是否为 s 的子串
    int n = s.length(), m = t.length();
    int *next = new int[m];
    GetNext(t, next);
    int i = 0, j = 0;
    while (i < n && j < m) {
        if (j == -1 || s[i] == t[j]) {
            i++; j++;                         //i,j 各增 1
        }
        else j = next[j];                     //i 不变,j 后退
    }
    if (j >= m) return true;
    else return false;
}
bool solve(string s, string t) {              //判断算法
```

```cpp
        int n=s.length(),m=t.length();
        if (m>n) return false;
        for (int i=0;i<n;i++) {              //将s.data[0..i]循环左移
            char ch=s[0];
            for (int j=0;j<n-1;j++)          //得到循环左移后的串s
                s[j]=s[j+1];
            s[n-1]=ch;
            if (KMP(s,t)) return true;
        }
        return false;
    }
    int main() {
        string s,t;
        printf("\n 测试 1\n");
        s="aabcd"; t="cdaa";
        cout << "    s: " << s << "    t: " << t << endl;
        cout << "    判断结果: " << solve(s,t) << endl;
        printf(" 测试 2\n");
        s="abcd"; t="acbd";
        cout << "    s: " << s << "    t: " << t << endl;
        cout << "    判断结果: " << solve(s,t) << endl;
        printf(" 测试 3\n");
        s="abcdef"; t="efab";
        cout << "    s: " << s << "    t: " << t << endl;
        cout << "    判断结果: " << solve(s,t) << endl;
        return 0;
    }
```

解法 2：如果串 t 包含在串 s 循环左移得到的串中,则 t 一定是 ss 的子串。例如,$s=$"aabcd",$t=$"cdaa"时,$ss=$"aabcdaabcd",t 是 ss 的子串。对应的实验程序 Exp2-2-1.cpp 如下:

```cpp
    #include <iostream>
    #include <string>
    using namespace std;
    void GetNext(string t,int next[]) {          //由模式串 t 求出 next 值
        int j,k;
        int m=t.length();
        j=0; k=-1; next[0]=-1;
        while (j<m-1) {
            if (k==-1 || t[j]==t[k]) {           //k 为-1 或比较的字符相等时
                j++;k++;
                next[j]=k;
            }
            else k=next[k];
        }
    }
    bool KMP(string s,string t) {                //利用 KMP 算法判断 t 是否为 s 的子串
        int n=s.length(),m=t.length();
        int *next=new int[m];
        GetNext(t,next);
        int i=0,j=0;
```

```
        while (i<n && j<m) {
            if (j==-1 || s[i]==t[j]) {
                i++; j++;                           //i,j各增1
            }
            else j=next[j];                         //i不变,j后退
        }
        if (j>=m) return true;
        else return false;
    }
    bool solve(string s,string t) {                 //判断算法
        string ss=s+s;
        return KMP(ss,t);
    }
    int main() {
        string s,t;
        printf("\n 测试 1\n");
        s="aabcd"; t="cdaa";
        cout << "    s: " << s << "   t: " << t << endl;
        cout << "    判断结果: " << solve(s,t) << endl;
        printf(" 测试 2\n");
        s="abcd"; t="acbd";
        cout << "    s: " << s << "   t: " << t << endl;
        cout << "    判断结果: " << solve(s,t) << endl;
        printf(" 测试 3\n");
        s="abcdef"; t="efab";
        cout << "    s: " << s << "   t: " << t << endl;
        cout << "    判断结果: " << solve(s,t) << endl;
        return 0;
    }
```

上述两个程序的执行结果均如图4.7所示。解法1中solve(s,t)算法的时间复杂度为$O(n^2)$,解法2中solve(s,t)算法的时间复杂度为$O(n)$,其中n为串s的长度。

图 4.7　第 4 章应用实验题 2 的执行结果

3. 解：采用基于 BF 和 KMP 算法的两种解法。

解法1：采用 BF 算法的枚举思路,若s串含n个字符,用i从0开始遍历s,则对于每个$s[i..n-1]$,用j从$i+1$开始遍历s,对于每个$s[j..n-1]$,求$s[i..n-1]$和$s[j..n-1]$的最大相同前缀,该前缀串在s中的序号为i、长度为 curlen,比较长度求出最长的至少重复两次的可重叠子串,它在s中的位置为 maxi、长度为 maxlen。例如,s="aaaa"的求解过程如表4.3所示,最后有结果子串的起始位置 maxi=0,长度 maxlen=3,结果子串为"aaa"。在上述算法中包含三重循环,时间复杂度为$O(n^3)$。

表 4.3　s="aaaa"的求解过程

i 的取值	$s[i..3]$	j 的取值	$s[j..3]$	最大相同前缀的长度
$i=0$	aaaa	$j=1$	aaa	3
		$j=2$	aa	2
		$j=3$	a	1
$i=1$	aaa	$j=2$	aa	2
		$j=3$	a	1
$i=2$	aa	$j=3$	a	1
$i=3$	a			0

解法 2：对于长度为 n 的字符串 s，$k=\text{next}[j]$ 表示 s_j 前面最多有 k 个字符与 s 开头的 k 个字符相同，则 curlen=max(next[j])一定是从位置 0 开始的最长重复子串的长度。用 i 从 0 开始遍历 s，对于每个 $s[i..n-1]$，求出这样的最长重复子串的长度 maxleni，比较求出 maxleni 的最大值，即为结果子串的长度。上述算法的时间复杂度为 $O(n^2)$，时间性能优于解法 1。

对应的实验程序 Exp2-3.cpp 如下：

```cpp
#include <iomanip>
#include <iostream>
#include <string>
using namespace std;
string Maxsub1(string s) {           //解法1：求串s的最长重复子串
    int n=s.length();                //s的长度为n
    int maxi=0,maxlen=0;
    int i=0;
    while (i<n) {                    //遍历s[i..n-1]
        int j=i+1;
        while (j<n) {                //遍历s[j..n-1]
            if (s[i]==s[j]) {        //找到一个相同前缀的首字符
                int curlen=1;        //该相同前缀串在s中的序号为i,长度为curlen
                for(int k=1;j+k<n && s[i+k]==s[j+k];k++)
                    curlen++;        //累计相同前缀的长度
                if (curlen>maxlen) { //将较大长度者赋给maxi与maxlen
                    maxi=i;
                    maxlen=curlen;
                }
                j++;
            }
            else j++;
        }
        i++;                         //继续扫描第i个字符之后的字符
    }
    return s.substr(maxi,maxlen);    //返回最长重复子串
}
int Nextmax(string t) {              //由串t的next数组的最大元素值
    int j=0, k=-1;
    int *next=new int[t.length()+1];
    next[0]=-1;
    int maxc=next[0];
```

```
        while (j<t.length()) {              //求 next[0..t.length()]
            if (k==-1 || t[j]==t[k]) {      //k 为-1 或比较的字符相等时
                j++; k++;                    //依次移到下一个字符
                next[j]=k;
                maxc=max(maxc,next[j]);     //求最大 next[j]
            }
            else                             //比较的字符不相等时
                k=next[k];                   //k 回退
        }
        return maxc;
    }
    string Maxsub2(string s) {               //解法 2：求 s 串的最长重复子串
        int maxi=0,maxlen=0;
        for (int i=0;i<s.length();i++) {     //遍历 s 的每个位置的字符
            int curlen=Nextmax(s.substr(i)); //求 s[i..s.length()-1]的最大 next 元素值
            if (curlen>maxlen) {             //比较求最大的 maxc
                maxlen=curlen;
                maxi=i;
            }
        }
        return s.substr(maxi,maxlen);        //返回最长重复子串
    }
    int main() {
        string s="abababab";
        cout << endl;
        cout << "  s: " << s << endl;
        cout << "  求 s 中最长可重叠重复子串" << endl;
        cout << "  (1)BF 算法： " <<   Maxsub1(s) << endl;
        cout << "  (2)KMP 算法： " <<   Maxsub2(s) << endl;
        s="abcdacdac";
        cout << "  s: " << s << endl;
        cout << "  求 s 中最长可重叠重复子串" << endl;
        cout << "  (1)BF 算法： " <<   Maxsub1(s) << endl;
        cout << "  (2)KMP 算法： " <<   Maxsub2(s) << endl;
        return 0;
    }
```

上述程序的执行结果如图 4.8 所示。

4. 解：采用两种解法。用 cnt 累计 t 在串 s 中不重叠出现的次数(初始值为 0)。

无论基于 BF 算法还是 KMP 算法，在找到子串后都不退出，将 cnt 增加 1，i 不变(跳过重叠的子串部分)，j 从 0 开始继续查找，直到整个字符串遍历完毕。

对应的实验程序 Exp2-4.cpp 如下：

图 4.8 第 4 章应用实验题 3 的执行结果

```
#include <iomanip>
#include <iostream>
#include <string>
using namespace std;
```

```cpp
int Strcount1(string s,string t) {          //利用 BF 算法求 t 在 s 中出现的次数(不重叠)
    int i=0,j=0,cnt=0;
    int n=s.length();                       //求出 s 的长度 n
    int m=t.length();                       //求出 t 的长度 m
    while (i<n && j<m) {
        if (s[i]==t[j]) {                   //比较的两个字符相等时
            i++; j++;                       //s 和 t 串依次移到下一个字符
        }
        else {                              //比较的两个字符不相等时
            i=i-j+1;                        //i 回退到 s 的本趟开始的下一个字符
            j=0;                            //j 移动到串 t 的开头
        }
        if (j>=m) {                         //j 等于子串 t 的长度,找到一次出现
            cnt++;                          //累加出现的次数
            j=0;                            //i 不变(跳过重叠部分),j 从 0 开始
        }
    }
    return cnt;
}
void GetNext(string t,int next[]) {         //由模式串 t 求出 next 值
    int j,k;
    int m=t.length();
    j=0; k=-1; next[0]=-1;
    while (j<m-1) {                         //含求 next[0..m-1]
        if (k==-1 || t[j]==t[k]) {          //k 为-1 或比较的字符相等时
            j++;k++;
            next[j]=k;
        }
        else k=next[k];
    }
}

int Strcount2(string s,string t) {          //利用 KMP 算法求 t 在 s 中出现的次数(不重叠)
    int n=s.length(),m=t.length();
    int * next=new int[m];
    GetNext(t,next);
    int i=0,j=0,cnt=0;
    while (i<n && j<m) {
        if (j==-1 || s[i]==t[j]) {
            i++; j++;                       //i,j 各增 1
        }
        else j=next[j];                     //i 不变,j 后退
        if (j>=m) {                         //成功匹配一次
            cnt++;
            j=0;                            //i 不变(跳过重叠部分),j 从 0 开始
        }
    }
    return cnt;
}
int main() {
    string s,t;
    printf("\n 测试 1");
    s="aaaab";
    t="aa";
```

```
        cout << "  s: " << s << "   t: " << t << endl;
        printf("    BF: t在s中出现次数=%d\n",Strcount1(s,t));
        printf("   KMP: t在s中出现次数=%d\n",Strcount2(s,t));
        printf("\n 测试 2");
        s="abcabcdabcdeabcde";
        t="abcd";
        cout << "  s: " << s << "   t: " << t << endl;
        printf("    BF: t在s中出现次数=%d\n",Strcount1(s,t));
        printf("   KMP: t在s中出现次数=%d\n",Strcount2(s,t));
        printf("\n 测试 3");
        s="abcABCDabc";
        t="abcd";
        cout << "  s: " << s << "   t: " << t << endl;
        printf("    BF: t在s中出现次数=%d\n",Strcount1(s,t));
        printf("   KMP: t在s中出现次数=%d\n",Strcount2(s,t));
        return 0;
}
```

上述程序的执行结果如图 4.9 所示。

图 4.9　第 4 章应用实验题 4 的执行结果

5. 解：由于在判断子串时是大小写无关的，s 和 t 中两个字符是否相同的条件改为 tolower(s[i])==tolower(t[j])，用 cnt 累计 t 在串 s 中不重叠出现的次数（初始值为 0）。可以基于 BF 算法或者 KMP 算法求解，在找到子串后都不退出，将 cnt 增加 1，i 不变（跳过重叠的子串部分），j 从 0 开始继续查找，直到整个字符串遍历完毕。对应的实验程序 Exp2-5.cpp 如下：

```cpp
#include <iomanip>
#include <iostream>
#include <string>
using namespace std;
int Strcount1(string s,string t) {           //利用BF算法求t在s中出现的次数(不重叠)
    int i=0,j=0,cnt=0;
    int n=s.length();                         //求出s的长度n
    int m=t.length();                         //求出t的长度m
    while (i<n && j<m) {
        if (tolower(s[i])==tolower(t[j])) {   //比较的两个字符相等时
            i++; j++;                         //s和t串依次移到下一个字符
        }
        else {                                //比较的两个字符不相等时
            i=i-j+1;                          //i回退到s的本趟开始的下一个字符
            j=0;                              //j移到t串的开头
        }
```

```cpp
            if (j>=m) {                    //j 等于子串 t 的长度,找到一次出现
                cnt++;                     //累加出现的次数
                j=0;                       //i 不变(跳过重叠部分),j 从 0 开始
            }
        }
        return cnt;
    }
    void GetNext(string t, int next[]) {   //由模式串 t 求出 next 值
        int j,k;
        int m=t.length();
        j=0; k=-1; next[0]=-1;
        while (j<m-1) {                    //含求 next[0..m-1]
            if (k==-1 || t[j]==t[k]) {     //k 为-1 或比较的字符相等时
                j++;k++;
                next[j]=k;
            }
            else k=next[k];
        }
    }
    int Strcount2(string s, string t) {    //利用 KMP 算法求 t 在 s 中出现的次数(不重叠)
        int n=s.length(),m=t.length();
        int *next=new int[m];
        GetNext(t,next);
        int i=0,j=0,cnt=0;
        while (i<n && j<m) {
            if (j==-1 || tolower(s[i])==tolower(t[j])) {
                i++; j++;                  //i,j 各增 1
            }
            else j=next[j];                //i 不变,j 后退
            if (j>=m) {                    //成功匹配一次
                cnt++;
                j=0;                       //i 不变(跳过重叠部分),j 从 0 开始
            }
        }
        return cnt;
    }
    int main() {
        string s,t;
        printf("\n 测试 1");
        s="aAbAabaab";
        t="aab";
        cout << "   s: " << s << "    t: " << t << endl;
        printf("    BF: t 在 s 中出现次数=%d\n",Strcount1(s,t));
        printf("   KMP: t 在 s 中出现次数=%d\n",Strcount2(s,t));
        printf("\n 测试 2");
        s="abcabcdabcdeabcde";
        t="ABCD";
        cout << "   s: " << s << "    t: " << t << endl;
        printf("    BF: t 在 s 中出现次数=%d\n",Strcount1(s,t));
        printf("   KMP: t 在 s 中出现次数=%d\n",Strcount2(s,t));
        printf("\n 测试 3");
        s="abcABCDabc";
        t="abcd";
```

```
        cout << "   s: " << s << "    t: " << t << endl;
        printf("    BF: t在s中出现次数=%d\n",Strcount1(s,t));
        printf("    KMP: t在s中出现次数=%d\n",Strcount2(s,t));
        return 0;
}
```

上述程序的执行结果如图 4.10 所示。

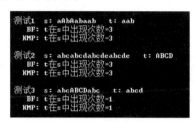

图 4.10　第 4 章应用实验题 5 的执行结果

6. 解：设计 replace(str,s,t)算法用于将 str 中第一次出现的 s 替换为 t，先采用 BF 思路查找 s，找到后由 t 复制产生 t1，删除 s 并插入 t1，返回 true。若没有找到 s 则返回 false。再设计 replaceall(str,s,t)算法利用 replace()将 str 中出现的所有 s 均替换为 t。对应的实验程序 Exp2-6.cpp 如下：

```
#include"LinkString.cpp"                          //引用链串类
bool replace(LinkString &str,LinkString &s,LinkString &t) {  //替换第一次出现
    LinkNode * prep=str.head;
    LinkNode * p, * preq, * q, * r;
    while (prep!=NULL) {
        p=prep->next;
        q=s.head->next;
        while (p!=NULL && q!=NULL && p->data==q->data) {
            p=p->next;
            q=q->next;
        }
        if (q==NULL) {                            //找到子串则替换
            LinkString t1;
            t1=t;                                 //由 t 复制产生 t1
            q=prep->next;                         //q 指向被替换子串的第一个结点
            r=t1.head->next;
            while (r->next!=NULL)                 //找到 t1 串的尾结点 r
                r=r->next;
            prep->next=t1.head->next;             //将 t1 插入结点 pre 和 p 之间
            r->next=p;
            t1.head->next=NULL;                   //将 t 串 1 置为空
            preq=q;                               //释放原来的 s 串的结点
            q=preq->next;
            while (q!=p) {
                delete preq;
                preq=q;
                q=preq->next;
            }
            delete preq;
            return true;                          //替换成功
```

```
        }
        prep=prep->next;
    }
    return false;                                              //替换失败
}
bool replaceall(LinkString &str,LinkString &s,LinkString &t) {  //替换所有次出现
    while (replace(str,s,t));
}
int main() {
    LinkString str,s,t;
    str.StrAssign("aabcdabcdabcd");
    cout << "\n   str: "; str.DispStr();
    s.StrAssign("abc");
    cout << "   s:   "; s.DispStr();
    t.StrAssign("12");
    cout << "   t:   "; t.DispStr();
    cout << "   替换操作:将 str 中的 s 替换为 t" << endl;
    cout << "   替换第一次出现" << endl;
    replace(str,s,t);
    cout << "     str: "; str.DispStr();
    cout << "   替换所有的出现" << endl;
    replaceall(str,s,t);
    cout << "     str: "; str.DispStr();
    return 0;
}
```

上述程序的执行结果如图 4.11 所示。

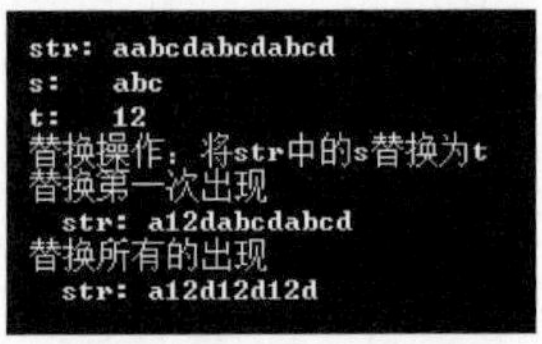

```
str: aabcdabcdabcd
s:   abc
t:   12
替换操作:将str中的s替换为t
替换第一次出现
  str: a12dabcdabcd
替换所有的出现
  str: a12d12d12d
```

图 4.11   第 4 章应用实验题 6 的执行结果

第 5 章 数组和稀疏矩阵

5.1 问答题及其参考答案

5.1.1 问答题

1. 为什么说数组是线性表的推广或扩展，而不说数组就是一种线性表呢？
2. 为什么数组一般不使用链式存储结构？
3. 如果某个一维整数数组 A 的元素个数 n 很大，存在大量重复的元素，且所有值相同的元素紧跟在一起，请设计一种压缩存储方式使得存储空间更节省。
4. 有一个 5×6 的二维数组 a，起始元素 $a[1][1]$ 的地址是 1000，每个元素的长度为 4。
   (1) 若采用按行优先存储，给出元素 $a[4][5]$ 的地址。
   (2) 若采用按列优先存储，给出元素 $a[4][5]$ 的地址。
5. 一个 n 阶对称矩阵存入内存，在采用压缩存储和非压缩存储时占用的内存空间分别是多少？
6. 一个 6 阶对称矩阵 A 中主对角线以上部分的元素已按列优先顺序存放于一维数组 B 中，主对角线上的元素均为 0。根据以下 B 的内容画出 A 矩阵。

	0	1	2	3	4	5	6	7	8	9	10	11	12	13	14
B:	2	5	0	3	4	0	0	1	4	2	6	3	0	1	2

7. 设 $A[0..9,0..9]$ 是一个 10 阶对称矩阵，采用按行优先将其下三角+主对角线部分的元素压缩存储到一维数组 B 中。已知每个元素占用两个存储单元，其第一个元素 $A[0][0]$ 的存储位置为 1000，求以下问题的计算过程及结果：
   (1) 给出 $A[4][5]$ 的存储位置。
   (2) 给出存储位置为 1080 的元素的下标。
8. 设 n 阶下三角矩阵 $A[0..n-1,0..n-1]$ 已压缩存储到一维数组 $B[1..m]$ 中，若按行为主序存储，则 $A[i][j](i\geqslant j)$ 元素对应的 B 中存储位置为多少？给出推导过程。
9. 用十字链表表示一个有 k 个非零元素的 $m\times n$ 的稀疏矩阵，则其总的结点数为多少？

10. 特殊矩阵和稀疏矩阵哪一种压缩存储后失去随机存取特性？为什么？

5.1.2 问答题参考答案

1. 答：从逻辑结构的角度看，一维数组是一种线性表，二维数组可以看成数组元素为一维数组的一维数组，所以二维数组可以看成线性表，三维及以上维的数组亦如此。数组的基本运算不同于线性表，数组的主要操作是存取元素，不含插入和删除等运算，所以数组可看作线性表的推广，但数组不等同于线性表。

2. 答：因为数组的主要操作是存取元素，通常没有插入和删除操作，在使用链式存储结构时需要额外占用更多的存储空间，而且不具有随机存取特性，使得相关操作更复杂。

3. 答：采用元素类型形如"{整数,个数}"的结构体数组压缩存储，例如，数组 A 为{1,1,1,5,5,5,5,3,3,3,4,4,4,4,4,4}，共有 17 个元素，对应的压缩存储为{{1,3},{5,4},{3,4},{4,6}}。在压缩数组中只有 8 个整数。从中看出，重复元素越多，采用这种压缩存储方式越节省存储空间。

4. 答：(1) $m \times n$ 的二维数组 a（行、列下标从 c1、c2 开始）按行优先存储时元素 $a[i][j]$ 的地址计算公式是 $LOC(a[i][j]) = d + ((i-c1) \times (n-c2+1) + (j-c2)) \times k$。这里 $m=5, n=6, k=4, d=1000, c1=c2=1$，所以有 $LOC(a[4][5]) = 1000 + ((4-1) \times (6-1+1) + (5-1)) \times 4 = 1000 + 88 = 1088$。

(2) $m \times n$ 的二维数组 a（行、列下标从 c1、c2 开始）按列优先存储时元素 $a[i][j]$ 的地址计算公式是 $LOC(a[i][j]) = d + ((j-c2) \times (m-c1+1) + (i-c1)) \times k$。这里 $m=5, n=6, k=4, d=1000, c1=c2=1$，所以有 $LOC(a[4][5]) = 1000 + ((5-1) \times (5-1+1) + (4-1)) \times 4 = 1000 + 92 = 1092$。

5. 答：若采用压缩存储，其容量为 $n(n+1)/2$，若不采用压缩存储，其容量为 n^2。

6. 答：对应的 A 对称矩阵如下。

$$A = \begin{bmatrix} 0 & 2 & 5 & 3 & 0 & 6 \\ 2 & 0 & 0 & 4 & 1 & 3 \\ 5 & 0 & 0 & 0 & 4 & 0 \\ 3 & 4 & 0 & 0 & 2 & 1 \\ 0 & 1 & 4 & 2 & 0 & 2 \\ 6 & 3 & 0 & 1 & 2 & 0 \end{bmatrix}$$

7. 答：(1) $A[4][5]$ 作为上三角部分的元素，其元素值等于 $A[5][4]$，所以 $A[4][5]$ 元素的存储位置等于 $A[5][4]$ 元素的存储位置。而 $A[5][4]$ 元素前面有 5 行，这 5 行的元素总数为 $1+2+3+4+5=15$ 个，在第 5 行中 $A[5][4]$ 元素前面有 4 个元素，则 $A[5][4]$ 元素前面的元素总数 $=15+4=19$。这样有：

$$LOC(A[4][5]) = LOC(A[5][4]) = LOC(A[0][0]) + 19 \times 2 = 1038$$

(2) 存储位置为 1080，则元素在压缩数组中的序号 $=(1080-1000)/2=40$，设该元素为 $A[i][j]$，则有 $i(i+1)/2+j=40$ 且 $0 \leq j \leq i \leq 9$，即求 $i(i+1)/2 \leq 40$ 的最大 i，从而得到 $i=8, j=4$，所以对应的元素为 $A[8][4]$ 或者 $A[4][8]$。

8. 答：A 的下标从 0 开始，对于 $A[i][j] (i \geq j)$ 元素，前面有 $0 \sim i-1$ 共 i 行，各行的

元素个数分别为 $1,2,\cdots,i$，计 $i(i+1)/2$ 个元素，在第 i 行中，$A[i][j]$ 元素前面的元素有 $A[i,0..j-1]$，计 j 个元素，所以在 A 中 $A[i][j]$ 元素之前共存储 $i(i+1)/2+j$ 个元素。而 B 的下标从 1 开始，所以对应的 B 中存储位置是 $i(i+1)/2+j+1$。

9. 答：十字链表有一个十字链表表头结点，$MAX(m,n)$ 个行列表头结点。另外，每个非零元素对应一个结点，即 k 个元素结点，所以共有 $MAX(m,n)+k+1$ 个结点。

10. 答：特殊矩阵 A 指值相同的元素或常元素在矩阵中的分布有一定规律，可以将这些特殊值的元素压缩存储在一维数组 B 中，即将 $A[i][j]$ 元素值存放在 $B[k]$ 中，下标 k 和下标 i,j 的关系用函数 $k=f(i,j)$ 表示，该函数的计算时间为 $O(1)$，因此对于 $A[i][j]$ 找到存储值 $B[k]$ 的时间为 $O(1)$，所以仍具有随机存取特性。

而稀疏矩阵是指非零元素个数 t 和矩阵容量相比很小 $(t \ll m \times n)$，且非零元素分布没有规律。在用十字链表存储时自然失去了随机存取特性，即便用三元组顺序存储结构存储，存取下标为 i 和 j 的元素时也需要扫描整个三元组表，平均时间复杂度为 $O(t)$。因此稀疏矩阵 A 无论采用三元组还是十字链表存储，查找 $A[i][j]$ 元素值的时间不再是 $O(1)$，所以失去了随机存取特性。

5.2 算法设计题及其参考答案

5.2.1 算法设计题

1. 设计一个算法，将含有 n 个整数元素的数组 $a[0..n-1]$ 循环右移 m 位，要求算法的空间复杂度为 $O(1)$。

2. 有一个含有 n 个整数元素的数组 $a[0..n-1]$，设计一个算法求其中最后一个最小元素的下标。

3. 设 a 是一个含有 n 个元素的 double 型数组，b 是一个含有 n 个元素的整数数组，其值介于 $0 \sim n-1$，且所有元素不相同。现设计一个算法，要求按 b 的内容调整 a 中元素的顺序，比如当 $b[2]=11$ 时，要求将 $a[11]$ 元素调整到 $a[2]$ 中。如 $n=5, a[]=\{1,2,3,4,5\}$，$b[]=\{2,3,4,1,0\}$，执行本算法后 $a[]=\{3,4,5,1,2\}$。

4. 设计一个算法，实现 m 行 n 列的二维数组 a 的就地转置，当 $m \neq n$ 时返回 false，否则返回 true。

5. 设计一个算法，求一个 m 行 n 列的二维整型数组 a 的左上角-右下角和右上角-左下角两条主对角线元素之和，当 $m \neq n$ 时返回 false，否则返回 true。

5.2.2 算法设计题参考答案

1. 解：设 a 中元素为 xy（x 为前 $n-m$ 个元素，y 为后 m 个元素）。先将 x 逆置得到 $x^{-1}y$，再将 y 逆置得到 $x^{-1}y^{-1}$，最后将整个 $x^{-1}y^{-1}$ 逆置得到 $(x^{-1}y^{-1})^{-1}=yx$。对应的算法如下：

```
void Reverse(int a[],int i,int j){          //逆置 a[i..j]
    int i1=i,j1=j;
```

```
        while (i1<j1) {
            swap(a[i1],a[j1]);
            i1++; j1--;
        }
    }
    void Rightmove(int a[],int n,int m) {        //将 a[0..n-1]循环右移 m 个元素
        if (m>n) m=m%n;
        Reverse(a,0,n-m-1);
        Reverse(a,n-m,n-1);
        Reverse(a,0,n-1);
    }
```

2. 解：设最后一个最小元素的下标为 mini，初值为 0。i 从 1 到 $n-1$ 循环，当 a[i]<=a[mini] 时置 mini=i，最后返回 mini。对应的算法如下：

```
    int FindMin(int a[],int n) {
        int mini=0;
        for (int i=1;i<n;i++) {
            if (a[i]<=a[mini]) mini=i;
        }
        return mini;
    }
```

3. 解：建立一个临时动态数组 c，其大小为 n。用 i 扫描 b 数组，将 a[b[i]] 放到 c[i] 中，再将数组 c 复制到 a 中。对应的算法如下：

```
    void Rearrange(double a[],int b[],int n) {
        double *c=new double[n];
        for (int i=0;i<n;i++) c[i]=a[b[i]];
        for (int i=0;i<n;i++) a[i]=c[i];             //将 c 复制到 a 中
        delete [] c;
    }
```

4. 解：当 $m \neq n$ 时返回 false。i 从 0 到 $m-1$，j 从 0 到 $i-1$ 循环，将 a[i][j] 与 a[j][i] 元素交换，最后返回 true。对应的算法如下：

```
    bool Trans(int a[M][N],int m,int n) {
        if (m!=n) return false;
        for (int i=0;i<m;i++) {
            for (int j=0;j<i;j++) swap(a[i][j],a[j][i]);
        }
        return true;
    }
```

5. 解：当 $m \neq n$ 时返回 false。置 s 为 0，用 s 累加 a 的左上角-右下角元素 a[i][i]（$0 \leq i < m$）之和，再累加 a 的右上角-左下角元素 a[j][n-j-1]（$0 \leq j < n$）之和。当 m 为奇数时，两条对角线有一个重叠的元素 a[m/2][m/2]，需从 s 中减去；当 m 为偶数时，没有重叠的元素。最后返回 true。对应的算法如下：

```
    bool Diag(int a[M][N],int m,int n,int &s) {
        if (m!=n) return false;
```

```
      s=0;
      for (int i=0;i<m;i++) s+=a[i][i];
      for (int j=0;j<=n;j++) s+=a[j][n-j-1];
      if (m%2==1) s-=a[m/2][m/2];              //m为奇数时
      return true;
}
```

5.3 基础实验题及其参考答案

5.3.1 基础实验题

1. 编写一个实验程序,给定一个 m 行 n 列的二维数组 a,每个元素的长度 k,数组的起始地址 d,该数组按行优先还是按列优先存储,数组的初始下标 c1(假设 a 的行、列初始下标均为 c1),求元素 $a[i][j]$ 的地址,并用相关数据进行测试。

2. 编写一个实验程序,给定一个 n 阶对称矩阵 A,采用压缩存储存储在一维数组 B 中,指出存储下三角+主对角部分的元素还是上三角+主对角部分的元素,按行优先还是按列优先,A 的初始下标 c1 和 B 的初始下标 c2,求元素 $A[i][j]$ 在 B 中的地址 k,并用相关数据进行测试。

3. 编写一个实验程序,假设稀疏矩阵采用三元组压缩存储,设计相关基本运算算法,并用相关数据进行测试。

5.3.2 基础实验题参考答案

1. 解:二维数组 a 的存储结构参见《教程》中的 5.1.2 节。对应的程序如下:

```
#include<iostream>
using namespace std;
int addr() {
    int m,n,k,d,i,j,c1,c2,flag,loc;
    printf("  m n k: ");
    scanf("%d%d%d",&m,&n,&k);
    printf("  起始地址: ");
    scanf("%d",&d);
    printf("  1-按行优先  2-按列优先: ");
    scanf("%d",&flag);
    printf("  初始下标: ");
    scanf("%d",&c1);
    c2=c1;
    printf("  元素 i j: ");
    scanf("%d%d",&i,&j);
    if (flag==1) loc=d+((i-c1)*(n-c2+1)+(j-c2))*k;
    else loc=d+((j-c2)*(m-c1+1)+(i-c1))*k;
    printf("  元素 a[%d][%d]的地址:%d\n",i,j,loc);
}
int main() {
    printf("\n  计算二维数组元素地址\n");
```

```
        addr();
        return 0;
}
```

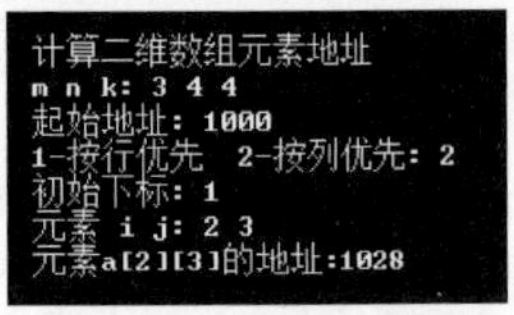

图 5.1 第 5 章基础实验题 1 的一次执行结果

上述程序的一次执行结果如图 5.1 所示。

2. 解：假设 n 阶对称矩阵 A 的行、列起始地址为 $c1$，压缩存放的一维数组 B 的起始地址为 $c2$，分 4 种情况讨论。

(1) 采用按行优先方式压缩存储下三角+主对角部分元素。

对于元素 $a_{ij}(i \geq j)$，前面存放 $c1 \sim i-1$ 的行元素，共 $i-c1$ 行，第 $c1$ 行有一个元素，第 $c1+1$ 行有两个元素，…，第 $i-1$ 行有 $i-c1$ 个元素，共有 $(1+i-c1)(i-c1)/2$ 个元素。在第 i 行中前面存放的元素是 $a[i][c1..j-1]$，共 $j-c1$ 个元素，则 $k=(1+i-c1)(i-c1)/2+j-c1+c2$。

对于元素 $a_{ij}(i<j)$，对应的地址 $k=(1+j-c1)(j-c1)/2+i-c1+c2$。

(2) 采用按列优先方式压缩存储下三角+主对角部分元素。

对于元素 $a_{ij}(i \geq j)$，前面存放 $c1 \sim j-1$ 的列元素，共 $j-c1$ 列，第 $c1$ 列有 n 个元素，第 $c1+1$ 列有 $n-1$ 个元素，…，第 $j-1$ 列有 $n-j+c1+1$ 个元素，共有 $(2n-j+c1+1)(j-c1)/2$ 个元素。在第 j 行中前面存放的元素是 $a[i-1..j][j]$，共 $i-j$ 个元素，则 $k=(2n-j+c1+1)(j-c1)/2+i-j+c2$。

对于元素 $a_{ij}(i<j)$，对应的地址 $k=(2n-i+c1+1)(i-c1)/2+j-i+c2$。

(3) 采用按行优先方式压缩存储上三角+主对角部分元素。

对于元素 $a_{ij}(i \leq j)$，前面存放 $c1 \sim i-1$ 的行元素，共 $i-c1$ 行，第 $c1$ 行有 n 个元素，第 $c1+1$ 行有 $n-1$ 个元素，…，第 $i-1$ 行有 $n-i+c1+1$ 个元素，共有 $(2n-i+c1+1)(i-c1)/2$ 个元素。在第 i 行中前面存放的元素是 $a[i][i..j-1]$，共 $j-i$ 个元素，则 $k=(2n-i+c1+1)(i-c1)/2+j-i+c2$。

对于元素 $a_{ij}(i>j)$，对应的地址 $k=(2n-j+c1+1)(j-c1)/2+i-j+c2$。

(4) 采用按列优先方式压缩存储上三角+主对角部分元素。

对于元素 $a_{ij}(i \leq j)$，前面存放 $c1 \sim j-1$ 的列元素，共 $j-c1$ 列，第 $c1$ 列有一个元素，第 $c1+1$ 列有两个元素，…，第 $j-1$ 列有 $j-c1$ 个元素，共有 $(1+j-c1)(j-c1)/2$ 个元素。在第 j 列中前面存放的元素是 $a[c1..i-1][j]$，共 $i-c1$ 个元素，则 $k=(1+j-c1)(j-c1)/2+i-c1+c2$。

对于元素 $a_{ij}(i>j)$，对应的地址 $k=(1+i-c1)(i-c1)/2+j-c1+c2$。

对应的程序如下：

```
#include<iostream>
using namespace std;
int addr() {
    int n,k,i,j,c1,c2,tag,flag;
    printf("    n: ");
    scanf("%d",&n);
    printf("   1-下三角+主对角 2-上三角+主对角: ");
    scanf("%d",&tag);
```

```
        printf("   1－按行优先   2－按列优先: ");
        scanf("%d",&flag);
        printf("   A 的初始下标 B 的初始下标: ");
        scanf("%d%d",&c1,&c2);
        printf("   元素 i j: ");
        scanf("%d%d",&i,&j);
        if (tag==1) {
            if (flag==1) {                                    //(1)
                if (i>=j) k=(1+i-c1)*(i-c1)/2+j-c1;
                else k=(1+j-c1)*(j-c1)/2+i-c1;
            }
            else {                                            //(2)
                if (i>=j) k=(2*n-j+c1+1)*(j-c1)/2+i-j+c2;
                else k=(2*n-i+c1+1)*(i-c1)/2+j-i+c2;
            }
        }
        else {
            if (flag==1) {                                    //(3)
                if (i<=j) k=(2*n-i+c1+1)*(i-c1)/2+j-i+c2;
                else k=(2*n-j+c1+1)*(j-c1)/2+i-j+c2;
            }
            else {                                            //(4)
                if (i<=j) k=(1+j-c1)*(j-c1)/2+i-c1+c2;
                else k=(1+i-c1)*(i-c1)/2+j-c1+c2;
            }
        }
        printf("   元素 a[%d][%d]的压缩存储地址 k＝%d\n",i,j,k);
}
int main() {
    printf("\n   计算对称矩阵压缩存储时元素地址\n");
    addr();
    return 0;
}
```

上述程序执行的 4 种情况及其结果如图 5.2 所示。

(a) 下三角+主对角+行优先+下标从0开始　　(b) 下三角+主对角+列优先+下标从0开始

(c) 上三角+主对角+行优先+下标从1开始　　(d) 上三角+主对角+列优先+下标从1开始

图 5.2　第 5 章基础实验题 2 的执行结果

3. 解：稀疏矩阵三元组压缩存储结构及其基本运算算法设计参见《教程》中的 5.3.1 节。对应的程序如下：

```cpp
#include <iostream>
using namespace std;
const int MAXR=20;                              //稀疏矩阵的最大行数
const int MAXC=20;                              //稀疏矩阵的最大列数
const int MaxSize=100;                          //三元组顺序表的最大元素个数
struct TupElem {                                //单个三元组元素的类型
    int r;                                      //行号
    int c;                                      //列号
    int d;                                      //元素值
    TupElem() {}                                //构造函数
    TupElem(int r1,int c1,int d1) {             //重载构造函数
        r=r1; c=c1; d=d1;
    }
};
class TupClass {                                //三元组存储结构类
    int rows;                                   //行数
    int cols;                                   //列数
    int nums;                                   //非零元素的个数
    TupElem *data;                              //稀疏矩阵对应的三元组顺序表
public:
    TupClass() {                                //构造函数
        data=new TupElem[MaxSize];              //分配空间
        nums=0;
    }
    ~TupClass() {                               //析构函数
        delete [] data;                         //释放空间
    }
    void CreateTup(int A[][MAXC],int m,int n) { //创建三元组
        rows=m; cols=n; nums=0;
        for (int i=0;i<m;i++) {
            for (int j=0;j<n;j++) {
                if (A[i][j]!=0) {                //只存储非零元素
                    data[nums]=TupElem(i,j,A[i][j]);
                    nums++;
                }
            }
        }
    }
    bool Setvalue(int i,int j,int x) {          //三元组元素赋值 A[i][j]=x
        if (i<0 || i>=rows || j<0 || j>=cols)
            return false;                        //下标错误时返回 false
        int k=0,k1;
        while (k<nums && i>data[k].r)
            k++;                                 //查找第 i 行的第一个非零元素
        while (k<nums && i==data[k].r && j>data[k].c)
            k++;                                 //在第 i 行中查找第 j 列的元素
        if (data[k].r==i && data[k].c==j)        //找到了这样的元素
            data[k].d=x;
        else {                                   //不存在这样的元素时插入一个元素
            for (k1=nums-1; k1>=k;k1--) {        //后移元素以便插入
                data[k1+1].r=data[k1].r;
                data[k1+1].c=data[k1].c;
                data[k1+1].d=data[k1].d;
```

```
            }
            data[k].r=i; data[k].c=j; data[k].d=x;
            nums++;
        }
        return true;                            //赋值成功时返回 true
    }
    bool GetValue(int i,int j,int &x) {         //将指定位置的元素值赋给变量 x=A[i][j]
        if (i<0 || i>=rows || j<0 || j>=cols)
            return false;                       //下标错误时返回 false
        int k=0;
        while (k<nums && data[k].r<i)
            k++;                                //查找第 i 行的第一个非零元素
        while (k<nums && data[k].r==i && data[k].c<j)
            k++;                                //在第 i 行中查找第 j 列的元素
        if (data[k].r==i && data[k].c==j)       //找到了这样的元素
            x=data[k].d;
        else
            x=0;                                //在三元组中没有找到表示是零元素
        return true;                            //取值成功时返回 true
    }
    void DispMat() {                            //输出三元组
        if (nums<=0) return;                    //没有非零元素时返回
        cout << "\t" << rows << "\t" << cols << "\t" << nums << endl;
        cout << "\t------------------\n";
        for (int i=0;i<nums;i++)
            cout << "\t" << data[i].r << "\t" << data[i].c << "\t" << data[i].d << endl;
    }
};
int main() {
    TupClass t,tb;
    int x;
    int a[MAXR][MAXC]={{0,0,1,0,0,0,0},{0,2,0,0,0,0,0},{3,0,0,0,0,0,0},
                      {0,0,0,5,0,0,0},{0,0,0,0,6,0,0},{0,0,0,0,0,7,4}};
    int m=6,n=7;
    printf("\n  稀疏矩阵 A:\n");
    for (int i=0;i<m;i++) {
        for (int j=0;j<n;j++)
            printf("%4d",a[i][j]);
        printf("\n");
    }
    t.CreateTup(a,6,7);
    cout << "  三元组 t 表示:\n"; t.DispMat();
    cout << "  执行 A[4][1]=8\n";
    t.Setvalue(4,1,8);
    cout << "  三元组 t 表示:\n"; t.DispMat();
    cout << "  求 x=A[4][1]\n";
    t.GetValue(4,1,x);
    cout << "  x=" << x << endl;
    return 0;
}
```

上述程序的执行结果如图 5.3 所示。

图 5.3　第 5 章基础实验题 3 的执行结果

5.4　应用实验题及其参考答案

5.4.1　应用实验题

1. 给定 $n(n\geqslant 1)$ 个整数的序列用整型数组 a 存储，要求求出其中的最大连续子序列之和。例如序列 $(-2,11,-4,13,-5,-2)$ 的最大连续子序列和为 20，序列 $(-6,2,4,-7,5,3,2,-1,6,-9,10,-2)$ 的最大连续子序列和为 16。分析算法的时间复杂度。

2. 求马鞍点问题。如果矩阵 a 中存在一个元素 $a[i][j]$ 满足条件"$a[i][j]$ 是第 i 行中值最小的元素，且又是第 j 列中值最大的元素"，则称之为该矩阵的一个马鞍点。设计一个程序，计算出 $m\times n$ 的矩阵 a 的所有马鞍点。

3. 对称矩阵压缩存储的恢复。一个 n 阶对称矩阵 A 采用一维数组 a 压缩存储，压缩方式是按行优先顺序存放 A 的下三角和主对角线部分的各元素。完成以下功能：

（1）由 A 产生压缩存储 a。

（2）由一维数组 b 来恢复对称矩阵 A。

通过相关数据进行测试。

5.4.2　应用实验题参考答案

1. 解：含有 n 个整数的序列为 $a[0..n-1]$，这里提供 3 种解法求其中的最大连续子序列之和。

解法 1：枚举所有连续子序列 $a[i..j]$ $(i\leqslant j)$，求出它的所有元素之和 thisSum，并通过比较将最大值存放在 maxSum 中，最后返回 maxSum。对应的程序如下：

```cpp
#include <iostream>
using namespace std;
int maxSubSum(int a[],int n) {
    int maxSum=a[0],thisSum;
    for (int i=0;i<n;i++) {                      //三重循环穷举所有的连续子序列
        for (int j=i;j<n;j++) {
            thisSum=0;
            for (int k=i;k<=j;k++)
                thisSum+=a[k];
            if (thisSum>maxSum)                  //通过比较求最大连续子序列之和
                maxSum=thisSum;
        }
    }
    return maxSum;
}
void disp(int a[],int n) {                       //输出a
    for (int i=0;i<n;i++) printf(" %d",a[i]);
    printf("\n");
}
int main() {
    int a[]={-2,11,-4,13,-5,-2};
    int n=sizeof(a)/sizeof(a[0]);
    int b[]={-6,2,4,-7,5,3,2,-1,6,-9,10,-2};
    int m=sizeof(b)/sizeof(b[0]);
    printf("\n a:"); disp(a,n);
    printf(" a的最大连续子序列和: %d\n",maxSubSum(a,n));
    printf("\n b:"); disp(b,m);
    printf(" b的最大连续子序列和: %d\n",maxSubSum(b,m));
    return 0;
}
```

上述程序的执行结果如图 5.4 所示。maxSubSum() 采用三重 for 循环,对应的时间复杂度为 $O(n^3)$。

图 5.4 第 5 章应用实验题 1 的执行结果

解法 2:设置前缀和数组 sum,$sum[i]=a[0]+a[1]+\cdots+a[i]$,枚举 i 和 $j(i \leqslant j)$ 求 $a[i..j]$ 中的所有元素之和,即 $sum[j]-sum[i-1]$,比较求出最大值 ans,最后输出 ans。对应的程序如下:

```cpp
#include <iostream>
using namespace std;
int maxSubSum(int a[],int n) {
    int * sum= new int[n];                       //存放前缀和
    sum[0]=a[0];
    for(int i=1;i<n;i++)
        sum[i]=a[i]+sum[i-1];
    int ans=a[0];                                //ans 保存最大子序列之和
```

```
        for (int i=0;i<n;i++) {
            for(int j=i;j<n;j++) {
                int s=sum[j]-sum[i-1];
                ans=max(ans,s);
            }
        }
        delete [] sum;
        return ans;
    }
    void disp(int a[],int n) {                    //输出a
        for (int i=0;i<n;i++) printf(" %d",a[i]);
        printf("\n");
    }
    int main() {
        int a[]={-2,11,-4,13,-5,-2};
        int n=sizeof(a)/sizeof(a[0]);
        int b[]={-6,2,4,-7,5,3,2,-1,6,-9,10,-2};
        int m=sizeof(b)/sizeof(b[0]);
        printf("\n  a:"); disp(a,n);
        printf("  a 的最大连续子序列和: %d\n",maxSubSum(a,n));
        printf("\n  b:"); disp(b,m);
        printf("  b 的最大连续子序列和: %d\n",maxSubSum(b,m));
        return 0;
    }
```

上述 maxSubSum() 采用两重 for 循环,对应的时间复杂度为 $O(n^2)$。

解法3:修改 $a[i]$ 表示以位置 i 结尾的最大连续子序列之和。对于序列 a,用 ans 表示其中的最大连续子序列之和,显然 ans 至少为 0(因为 0 个元素也是其中的一个连续子序列,其和为 0),当 $a[0]<0$ 的修改为 $a[0]=0$,用 i 迭代,若 $a[i-1] \leq 0$ 则舍弃前面的子序列,从 $a[i]$ 开始计,若 $a[i-1]>0$,则该连续子序列再加上 $a[i]$ 称为更大连续子序列,即 $a[i]+a[i-1]$。求出最大的 $a[i]$ 为 ans,最后输出 ans。对应的程序如下:

```
    #include <iostream>
    using namespace std;
    int maxSubSum(int a[],int n) {
        if (a[0]<0) a[0]=0;                       //修改 a[i]表示以位置i结尾的最大连续子序列之和
        int ans=a[0];
        for(int i=1;i<n;i++) {
            if (a[i-1]>0) a[i]+=a[i-1];
            else a[i]+=0;
            ans=max(ans,a[i]);
        }
        return ans;
    }
    void disp(int a[],int n) {                    //输出a
        for (int i=0;i<n;i++)
            printf(" %d",a[i]);
        printf("\n");
    }
    int main() {
        int a[]={-2,11,-4,13,-5,-2};
```

```
        int n=sizeof(a)/sizeof(a[0]);
        int b[]={-6,2,4,-7,5,3,2,-1,6,-9,10,-2};
        int m=sizeof(b)/sizeof(b[0]);
        printf("\n   a:"); disp(a,n);
        printf("   a 的最大连续子序列和: %d\n",maxSubSum(a,n));
        printf("\n   b:"); disp(b,m);
        printf("   b 的最大连续子序列和: %d\n",maxSubSum(b,m));
        return 0;
}
```

上述 maxSubSum() 采用一重 for 循环,对应的时间复杂度为 $O(n)$。

2. 解:对于二维数组 $a[m][n]$,先求出每行的最小值元素放入 min 数组中,再求出每列的最大值元素放入 max 数组中。若 $min[i] = max[j]$,则元素 $a[i][j]$ 便是马鞍点,找出所有这样的元素并输出。对应的实验程序 Exp2-2.cpp 如下:

```
#include <iostream>
#include <vector>
using namespace std;
#define MAXM 10
#define MAXN 10
vector<vector<int>> MinMax(int a[MAXM][MAXN], int m, int n) {        //求所有马鞍点
    int *mind=new int[m];                   //存放每行的最小元素
    int *maxd=new int[n];                   //存放每列的最大元素
    for (int i=0;i<m;i++) {                 //计算每行的最小元素,放入 mind[i]中
        mind[i]=a[i][0];
        for (int j=1;j<n;j++) {
            if (a[i][j]<mind[i]) mind[i]=a[i][j];
        }
    }
    for (int j=0;j<n;j++) {                 //计算每列的最大元素,放入 maxd[j]中
        maxd[j]=a[0][j];
        for (int i=1;i<m;i++) {
            if (a[i][j]>maxd[j]) maxd[j]=a[i][j];
        }
    }
    vector<vector<int>> ans;
    for (int i=0;i<m;i++) {                 //判定是否为马鞍点
        for (int j=0;j<n;j++) {
            if (mind[i]==maxd[j]) {         //找到一个马鞍点
                vector<int> e;
                e.push_back(i);
                e.push_back(j);
                e.push_back(a[i][j]);
                ans.push_back(e);
            }
        }
    }
    return ans;
}
void disp(int a[MAXM][MAXN], int m, int n) {    //输出二维数组
    for (int i=0;i<m;i++) {
        for (int j=0;j<n;j++) printf("%4d",a[i][j]);
        printf("\n");
    }
}
```

```
}
int main() {
    int a[MAXM][MAXN]={{10,3,3,4},{15,10,1,3},{4,5,3,6}};
    int m=3,n=4;
    printf("\n a:\n"); disp(a,m,n);
    printf(" 所有马鞍点:\n");
    vector<vector<int>> ans;
    ans=MinMax(a,m,n);
    for (int i=0;i<ans.size();i++)
        printf("   (%d,%d): %d\n",ans[i][0],ans[i][1],ans[i][2]);
    return 0;
}
```

图 5.5　第 5 章应用实验题 2 的执行结果

上述程序的执行结果如图 5.5 所示。

3. 解：设 A 为 n 阶对称矩阵，若其压缩数组 a 中的 m 个元素，则有 $n(n+1)/2=m$，即 $n^2+n-2m=0$，求得 $n=(int)(-1+sqrt(1+8m))/2$。

由 n 阶对称矩阵 A 生成压缩数组 a 的过程如下：先分配 a 的空间，用 k 遍历 a，用 i、j 遍历 A 的下三角和主对角线部分的元素，依次将 $A[i][j]$ 存放到 $a[k]$ 中。

由压缩数组 b 恢复对称矩阵 C 的过程如下：由 b 的长度 s 求出 n，用 k 遍历 b，用 i、j 遍历 C 的下三角和主对角线部分的元素，依次将 $b[k]$ 存放到 $C[i][j]$ 中，同时置 $C[j][i]=C[i][j]$，求出上三角部分元素。

对应的实验程序 Exp2-3.cpp 如下：

```cpp
#include<iostream>
#include<cmath>
using namespace std;
#define MAXM 10
#define MAXN 10
void disp(int A[MAXM][MAXN],int n) {                    //输出二维数组 A
    for (int i=0;i<n;i++) {
        for (int j=0;j<n;j++) printf("%4d",A[i][j]);
        printf("\n");
    }
}
void compression(int A[MAXM][MAXN],int n,int a[]) {     //将 A 压缩存储到 a 中
    for (int i=0;i<n;i++) {
        for (int j=0;j<=i;j++) {
            int k=i*(i+1)/2+j;
            a[k]=A[i][j];
        }
    }
}
void Restore(int b[],int s,int C[MAXM][MAXN],int &n) {  //由 b 恢复成 C
    int i,j;
    n=int((-1+sqrt(1+8*s))/2);
    int k=0;
    for (int i=0;i<n;i++) {
        for (int j=0;j<=i;j++) {
            C[i][j]=b[k];
```

```
            C[j][i]=C[i][j];
            k++;
         }
      }
}
int main() {
   printf("\n ********** 测试 1 ********** \n");
   int n=3,s=n*(n+1)/2;
   int A[MAXM][MAXN]={{1,2,3},{2,4,5},{3,5,6}};
   int C[MAXM][MAXN];
   int * a=new int[s];
   printf(" A:\n"); disp(A,n);
   printf(" A 压缩得到 a\n");
   compression(A,n,a);
   printf(" a:\n");
   for (int i=0;i<s;i++) printf("   %d",a[i]);
   printf("\n");
   printf(" 由 a 恢复得到 C\n");
   Restore(a,s,C,n);
   printf(" C:\n"); disp(C,n);
   printf("\n ********** 测试 2 ********** \n");
   n=4;
   s=n*(n+1)/2;
   int B[MAXM][MAXN]={{1,2,3,4},{2,5,6,7},{3,6,8,9},{4,7,9,10}};
   int D[MAXM][MAXN];
   int * b=new int[s];
   printf(" B:\n"); disp(B,n);
   printf(" B 压缩得到 b\n");
   compression(B,n,b);
   printf(" b:\n");
   for (int i=0;i<s;i++) printf("   %d",b[i]);
   printf("\n");
   printf(" 由 b 恢复得到 D\n");
   Restore(b,s,D,n);
   printf(" D:\n"); disp(D,n);
   return 0;
}
```

上述程序的执行结果如图 5.6 所示。

图 5.6　第 5 章应用实验题 3 的执行结果

第6章 递 归

6.1 问答题及其参考答案

6.1.1 问答题

1. 简述递归算法的优点和缺点。

2. 求两个正整数的最大公约数(gcd)的欧几里得定理是,对于两个正整数 a 和 b,当 $a>b$ 并且 $a\%b=0$ 时,最大公约数为 b,否则最大公约数等于其中较小的那个数和两数相除余数的最大公约数。给出对应的递归模型。

3. 当两个非负整数 a 和 b 相加时,若 b 为 0,则结果为 a,利用 C++ 语言中的"++"和"--"运算符实现其递归定义。

4. 有以下递归函数,分析调用 fun(5) 的输出结果。

```
void fun(int n) {
    if (n==1)
        printf("a:%d\n",n);
    else
        printf("b:%d\n",n);
        fun(n-1);
        printf("c:%d\n",n);
}
```

5. 某递归算法求解时间复杂度的递推式如下,求问题规模为 n 时的时间复杂度。

$T(n)=1$ 当 $n=0$ 时
$T(n)=T(n-1)+n+3$ 当 $n>0$ 时

6. 有如下递归函数 fact(n),求问题规模为 n 时的时间复杂度和空间复杂度。

```
int fact(int n) {
    if (n<=1)
        return 1;
    else
```

```
        return n * fact(n-1);
}
```

6.1.2 问答题参考答案

1. 答：递归算法的优点是结构清晰、可读性好,而且容易用数学归纳法来证明算法的正确性,因此它为设计算法、调试程序带来很大的方便。

递归算法的缺点是算法的运行性能较低,特别是因需要使用系统栈比相应的非递归算法耗费更多的存储空间。

2. 答：递归模型如下。

$\gcd(a,b)=b$ 当 $a>b$ 且 $a\%b=0$ 时
$\gcd(a,b)=\gcd(b,a\%b)$ 当 $a>b$ 且 $a\%b\ne 0$ 时
$\gcd(a,b)=\gcd(a,b\%a)$ 当 $a\le b$ 且 $b\%a\ne 0$ 时

3. 答：两个非负整数 a 和 b 相加的递归定义如下。

$\text{add}(a,b)=a$ 当 $b=0$ 时
$\text{add}(a,b)=\text{add}(++a,--b)$ 当 $b>0$ 时

4. 答：执行结果如下。

```
b:5
b:4
b:3
b:2
a:1
c:2
c:3
c:4
c:5
```

5. 答：

$$\begin{aligned}
T(n) &= T(n-1)+(n+3) \\
&= T(n-2)+(n+2)+(n+3) \\
&= T(n-3)+(n+1)+(n+2)+(n+3) \\
&= \cdots \\
&= T(0)+4+5+\cdots+(n+1)+(n+2)+(n+3) \\
&= 1+4+5+\cdots+(n+1)+(n+2)+(n+3) \\
&= n(n+7)/2+1 \\
&= O(n^2)
\end{aligned}$$

6. 解：设 fact(n) 的执行时间为 $T(n)$,则 fact($n-1$) 的执行时间为 $T(n-1)$。其递推式如下：

$T(n)=1$ 当 $n\le 1$ 时
$T(n)=T(n-1)+1$ 当 $n>1$ 时

则：

$$T(n) = T(n-1)+1$$
$$= T(n-2)+1+1 = T(n-2)+2$$
$$= \cdots$$
$$= T(1)+n-1$$
$$= n = O(n)$$

所以问题规模为 n 时的时间复杂度是 $O(n)$。

设 fact(n) 的临时空间为 $S(n)$,则 fact($n-1$) 的临时空间为 $S(n-1)$,其递推式如下:

$S(n)=1$ 当 $n \leqslant 1$ 时

$S(n)=S(n-1)+1$ 当 $n>1$ 时

同样求出 $S(n)=n=O(n)$,所以问题规模为 n 时的空间复杂度是 $O(n)$。

6.2 算法设计题及其参考答案

6.2.1 算法设计题

1. 假设一个字符串 s 采用 string 对象表示,设计一个递归算法逆置所有字符。

2. 假设一个字符串 s 采用 string 对象表示,设计一个递归算法在 s 中查找字符 c 的最后一个位置,找到后返回其位置,没有找到返回 -1。

3. 假设一个字符串采用链串表示,设计一个递归算法求 t 在 s 中重叠出现的次数。例如,$s=$"aababad",$t=$"aba",则 t 在 s 中重叠出现的次数为 2。

4. 假设一个字符串采用链串表示,设计一个递归算法求 t 在 s 中不重叠出现的次数。例如,$s=$"aababad",$t=$"aba",则 t 在 s 中不重叠出现的次数为 1。

5. 对于含 n 个整数的数组 $a[0..n-1]$,可以这样求最大元素值:

① 若 $n=1$,则返回 $a[0]$。

② 否则,取中间位置 mid,求出前半部分中的最大元素值 max1,求出后半部分中的最大元素值 max2,返回 max(max1,max2)。

给出实现上述过程的递归算法。

6. 设有一个不带表头结点的整数单链表 p,设计一个递归算法 getno(p,x) 查找第一个值为 x 的结点的序号(假设首结点的序号为 0),没有找到时返回 -1。

7. 设有一个不带表头结点的非空整数单链表 p,所有结点值不相同,设计两个递归算法,maxnode(p) 返回单链表 p 中的最大结点值,minnode(p) 返回单链表 p 中的最小结点值。

8. 设有一个不带表头结点的整数单链表 p,设计一个递归算法 delx(p,x) 删除单链表 p 中第一个值为 x 的结点。

9. 设有一个不带表头结点的整数单链表 p,设计一个递归算法 delxall(p,x) 删除单链表 p 中所有值为 x 的结点。

6.2.2 算法设计题参考答案

1. **解**:假设串 $s=$"$a_0 a_1 \cdots a_{n-1}$",设 $f(s)$ 返回 s 的逆置串(逆置串为"$a_{n-1} a_{n-2} \cdots$

a_0"),其递归模型如下。

$$f(s) = s \qquad \text{如果 } s \text{ 为空串或者只含一个字符}$$
$$f(s) = f("a_1 \cdots a_{n-1}") \text{ 与 } "a_0" \text{ 连接结果串} \qquad \text{其他情况}$$

对应的递归算法如下：

```
string Reverse(string s) {
    int n=s.length();
    if (n==0 || n==1)
        return s;
    else {
        string s1=s.substr(1);
        return Reverse(s1)+s[0];
    }
}
```

2. **解**：设计 rfind1(s,i,c)在 $s[0..i]$ 串中查找字符 c 的最后一个位置。若 $i<0$ 返回 -1，若 $s[i]=c$ 返回 i，否则返回 rfind($s,i-1,c$)。对应的递归算法如下：

```
int rfind1(string s,int i,char c) {
    if (i<0)
        return -1;
    else if (s[i]==c)
        return i;
    else
        return rfind1(s,i-1,c);
}
int rfind(string s,char c) {              //在 s 中查找 c 出现的最后位置
    return rfind1(s,s.length()-1,c);
}
```

3. **解**：采用 BF 算法的思路，实现 p、q 分别指向 s 和 t 串的首字符，若 p 开始的字符序列和 q 串相同，则在 s 中找到了 t 的一次出现，p 移向下一个字符继续匹配。其中 Same(p, q)的功能是判断 q 是否为 p 的前缀，若是则找到了子串的一次出现。对应的递归算法如下：

```
#include"LinkString.cpp"                  //引用第 4 章的链串类
bool Same(LinkNode *p,LinkNode *q) {      //判断 q 是否为 p 的前缀
    while (p!=NULL and q!=NULL) {
        if (p->data!=q->data)
            return false;
        p=p->next;
        q=q->next;
    }
    if (q==NULL) return true;             //q 字符串是了字符串
    else return false;
}
int Count1(LinkNode *p,LinkNode *q) {
    if (p==NULL) return 0;
    if (Same(p,q))
        return 1+Count1(p->next,q);
    else
```

```
            return Count1(p->next,q);
    }
    int Count(LinkString s,LinkString t) {         //求 t 在 s 中重叠出现的次数
        return Count1(s.head->next,t.head->next);
    }
```

4. 解：采用 BF 算法的思路,实现 p、q 分别指向 s 和 t 串的首字符,若 p 开始的字符序列和 q 串相同,则在 s 中找到了 t 的一次出现, p 移向该次出现的下一个字符继续匹配。其中 Same(p,q)的功能是判断 q 是否为 p 的前缀,若是则找到了子串的一次出现, p 自动移向该次出现的下一个字符,若不是, p 移向与 q 不同的首字符。对应的递归算法如下:

```
#include"LinkString.cpp"                           //引用第 4 章的链串类
bool Same(LinkNode * &p,LinkNode * q) {            //注意参数 p 是引用类型
    if (p!=NULL and q!=NULL && p->data!=q->data) {
        p=p->next;                                 //首字符不同,p 移向下一个字符
        return false;
    }
    while (p!=NULL and q!=NULL && p->data==q->data) {
        p=p->next;                                 //跳过依次相同的字符
        q=q->next;
    }
    if (q==NULL) return true;
    else return false;
}
int Count1(LinkNode * p,LinkNode * q) {
    if (p==NULL) return 0;
    if (Same(p,q))
        return 1+Count1(p,q);
    else
        return Count1(p,q);
}
int Count(LinkString s,LinkString t) {
    return Count1(s.head->next,t.head->next);
}
```

5. 解：对应的递归算法如下。

```
int maxfun(int a[],int low,int high) {             //求 a 中的最大元素值
    if (low==high)                                 //含一个元素
        return a[low];
    else {                                         //含两个或以上元素
        int mid=(low+high)/2;
        int max1=maxfun(a,low,mid);
        int max2=maxfun(a,mid+1,high);
        return max(max1,max2);
    }
}
```

求 $a[0..n-1]$ 中最大元素值的调用语句是 maxfun(a,0,$n-1$)。

6. 解：设计 getno1(p,x,no) 算法,其中形参 no 表示 p 结点的序号,初始时 p 为首结点,no 为 0。

① $p=$NULL,返回-1。
② $p->$data$=x$,返回 no。
③ 其他情况返回小问题 getno1($p->$next,x,no$+1$)的结果。

对应的递归算法如下:

```
int getno1(LinkNode<int> *p,int x,int no){      //被 getno()调用
    if (p==NULL)
        return -1;
    if (p->data==x)                             //找到第一个值为 x 的结点
        return no;                              //返回 no
    else                                        //p 不是值为 x 的结点
        return getno1(p->next,x,no+1);          //在子单链表中查找
}
int getno(LinkNode<int> *p,int x){              //求解算法
    return getno1(p,x,0);
}
```

7. 解: 当单链表 p 只有一个结点时,返回该结点,否则先递归求出 $p->$next 子单链表的最大值 m(或者最小值 m),再返回 $p->$data 和 m 中的最大值(或者最小值)。对应的递归算法如下:

```
int maxnode(LinkNode<int> *p){                  //求单链表 p 中的最大结点值
    if (p->next==NULL)                          //只有一个结点时
        return p->data;
    else {
        int m=maxnode(p->next);
        return max(p->data,m);
    }
}
int minnode(LinkNode<int> *p){                  //求单链表 p 中的最小结点值
    if (p->next==NULL)                          //只有一个结点时
        return p->data;
    else {
        int m=maxnode(p->next);
        return min(p->data,m);
    }
}
```

8. 解: 设 $f(p,x)$ 的功能是在单链表 p 中删除第一个值为 x 的结点,并且返回结果单链表的首结点。对应的递归模型如下:

$f(p,x)=$NULL   当 $p=$NULL 时
$f(p,x)=p->$next   当 $p->$data$=x$ 时
$f(p,x)=p(q=f(p->$next,x),$p->$next$=q$)   其他情况

对应的递归算法如下:

```
#include"LinkList.cpp"                          //引用第2章的单链表类
LinkNode<int> *delx(LinkNode<int> *p,int x){    //在单链表 p 中删除第一个值为 x 的结点
    if (p==NULL)
        return NULL;
```

```
        if (p->data==x)                              //找到第一个值为 x 的结点
            return p->next;                          //返回删除后的单链表
        else {                                       //p 不是值为 x 的结点
            LinkNode<int> *q=delx(p->next,x);        //在子单链表中删除
            p->next=q;                               //连接起来
            return p;                                //返回 p
        }
    }
```

9. 解：设 $f(p,x)$ 的功能是在单链表 p 中删除所有值为 x 的结点，并且返回结果单链表的首结点。对应的递归模型如下：

$f(p,x)=$ NULL   当 $p=$ NULL 时

$f(p,x)=q(q=f(p->\text{next},x))$ 当 $p->\text{data}=x$ 时

$f(p,x)=p(q=f(p->\text{next},x), p->\text{next}=q)$ 其他情况

对应的递归算法如下：

```
#include "LinkList.cpp"                              //引用第 2 章的单链表类
LinkNode<int> *delallx(LinkNode<int> *p, int x) {    //在单链表 p 中删除所有值为 x 的结点
    if (p==NULL)
        return NULL;
    if (p->data==x) {                                //找到第一个值为 x 的结点
        LinkNode<int> *q=delallx(p->next,x);         //在子单链表中删除
        return p->next;                              //返回删除后的单链表
    }
    else {                                           //p 不是值为 x 的结点
        LinkNode<int> *q=delallx(p->next,x);         //在子单链表中删除
        p->next=q;                                   //连接起来
        return p;                                    //返回 p
    }
}
```

6.3 基础实验题及其参考答案

6.3.1 基础实验题

1. 在求 $n!$ 的递归算法中增加若干输出语句，以显示求 $n!$ 时的分解和求值过程，并输出求 $5!$ 的过程。

2. 求斐波那契(Fibonacci)数列的第 n 项时存在重复的计算，设计对应的非递归算法，采用递归和非递归算法输出数列的前 10 项。

6.3.2 基础实验题参考答案

1. 解：对应的实验程序 Exp1-1.cpp 如下。

```
#include <iostream>
using namespace std;
```

```
int fun(int n){                              //求n!
    if (n==1){
        printf("  递归出口:fun(1)=1\n");
        return 1;
    }
    else {
        printf("  分解:fun(%d)=fun(%d) * %d\n",n,n-1,n);
        int m=fun(n-1) * n;
        printf("  求值:fun(%d)=fun(%d) * %d=%d\n",n,n-1,n,m);
        return m;
    }
}
int main(){
    printf("\n");
    int f=fun(5);
    printf("  最后结果:fun(5)=%d\n",f);
    return 0;
}
```

上述程序的执行结果如图6.1所示。

2. 解:对应的实验程序 Exp1-2.cpp 如下。

```
#include <iostream>
using namespace std;
int Fib1(int n){                             //求Fibonacci数列第n项的递归算法
    if (n==1 || n==2)
        return 1;
    else
        return Fib1(n-1)+Fib1(n-2);
}
int Fib2(int n){                             //求Fibonacci数列第n项的非递归算法
    if (n==1 || n==2)
        return 1;
    int a=1,b=1,c;
    for (int i=3;i<=n;i++){
        c=a+b;
        a=b;b=c;
    }
    return c;
}

int main(){
    printf("\n");
    for (int n=1;n<=10;n++){
        printf("  Fib1(%d)=%d\t",n,Fib1(n));
        printf("  Fib2(%d)=%d\n",n,Fib2(n));
    }
    return 0;
}
```

上述程序的执行结果如图6.2所示。

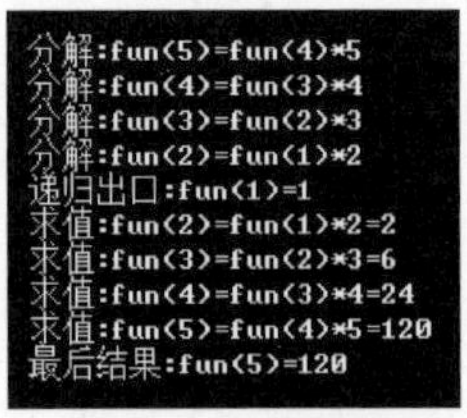

图 6.1　第 6 章基础实验题 1 的执行结果 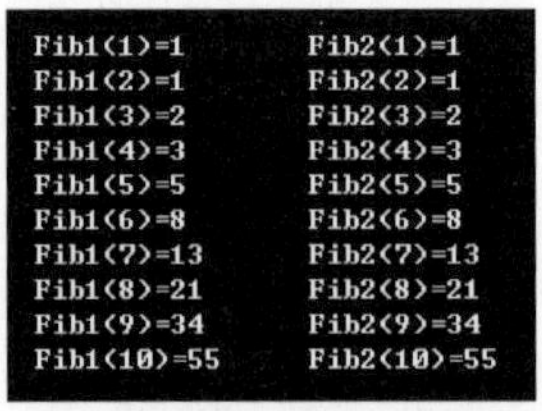　　　图 6.2　第 6 章基础实验题 2 的执行结果

6.4　应用实验题及其参考答案

6.4.1　应用实验题

1. 求楼梯走法数问题。一个楼梯有 n 个台阶,上楼可以一步上一个台阶,也可以一步上两个台阶。编写一个实验程序求上楼梯共有多少种不同的走法,求 $n=47$ 时各种解法的执行时间。

2. 假设字符串采用 string 对象存储,string 提供了 find(string & s,size_t p=0)成员函数,用于在当前字符串中从 p 位置开始查找字符串 s 的第一个位置,找到后返回其位置,没有找到则返回 −1。编写一个实验程序利用该函数设计递归算法求字符串 s 中子串 t 出现的所有位置,包括重叠出现的情况。例如 $s=$"aababad",$t=$"aba",结果为 1,3。

3. 利用应用实验题 2 的条件,编写一个实验程序用该函数设计递归算法求字符串 s 中子串 t 出现的所有位置,不包括重叠出现的情况。例如 $s=$"aababad",$t=$"aba",结果为 1。

4. 编写一个实验程序,输入一个正整数 $n(n>5)$,随机产生 n 个 0~99 的整数,采用递归算法求其中的最大整数和次大整数。

5. 编写一个实验程序求 x^n(x 为 double 类型数,n 为大于 1 的正整数),至少采用两种递归算法,并分析算法的时间复杂度。

6.4.2　应用实验题参考答案

1. 解：设 $f(n)$ 表示上 n 个台阶的楼梯的走法数,显然,$f(1)=1$,$f(2)=2$(一种走法是一步上一个台阶,走两步,另外一种走法是一步上两个台阶)。

对于大于 2 的 n 个台阶的楼梯,一种走法是第一步上一个台阶,剩余 $n-1$ 个台阶的走法数是 $f(n-1)$;另外一种走法是第一步上两个台阶,剩余 $n-2$ 个台阶的走法数是 $f(n-2)$。所以有 $f(n)=f(n-1)+f(n-2)$。

对应的递归模型如下：

$f(1)=1$

$f(2)=2$

$f(n)=f(n-1)+f(n-2)$　　　　　　　　　　　当 $n>2$ 时

采用 4 种解法的实验程序 Exp2-1.cpp 如下：

```cpp
#include <iostream>
#include <ctime>
using namespace std;
#define MAXN 100
typedef long long LL;
LL dp[MAXN];
    LL solve1(int n) {                                  //解法1
        if (n==1) return 1;
        if (n==2) return 2;
        return solve1(n-1)+solve1(n-2);
    }
    LL solve2(int n) {                                  //解法2
        if (dp[n]!=0)
            return dp[n];
        if (n==1) {
            dp[1]=1;
            return dp[1];
        }
        if (n==2) {
            dp[2]=2;
            return dp[2];
        }
        dp[n]=solve2(n-1)+solve2(n-2);
        return dp[n];
    }
    LL solve3(int n) {                                  //解法3
        dp[1]=1;
        dp[2]=2;
        for (int i=3;i<=n;i++)
            dp[i]=dp[i-1]+dp[i-2];
        return dp[n];
    }
    LL solve4(int n) {                                  //解法4
        LL a=1;                                         //对应f(n-2)
        LL b=2;                                         //对应f(n-1)
        LL c=0;                                         //对应f(n)
        if (n==1 || n==2) return n;
        for (int i=3;i<=n;i++) {
            c=a+b;
            a=b;b=c;
        }
        return c;
    }
int main() {
    int n=47;
    clock_t t1,t2;
    printf("\n n=%d\n",n);
    t1=clock();                                         //获取开始时间
    printf(" 解法1: Fib(%d)=%lld\t",n,solve1(n));
    t2=clock();                                         //获取结束时间
    printf(" 运行时间: %ds\n",(t2-t1)/CLOCKS_PER_SEC);
    t1=clock();                                         //获取开始时间
    printf(" 解法2: Fib(%d)=%lld\t",n,solve2(n));
```

```
        t2=clock();                                    //获取结束时间
        printf("  运行时间：%ds\n",(t2-t1)/CLOCKS_PER_SEC);
        t1=clock();                                    //获取开始时间
        printf("  解法3：Fib(%d)=%lld\t",n,solve3(n));
        t2=clock();                                    //获取结束时间
        printf("  运行时间：%ds\n",(t2-t1)/CLOCKS_PER_SEC);
        t1=clock();                                    //获取开始时间
        printf("  解法4：Fib(%d)=%lld\t",n,solve4(n));
        t2=clock();                                    //获取结束时间
        printf("  运行时间：%ds\n",(t2-t1)/CLOCKS_PER_SEC);
        return 0;
    }
```

上述程序的执行结果如图 6.3 所示。

```
n=47
解法1：Fib(47)=4807526976        运行时间：14s
解法2：Fib(47)=4807526976        运行时间：0s
解法3：Fib(47)=4807526976        运行时间：0s
解法4：Fib(47)=4807526976        运行时间：0s
```

图 6.3　第 6 章应用实验题 1 的执行结果

2. 解：用 vector<int>容器 ans 存放串 s 中子串 t 出现的所有位置。p 从 0 开始求出 p1=s.find(t,p)，若 p1=-1 表示未找到 t，结束，否则表示找到 t，将 p1 添加到 ans，并继续从 p1+1 位置查找（包含了重叠子串的查找）。对应的实验程序 Exp2-2.cpp 如下：

```cpp
#include <iostream>
#include <vector>
#include <string>
using namespace std;
void findall1(string &s,string &t,vector<int> &ans,int p) {
    int p1=s.find(t,p);
    if (p1!=-1) {                                      //找到 t
        ans.push_back(p1);
        findall1(s,t,ans,p1+1);                        //继续查找
    }
}
void findall(string &s,string &t,vector<int> &ans) {   //查找 s 中 t(重叠)出现的所有位置
    findall1(s,t,ans,0);
}
int main() {
    vector<int> ans;
    string s="aabcdabcabcd";
    string t="abc";
    cout << "\n  s: " << s << endl;
    cout << "  t: " << t << endl;
    cout << "  s 中 t 出现的位置：";
    findall(s,t,ans);
    for (int i=0;i<ans.size();i++)
        cout << ans[i] << " ";
    cout << endl;
    ans.clear();
    s="aababad";
```

```
        t="aba";
        cout << "\n   s: " << s << endl;
        cout << "   t: " << t << endl;
        cout << "   s中t出现的位置: ";
        findall(s,t,ans);
        for (int i=0;i<ans.size();i++)
            cout << ans[i] << " ";
        cout << endl;

        return 0;
    }
```

上述程序的执行结果如图 6.4 所示。

图 6.4　第 6 章应用实验题 2 的执行结果

3. 解：用 vector<int>容器 ans 存放串 s 中子串 t 出现的所有位置。p 从 0 开始求出 p1=s.find(t,p)，若 p1=−1 表示未找到 t，结束，否则表示找到 t，将 p1 添加到 ans，并继续从 p1+t.length()位置查找(跳过了重叠子串，以便不包括重叠出现的情况)。对应的实验程序 Exp2-3.cpp 如下：

```
#include <iostream>
#include <vector>
#include <string>
using namespace std;
void findall1(string &s,string &t,vector<int> &ans,int p) {
    int p1=s.find(t,p);
    if (p1!=-1) {                                              //找到t
        ans.push_back(p1);
        findall1(s,t,ans,p1+t.length());                       //继续查找
    }
}
void findall(string &s,string &t,vector<int> &ans) {           //查找s中t(不重叠)出现的所有位置
    findall1(s,t,ans,0);
}
int main() {
    vector<int> ans;
    string s="aabcdabcabcd";
    string t="abc";
    cout << "\n   s: " << s << endl;
    cout << "   t: " << t << endl;
    cout << "   s中t出现的位置: ";
    findall(s,t,ans);
    for (int i=0;i<ans.size();i++)
        cout << ans[i] << " ";
    cout << endl;
    ans.clear();
    s="aababad";
    t="aba";
    cout << "\n   s: " << s << endl;
    cout << "   t: " << t << endl;
    cout << "   s中t出现的位置: ";
    findall(s,t,ans);
```

```
        for (int i=0;i<ans.size();i++)
            cout << ans[i] << " ";
        cout << endl;
        return 0;
}
```

上述程序的执行结果如图6.5所示。

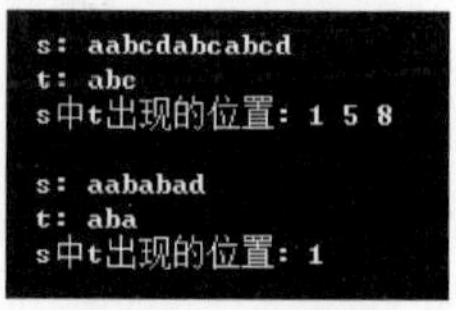

```
s: aabcdabcabcd
t: abc
s中t出现的位置：1 5 8

s: aababad
t: aba
s中t出现的位置：1
```

图6.5　第6章应用实验题3的执行结果

4. 解：设递归函数 $f(a,\text{low},\text{high})$ 返回 $[\text{max1},\text{max2}]$，其中 max1 为最大整数，max2 为次大整数。对应的递归模型如下：

$f(a,\text{low},\text{high})=[a[\text{low}],a[\text{low}]]$　　　　　当 $a[\text{low}..\text{high}]$ 仅含一个整数时

$f(a,\text{low},\text{high})=[\text{max1},\text{max2}]$　　　　　当 $a[\text{low}..\text{high}]$ 仅含两个整数时
　　　　　$\text{max1}=\max(a[\text{low}],a[\text{high}])$
　　　　　$\text{max2}=\min(a[\text{low}],a[\text{high}])$

$f(a,\text{low},\text{high})=[\text{max1},\text{max2}]$　　　　　其他情况
　　　　　$\text{mid}=(\text{low}+\text{high})/2$
　　　　　$\text{lres}=f(a,\text{low},\text{mid})$
　　　　　$\text{rres}=f(a,\text{mid}+1,\text{high})$
　　　　　max1 为 lres 中的最大整数，max2 为 lres 和 rres 中的次大整数

对应的实验程序文件 Exp2-4.cpp 如下：

```cpp
#include <iostream>
#include <ctime>
#include <cstdlib>
#include <vector>
using namespace std;
void Max2(int a[], int low, int high, int &max1, int &max2) {  //求解递归算法
    if (low==high)
        max1=max2=a[low];
    else if (low+1==high) {
        max1=max(a[low],a[high]);
        max2=min(a[low],a[high]);
    }
    else {
        int mid=(low+high)/2;
        int lmax1,lmax2,rmax1,rmax2;
        Max2(a,low,mid,lmax1,lmax2);
        Max2(a,mid+1,high,rmax1,rmax2);
        if (lmax1>rmax1) {
            max1=lmax1;
            max2=max(lmax2,rmax1);
        }
```

```
            else {
                max1=rmax1;
                max2=max(rmax2,lmax1);
            }
        }
    }
}
void solve() {                            //求解函数
    printf("\n");
    int n;
    printf("  n: ");
    scanf("%d",&n);
    int * a=new int[n];
    for (int i=0;i<n;i++)                 //产生n个0~99的整数,存放在数组a中
        a[i]=rand() % 100;
    printf("  a:");
    for (int i=0;i<n;i++)
        printf(" %d",a[i]);
    printf("\n");
    int max1,max2;
    Max2(a,0,n-1,max1,max2);
    printf("  最大整数: %d,次大整数: %d\n",max1,max2);
}
int main() {
    srand((int)time(NULL));               //产生随机种子
    solve();
    return 0;
}
```

上述程序的执行结果如图 6.6 所示。

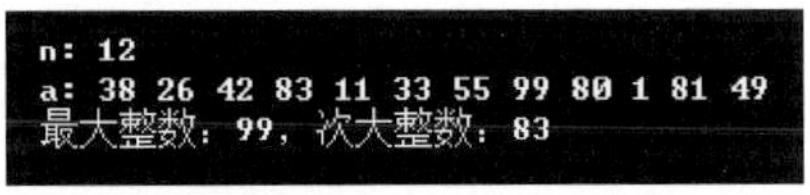

```
n: 12
a: 38 26 42 83 11 33 55 99 80 1 81 49
最大整数: 99, 次大整数: 83
```

图 6.6　第 6 章应用实验题 4 的执行结果

5. **解**：设 $f(x,n)=x^n$，递归模型 1 如下。

$f(x,n)=x$ 　　　　　　　　　　　　　　　当 $n=1$ 时
$f(x,n)=n\times f(x,n-1)$ 　　　　　　　　当 $n>1$ 时

上述递归模型求 x^n 的时间复杂度为 $O(n)$。递归模型 2 如下：

$f(x,n)=x$ 　　　　　　　　　　　　　　　当 $n=1$ 时
$f(x,n)=f(x,n/2)\times f(x,n/2)$ 　　　　　当 n 为大于 1 的偶数时
$f(x,n)=x\times f(x,(n-1)/2)\times f(x,(n-1)/2)$ 　　当 n 为大于 1 的奇数时

上述递归模型求 x^n 的时间复杂度为 $O(\log_2 n)$。对应的实验程序 Exp2-5.cpp 如下：

```
#include<iostream>
using namespace std;
double fx1(double x, int n) {             //递归算法1
    if (n==1) return x;
    else return x * fx1(x,n-1);
}
double fx2(double x, int n) {             //递归算法2
```

```
        if (n==1) return x;
        else {
            if (n%2==0) {                          //当n为大于1的偶数时
                double f=fx2(x,n/2);
                return f * f;
            }
            else {                                 //当n为大于1的奇数时
                double f=fx2(x,(n-1)/2);
                return x * f * f;
            }
        }
    }
    int main() {
        double x=2.0;
        printf("\n    测试\n");
        for (int n=5;n<=10;n++) {
            printf("    解法1: %g^%d=%g\t",x,n,fx1(x,n));
            printf("    解法2: %g^%d=%g\n",x,n,fx2(x,n));
        }
        return 0;
    }
```

上述程序的执行结果如图 6.7 所示。

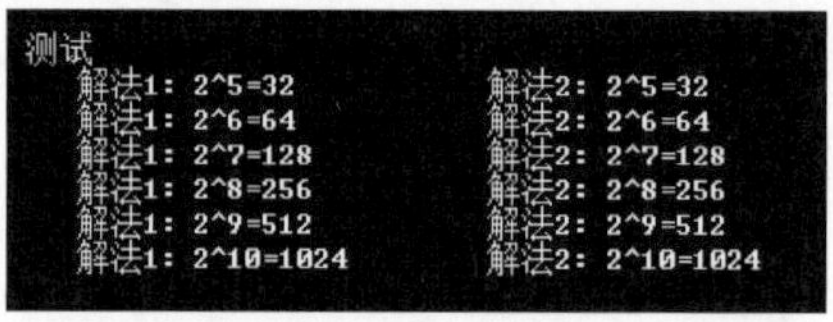

```
测试
解法1: 2^5=32          解法2: 2^5=32
解法1: 2^6=64          解法2: 2^6=64
解法1: 2^7=128         解法2: 2^7=128
解法1: 2^8=256         解法2: 2^8=256
解法1: 2^9=512         解法2: 2^9=512
解法1: 2^10=1024       解法2: 2^10=1024
```

图 6.7 第 6 章应用实验题 5 的执行结果

第7章 树和二叉树

7.1 问答题及其参考答案

7.1.1 问答题

1. 若一棵度为 4 的树中度为 1、2、3、4 的结点个数分别为 4、3、2、2,则该树的总结点个数是多少?

2. 对于度为 m 的树 T,在已知 $n_2,\cdots,n_m$ 时,给出求 n_0 的过程。

3. 一棵高度为 h、度为 m 的树,在什么情况下结点个数最少?

4. 一棵非空满 k 次树,其叶子结点个数为 m,则其分支结点个数为多少?

5. 已知一棵完全二叉树的第 6 层(设根结点为第 1 层)有 8 个叶子结点,则该完全二叉树的结点个数最多是多少?最少是多少?

6. 已知二叉树有 50 个叶子结点,则该二叉树的总结点数最少是多少?

7. 已知一棵完全二叉树有 100 个叶子结点,则该二叉树的高度最少是多少?

8. 一棵高度为 h 的二叉树,所有结点的度为 0 或者为 2,则最少有多少个结点?最多有多少个结点?

9. 简要说明为什么在非空二叉树的先序序列、中序序列和后序序列中叶子结点出现的相对顺序是相同的。

10. 指出满足以下各条件的非空二叉树的形态:
(1) 先序序列和中序序列正好相同。
(2) 中序序列和后序序列正好相同。

11. 已知二叉树的先序序列为 CBHEGAF、中序序列为 HBGEACF,试构造该二叉树。

12. 对于以 b 为根结点的一棵二叉树,指出其中序遍历序列的开始结点和尾结点。

13. 给出求一棵非空二叉树中结点 p 的中序后继结点的过程。

14. 若 x 是二叉中序线索树中一个有左孩子的结点,且 x 不为根,则 x 的前驱结点是以下哪一个?
(1) x 的双亲。
(2) x 的右子树的最左下结点。

(3) x 的左子树的最右下结点。

(4) x 的左子树的最右下叶子结点。

15. 假设一棵二叉树采用二叉链存储结构 bt 存储,有人设计了以下算法采用先序遍历思路输出根结点到结点 x 的所有祖先:

```
void Anor1(BTNode *b,char x,vector<char> &res) {    //被 Anor 调用
    if (b==NULL) return;                             //空树返回
    res.push_back(b->data);                          //访问结点 b→将结点值添加到 res 中
    if (b->data==x) {
        res.pop_back();                              //删除 x 结点
        for (int i=0;i<res.size();i++)
            cout << " " << res[i];
        cout << endl;
        return;                                      //输出后返回
    }
    Anor1(b->lchild, x, res);                        //在左子树中查找
    Anor1(b->rchild, x, res);                        //在右子树中查找
}
void Anor(BTree &bt, char x) {                       //输出结点 x 的祖先
    vector<char> res;
    Anor1(bt.r, x, res);
}
```

该算法是不正确的,请指出错误的原因并予以改正。

16. 某二叉树采用的顺序存储结构如图 7.1 所示,画出该二叉树和将其还原成的森林。

1	2	3	4	5	6	7	8	9	10	11	12	13	14	15	16	17	18	19	20
E	A	F	#	D	#	H	#	#	C	#	#	#	G	I	#	#	#	#	B

图 7.1 一棵二叉树的顺序存储结构

17. 已知一棵非空树(所有结点值不同)的先根序列和后根序列,能否唯一构造该树?如果能,请说明理由;如果不能,给出一个反例。

18. 给出在先序线索二叉树中查找结点 p 的后继结点的过程。

19. 以权值集合$\{2,5,7,9,13\}$构造一棵哈夫曼树,给出相应的哈夫曼编码,并计算其带权路径长度。

20. 若干个包含不同权值的字母已经对应好一组哈夫曼编码,如果某个字母对应的编码为001,则:

(1) 什么编码不可能对应其他字母?

(2) 什么编码肯定对应其他字母?

7.1.2 问答题参考答案

1. 答:结点总数 $n=n_0+n_1+n_2+n_3+n_4$,又由于除根结点外,每个结点都对应一个分支,所以总的分支数等于 $n-1$,所以有总分支数 $=n-1=0\times n_0+1\times n_1+2\times n_2+3\times n_3+4\times n_4$,推出 $n_0=n_2+2n_3+3n_4+1=3+2\times2+3\times2=14$,则 $n=n_0+n_1+n_2+n_3+n_4=14+4+3+2+2=25$,所以该树的总结点个数是 25。

2. 答:$n=n_0+n_1+\cdots+n_m$,度之和 $=$ 分支数 $=n-1$,又有度之和 $=n_1+2\times n_2+\cdots+$

$m\times n_m$,所以有 $n=n_1+2\times n_2+\cdots+m\times n_m+1=n_0+n_1+\cdots+n_m$,这样求出 $n_0=n_2+\cdots+(m-1)\times n_m+1=\sum_{i=2}^{m}(i-1)n_i$。

3. 答: 结点个数最少的情况是,某一层有 m 个结点,其他每层都只有一个结点,此时结点个数为 $m+(h-1)=m+h-1$。

4. 答: 设非空满 k 次树的高度为 h,叶子结点在第 h 层,其个数为 $n_0=m=k^{h-1}$,除叶子结点外,$1\sim h-1$ 层构成一个高度为 $h-1$ 的满 k 次树,其中所有结点均为分支结点,所以分支结点个数 $(k^{h-1}-1)/(k-1)=(m-1)/(k-1)$。

5. 答: 完全二叉树的叶子结点只能在最下面两层,对于本题而言,结点最多的情况是第 6 层为倒数第二层,即 $1\sim 6$ 层构成一棵满二叉树,其结点总数为 $2^6-1=63$。其中第 6 层有 $2^5=32$ 个结点,含 8 个叶子结点,则另外有 $32-8=24$ 个非叶子,它们中每个结点有两个孩子结点(均为第 7 层的叶子结点),计为 48 个叶子结点。这样最多的结点个数=$63+48=111$。

结点最少的情况是第 6 层为最下层,即 $1\sim 5$ 层构成一棵满二叉树,其结点总数为 $2^5-1=31$,再加上第 6 层的 8 个结点,总计 $31+8=39$。这样最少的结点个数为 39。

6. 答: 根据二叉树的性质 1 有 $n_0=n_2+1$,$n=n_0+n_1+n_2=2n_0+n_1-1$,当 $n_1=0$ 时 n 最小,最小的 $n=2n_0-1=99$。

7. 答: 完全二叉树的高度 $h=\lceil\log_2(n+1)\rceil$,从中看出 n 越小 h 也越小。根据二叉树的性质 1 有 $n_0=n_2+1$,$n=n_0+n_1+n_2=2n_0+n_1-1$,当 $n_1=0$ 时 n 最小,最小的 $n=2n_0-1=199$,此时最小的 $h=\lceil\log_2(n+1)\rceil=\lceil\log_2 200\rceil=8$。因此该二叉树的高度最少是 8。

8. 答: 这样的二叉树称为正则二叉树,最少结点个数的情况是除了第一层只有一个结点外,其他每层两个结点,此时结点总数为 $2h-1$,如图 7.2 所示为 $h=4$ 的正则二叉树。高度为 h 的正则二叉树结点个数最多时为满二叉树的情况,此时结点个数为 2^h-1。所以该二叉树的最少结点和最多结点个数分别是 $2h-1$ 和 2^h-1。

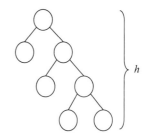

图 7.2 $h=4$ 的正则二叉树

9. 答: 如果二叉树为空或者只有一个结点(既是根结点也是叶子结点),显然先序序列、中序序列和后序序列相同。对于其他二叉树,根结点不是叶子结点,整个二叉树的叶子结点序列由左子树的叶子结点序列和右子树的叶子结点序列构成,而先序遍历、中序遍历和后序遍历都是先遍历左子树再遍历右子树,所以它们的序列中叶子结点出现的相对顺序是相同的。

10. 答: (1) 当先序序列 NLR 和中序序列 LNR 正好相同时,L 必须为空,即每个结点只有右孩子结点而没有左孩子结点。

(2) 当中序序列 LNR 和后序序列 LRN 正好相同时,则 R 必须均为空,即每个结点只有左、右孩子结点而没有右孩子结点。

11. 答: 构造的一棵二叉树如图 7.3 所示。

12. 答: 中序遍历序列的开始结点是根结点 b 的最左下结点。中序遍历序列的尾结点是根结点 b 的最右下结点。

13. 答:求二叉树中结点 p 的中序后继结点的过程如下。

(1) 若结点 p 有右孩子结点 q,则结点 p 的中序后继结点就是结点 q 的最左下结点,如果结点 q 没有左子树,则结点 p 的中序后继结点就是结点 q。

(2) 若结点 p 没有右子树,分为两种情况:

① 若结点 p 没有双亲结点,则结点 p 没有后继结点。

② 若结点 p 有双亲结点 f,如果结点 p 是结点 f 的左孩子,则结点 p 的中序后继结点就是结点 f,如图 7.4(a)所示;如果结点 p 是结点 f 的右孩子,则从结点 p 向上找到第一个右拐的祖先结点就是结点 p 的中序后继结点,如图 7.4(b)所示。若没有这样的结点,说明结点 p 没有中序后继结点。

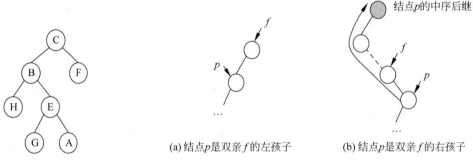

图 7.3 一棵二叉树   图 7.4 结点 p 没有右子树

14. 答:假设结点 x 的左孩子为 y,如图 7.5 所示,按中序遍历过程可知,先遍历 y 的子树,再访问结点 x,所以子树 y 的中序序列的尾结点就是结点 x 的前驱,而子树 y 的中序序列的尾结点是结点 y 的最右下结点 z(结点 z 不一定是叶子结点),答案为(3)。

15. 答:Anor1(b,x,res)算法中的 res 为引用类型,相当于全局变量,在递归调用时没有自动回退功能,这样找到结点 x 时输出的是查找结点 x 的轨迹而不是根到结点 x 双亲的路径,所以是不正确的。例如一棵树及其上述算法的执行结果如图 7.6 所示。

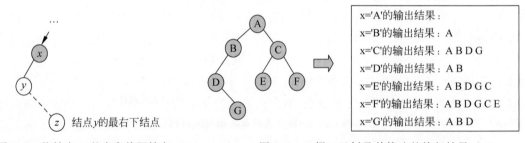

图 7.5 找结点 x 的中序前驱结点 z 图 7.6 一棵二叉树及其算法的执行结果

改正 1:将 Anor1()算法中的 res 参数改为非引用类型,这样在二叉树搜索中具有自动回退功能。对应的 Anor1()算法如下:

```
void Anor1(BTNode * b,char x,vector<char> res) {    //被 Anor 调用
    if (b==NULL) return;                             //空树返回
    res.push_back(b->data);                          //访问结点 b→将结点值添加到 res 中
    if (b->data==x) {
        res.pop_back();                              //删除 x 结点
```

```
          for (int i=0;i<res.size();i++)
              cout << " " << res[i];
          cout << endl;
          return;                                       //找到后返回
      }
      Anor1(b->lchild,x,res);                           //在左子树中查找
      Anor1(b->rchild,x,res);                           //在右子树中查找
  }
```

改正 2：Anor1()算法中的 res 参数仍然保持为引用类型，但在结点 b 的左、右子树遍历后增加回退功能的代码，用于将 res 之前添加的 b->data 删除。对应的 Anor1()算法如下：

```
  void Anor1(BTNode *b,char x,vector<char> &res){       //被 Anor 调用
      if (b==NULL) return;                              //空树返回
      res.push_back(b->data);                           //访问结点 b,即将结点值添加到 res 中
      if (b->data==x) {
          res.pop_back();                               //删除 x 结点
          for (int i=0;i<res.size();i++)
              cout << " " << res[i];
          cout << endl;
          return;                                       //找到后返回
      }
      Anor1(b->lchild,x,res);                           //在左子树中查找
      Anor1(b->rchild,x,res);                           //在右子树中查找
      res.pop_back();                                   //结点 b 的子树处理完增加回退(从 res 中删除 b->data)
  }
```

16. 答：该二叉树如图 7.7(a)所示，由此二叉树还原成的森林如图 7.7(b)所示。

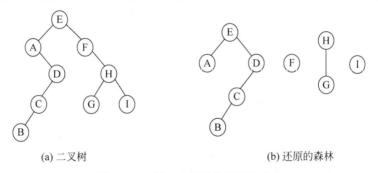

图 7.7 一棵二叉树及其还原的森林

17. 答：能。假设该树为 T，转换成的二叉树为 B，B 的先序序列与 T 的先根序列(假设为 pre)相同，B 的中序序列与 T 的后根序列(假设为 in)相同。可以以 pre 为先序序列、in 为中序序列唯一构造出二叉树 B，再唯一转换为 T，所以利用树的先根序列和后根序列能够唯一确定一棵树。

18. 答：在先序线索二叉树中有以下特点。

① 若 p->rtag=1，则 p->rchild 为结点 p 的后继结点。

② 若 p->rtag=0，如果结点 p 的左孩子不空，则左孩子为其后继结点；否则若结点 p 有右孩子，则右孩子为其后继结点。

19. 答：构造的哈夫曼树如图7.8所示，对应的哈夫曼编码：权值2为000，权值5为001，权值7为01，权值9为10，权值13为11，带权路径长度 WPL＝(2+5)×3+(7+9+13)×2＝79。

20. 答：(1) 由哈夫曼树的性质可知，以0、00和001开头的编码不可能对应其他字母。

(2) 该哈夫曼树的高度至少是3，其最少叶子结点的情况如图7.9所示，所以以000、01和1开头的编码肯定对应其他字母。

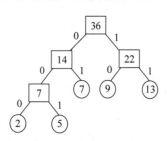

图7.8　一棵哈夫曼树(1)

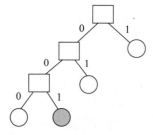

图7.9　一棵哈夫曼树(2)

7.2　算法设计题及其参考答案

7.2.1　算法设计题

1. 假设二叉树中的每个结点值为单个字符，采用二叉链存储结构存储。设计一个算法计算一棵给定二叉树 bt 中的所有单分支结点个数。

2. 假设二叉树中的每个结点值为单个字符，采用二叉链存储结构存储。二叉树 bt 的后序遍历序列为 $a_1,a_2,\cdots,a_n$，设计一个算法以 $a_n,a_{n-1},\cdots,a_1$ 的次序输出各结点值。

3. 假设二叉树中的每个结点值为单个字符，采用二叉链存储结构存储。设计一个算法按从右到左的次序输出一棵二叉树 bt 中的所有叶子结点。

4. 假设二叉树中的每个结点值为单个字符，采用二叉链存储结构存储。设计一个算法判断两棵二叉树 bt1 和 bt2 是否相似。

5. 假设二叉树采用二叉链存储结构，设计一个算法判断一棵二叉树 bt 是否对称。所谓对称，是指其左、右子树的结构是对称的。

6. 假设二叉树采用二叉链存储结构存储，设计一个算法将二叉树 bt1 复制到二叉树 bt2。

7. 假设二叉树中的每个结点值为单个字符，采用二叉链存储结构存储，每个结点有一个双亲指针 parent，初始为空。设计一个算法，将这样的二叉树 bt 中所有结点的 parent 指针都设置为正确的双亲。

8. 假设二叉树中的每个结点值为单个字符，采用二叉链存储结构存储。设计一个算法求二叉树 bt 的最小枝长。所谓最小枝长，是指根结点到最近叶子结点的路径长度。

9. 假设二叉树中的每个结点值为单个字符且结点值不同，采用二叉链存储结构存储。一个结点 x 在二叉树中有绝对层次和相对层次之分，例如如图7.10所示的二叉树，结点 E 在结点 E 的子树中的层次是 1,在结点 B 的子树中的层次是 2,这称为相对层次,而相对根结点的层次就是绝对层次,结点 E 相对根结点 A 的层次 3,所以说它的绝对层次是 3。设计一个算法利用任何结点在其子树中的相对层次为 1 来求其绝对层次。

10. 假设二叉树中的每个结点值为单个字符,采用二叉链存储结构存储。假设二叉树 bt 中可能有多个值为 x 的结点,每个这样的结点对应一个层次。设计一个算法求其中的最小层次。

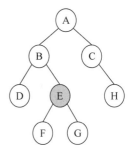

图 7.10 一棵二叉树

11. 假设二叉树中的每个结点值为单个字符,采用二叉链存储结构存储。设计一个算法,采用先序遍历方法输出二叉树 bt 中所有结点的层次。

12. 假设二叉树中的每个结点值为单个字符,采用二叉链存储结构存储。设计一个算法,采用先序遍历方法求二叉树 bt 的宽度。

13. 假设二叉树中的每个结点值为单个字符,采用二叉链存储结构存储。设计一个算法,采用层次遍历方法求二叉树 bt 的宽度。

14. 假设二叉树中的每个结点值为单个字符,采用二叉链存储结构存储。设计一个算法,采用先序遍历方法求二叉树 bt 中值为 x 的结点的子孙,假设值为 x 的结点是唯一的。

15. 假设含有 n 个结点的二叉树中每个结点值为单个字符且不相同。设计一个算法,采用二叉树的层次遍历序列 level[] 和中序序列 in[] 构造其二叉链存储结构。

16. 假设二叉树中的每个结点值为单个字符,采用二叉链存储结构存储。设计一个算法,判断一棵二叉树 bt 是否为完全二叉树。

7.2.2 算法设计题参考答案

1. 解:本题可以采用任何一种遍历方法,这里采用直接递归算法设计方法。求一棵二叉树的所有单分支结点个数的递归模型 $f(b)$ 如下:

$f(b)=0$ 若 b=NULL

$f(b)=f(b->lchild)+f(b->rchild)+1$ 若 b 为单分支

$f(b)=f(b->lchild)+f(b->rchild)$ 其他情况

对应的递归算法如下:

```
int SNodes1(BTNode * b) {
    int n;
    if (b==NULL)
        return 0;
    else if ((b->lchild==NULL && b->rchild!=NULL) ||
             (b->lchild!=NULL && b->rchild==NULL))
        n=1;                                        //为单分支结点
    else
        n=0;                                        //其他结点
    int num1=SNodes1(b->lchild);                    //递归求左子树的单分支结点数
    int num2=SNodes1(b->rchild);                    //递归求右子树的单分支结点数
    return num1+num2+n;
}
```

```
int SNodes(BTree &bt) {                                    //求解算法
    return SNodes1(bt.r);
}
```

2. 解：后序遍历过程是先遍历左子树和右子树,再访问根结点,这里改为先访问根结点,再遍历右子树和左子树。对应的算法如下:

```
void RePostOrder1(BTNode *b) {
    if (b!=NULL) {
        cout << b->data;
        RePostOrder1(b->rchild);
        RePostOrder1(b->lchild);
    }
}
void RePostOrder(BTree &bt) {                              //求解算法
    RePostOrder1(bt.r);
}
```

3. 解：3种递归遍历算法都是先遍历左子树,再遍历右子树,这里只需要改为仅输出叶子结点,并且将左、右子树的遍历次序倒过来即可。以先序遍历为基础修改的算法如下:

```
void RePreOrder1(BTNode *b) {
    if (b!=NULL) {
        if (b->lchild==NULL && b->rchild==NULL)
            cout << b->data;
        RePreOrder1(b->rchild);
        RePreOrder1(b->lchild);
    }
}
void RePreOrder(BTree &bt) {                               //求解算法
    RePreOrder1(bt.r);
}
```

4. 解：设两棵二叉树的根结点分别为 b1 和 b2,$f(b1,b2)$ 表示两者的相似性。对应的递归模型如下:

$f(b1,b2)=\text{true}$ 当 b1、b2 均为空时

$f(b1,b2)=\text{false}$ 当 b1、b2 中的一个为空,另一个不为空时

$f(b1,b2)=f(b1\text{->lchild},b2\text{->lchild})$ &&   其他情况
            $f(b1\text{->rchild},b2\text{->rchild})$

对应的递归算法如下:

```
bool Like1(BTNode *b1, BTNode *b2) {
    if (b1==NULL && b2==NULL)
        return true;
    else if (b1==NULL || b2==NULL)
        return false;
    else
        return Like1(b1->lchild, b2->lchild) && Like1(b1->rchild, b2->rchild);
}
bool Like(BTree &bt1, BTree &bt2) {                        //求解算法
```

```
    return Like1(bt1.r,bt2.r);
}
```

5. 解法 1：采用递归算法设计方法。设两棵二叉树的根结点分别为 b1 和 b2，$f(b1,b2)$ 表示两者的对称性，对应的递归模型如下：

$f(b1,b2)=$ true   当 b1、b2 均为空时

$f(b1,b2)=$ false   当 b1、b2 中的一个为空，另一个不为空时

$f(b1,b2)=$ false   当 b1->data≠b2->data 时

$f(b1,b2)=f(b1->lchild,b2->rchild)$ &&   其他情况
    $f(b1->rchild,b2->lchild)$

对应的递归算法如下：

```
bool isSymmetric11(BTNode * b1,BTNode * b2) {
    if (b1==NULL && b2==NULL)
        return true;
    else if (b1==NULL || b2==NULL)
        return false;
    else if (b1->data!=b2->data)
        return false;
    return isSymmetric11(b1->lchild,b2->rchild) && isSymmetric11(b1->rchild,b2->lchild);
}
bool isSymmetric1(BTree &bt) {                    //求解算法
    if (bt.r==NULL)
        return true;
    else
        return isSymmetric11(bt.r->lchild, bt.r->rchild);
}
```

解法 2：采用非递归先序遍历方法。定义一个栈 st，先将根结点 b 的左、右孩子结点进栈，栈不空时循环，出栈两个结点 p 和 q，若不满足对称性返回 false，否则将 (p->lchild, q->rchild) 和 (p->rchild, q->lchild) 进栈。如果栈空则返回 true。对应的非递归算法如下：

```
bool isSymmetric2(BTree &bt) {                    //求解算法
    BTNode * b=bt.r;
    if (b==NULL) return true;
    stack<BTNode *> st;
    st.push(b->lchild);                           //左、右孩子结点进栈
    st.push(b->rchild);
    while (!st.empty()) {                         //栈不空时循环
        BTNode * p=st.top(); st.pop();            //两个结点出栈
        BTNode * q=st.top(); st.pop();
        if (p==NULL && q==NULL)
            continue;
        else if (p==NULL || q==NULL)
            return false;
        else if (p->data!=q->data)
            return false;
        st.push(p->lchild);
        st.push(q->rchild);
```

```
            st.push(p->rchild);
            st.push(q->lchild);
        }
        return true;
    }
```

6. **解**：采用直接递归算法设计方法。设 $f(b1,b2)$ 是由二叉链 b1 复制产生 b2,这是"大问题"。$f(b1->lchild,b2->lchild)$ 和 $f(b1->rchild,b2->rchild)$ 分别复制左子树和右子树,它们是两个"小问题"。假设小问题可解,也就是说左、右子树都可以复制,则只需复制根结点。对应的递归模型如下：

$f(b1,b2) \equiv t2=NULL$ 当 b1=NULL 时

$f(b1,b2) \equiv$ 由 b1 根结点复制产生 b2 根结点；   当 b1≠NULL 时
$\qquad f(b1->lchild,b2->lchild)$；
$\qquad f(b1->rchild,b2->rchild)$；

对应的递归算法如下：

```
void CopyBTree11(BTNode * b1,BTNode * & b2) {        //由二叉树 b1 复制产生二叉树 b2
    if (b1!=NULL) {
        b2=new BTNode(b1->data);                     //复制根结点
        CopyBTree11(b1->lchild,b2->lchild);          //递归复制左子树
        CopyBTree11(b1->rchild,b2->rchild);          //递归复制右子树
    }
    else b2=NULL;                                    //b1 为空树时 b2 也为空树
}
void CopyBTree1(BTree& bt1,BTree& bt2) {             //求解算法(基于先序遍历)
    CopyBTree11(bt1.r,bt2.r);
}
```

显然上述算法是基于先序遍历的,因为先复制根结点,相当于二叉树先序遍历算法中的访问根结点语句,然后分别复制二叉树的左子树和右子树,这相当于二叉树先序遍历算法中的遍历左子树和右子树。实际上也可以采用基于后序遍历的思路,对应的求解算法如下：

```
void CopyBTree21(BTNode * b1,BTNode * & b2) {        //由二叉树 b1 复制产生二叉树 b2
    if (b1!=NULL) {
        BTNode * l, * r;
        CopyBTree21(b1->lchild,l);                   //递归复制左子树
        CopyBTree21(b1->rchild,r);                   //递归复制右子树
        b2=new BTNode(b1->data);                     //复制根结点
        b2->lchild=l;
        b2->rchild=r;
    }
    else b2=NULL;                                    //b1 为空树时 b2 也为空树
}
void CopyBTree2(BTree& bt1,BTree& bt2) {             //求解算法(基于后序遍历)
    CopyBTree21(bt1.r,bt2.r);
}
```

那么是否可以基于中序遍历呢？尽管理论上可行,但不建议采用中序遍历思路求解,因为在复制中处理一个结点时,最好先创建该结点再一次性建立其左、右子树,这样思路更加

清晰,所以基于先序遍历复制二叉树是最佳方法。又例如交换一棵二叉树中的所有结点的左、右子树,采用先序遍历和后序遍历思路均可,但不能采用中序遍历思路,而后序遍历思路最佳。

7. 解:采用先序遍历方式,跳过空和叶子结点,对于其他结点 b,如果有左孩子,设置 $b \rightarrow$ lchild $\rightarrow$ parent 为结点 b,如果有右孩子,设置 $b \rightarrow$ rchild $\rightarrow$ parent 为结点 b,然后递归设置左、右子树的 parent 指针。对应的递归算法如下:

```
void Getparent1(BTNode * b) {
    if (b==NULL) return;                        //空树直接返回
    if (b->lchild==NULL && b->rchild==NULL)
        return;                                 //叶子结点直接返回
    if (b->lchild!=NULL)                        //结点 b 有左孩子
        b->lchild->parent=b;                    //设置左孩子的双亲
    if (b->rchild!=NULL)                        //结点 b 有右孩子
        b->rchild->parent=b;                    //设置右孩子的双亲
    Getparent1(b->rchild);
    Getparent1(b->lchild);
}
void Getparent(BTree &bt) {                     //求解算法
    if (bt.r!=NULL)
        bt.r->parent=NULL;                      //置根结点的双亲为空
    Getparent1(bt.r);
}
```

8. 解:设 $f(b)$ 表示根结点 b 的二叉树的最小枝长。由最小枝长的定义可以得到如下递归模型:

$f(b)=0$ 当 $b=$NULL 时

$f(b)=0$ 当结点 b 为叶子结点时

$f(b)=f(b \rightarrow \text{rchild})+1$ 当 $b \rightarrow$ lchild 为空时

$f(b)=f(b \rightarrow \text{lchild})+1$ 当 $b \rightarrow$ rchild 为空时

$f(b)=\min(f(b \rightarrow \text{lchild}), f(b \rightarrow \text{rchild}))+1$ 其他情况

对应的递归算法如下:

```
int MinBranch1(BTNode * b) {                    //被 MinBranch 算法调用
    if (b==NULL) return 0;
    else if (b->lchild==NULL && b->rchild==NULL)
        return 0;
    else if (b->lchild==NULL)
        return MinBranch1(b->rchild)+1;
    else if (b->rchild==NULL)
        return MinBranch1(b->lchild)+1;
    else {
        int min1=MinBranch1(b->lchild);
        int min2=MinBranch1(b->rchild);
        return min(min1,min2)+1;
    }
}
int MinBranch(BTree &bt) {                      //求解算法
    return MinBranch1(bt.r);
}
```

9. 解：采用先序遍历思路，在结点 b 的子树中没有找到结点 x 返回 0，若找到了，首先相对结点 x 的子树的相对层次为 1，所以返回 1，再一层一层原路返回，每返回一层相对层次加 1，到达根结点时这个相对层次就变为绝对层次了。对应的递归算法如下：

```
int Level1(BTNode *b,char x) {
    int min1,min2;
    if (b==NULL)                              //空树返回0
        return 0;
    else {
        if (b->data==x)                       //找到x,在子树b中的相对层次为1
            return 1;
        min1=Level1(b->lchild,x);             //在结点b的左子树中查找
        if (min1!=0)                          //在左子树中找到x,回退时返回min1+1
            return min1+1;
        else {                                //在左子树中没有找到x
            min2=Level1(b->rchild,x);         //在结点b的右子树中查找
            if (min2!=0)                      //在右子树中找到x,回退时返回min2+1
                return min2+1;
            else                              //在左、右子树中都没有找到x,返回0
                return 0;
        }
    }
}
int Level(BTree &bt,char x) {                 //求解算法
    return Level1(bt.r,x);
}
```

10. 解：采用先序遍历方法和相对层次的思路（相对层次的概念参见算法设计题 9）求解。对应的递归算法如下：

```
int MinLevel1(BTNode *b,char x) {
    int min1,min2;
    if (b==NULL)                              //空树返回0
        return 0;
    else {
        if (b->data==x) return 1;             //找到x,在子树b中的相对层次为1
        min1=MinLevel1(b->lchild,x);
        min2=MinLevel1(b->rchild,x);
        if (min1==0 && min2==0)               //在左、右子树中都没有找到
            return 0;
        else if (min1==0)                     //在左子树中没有找到
            return min2+1;
        else if (min2==0)                     //在右子树中没有找到
            return min1+1;
        else                                  //在左、右子树中都找到了
            return min(min1,min2)+1;
    }
}
int MinLevel(BTree &bt,char x) {              //求解算法
    return MinLevel1(bt.r,x);
}
```

11. 解：设计 AllLevel1(b,h) 算法采用先序遍历方法求解，形参 h 指出当前结点的层

次,其初值 1 表示根结点层次为 1。当 b 为空时返回 0,直接返回。若 b 不为空,输出当前结点的层次 h,递归调用 AllLevel1(b->lchild,h+1)输出左子树中各结点的层次,递归调用 AllLevel1(b->rchild,h+1)输出右子树中各结点的层次。对应的算法如下:

```
void AllLevel1(BTNode * b,int h) {
    if (b!=NULL) {
        printf("%c 结点的层次为%d\n",b->data,h);
        AllLevel1(b->lchild,h+1);
        AllLevel1(b->rchild,h+1);
    }
}
void AllLevel(BTree &bt) {                       //求解算法
    AllLevel1(bt.r,1);
}
```

12. 解:设计 Width1(b,h,w)采用先序遍历方法求 w,其中 h 表示结点 b 的层次(根结点的层次为 1),$w[h-1]$ 表示第 h 层的结点个数。当 b 为空时返回 0,直接返回。若 b 不为空,当前结点的层次为 h,若第一次遇到第 h 层的结点,则向 w 中添加元素 1,否则将 $w[h-1]$ 增 1,递归处理左、右子树。在求出 w 后,其中最多的结点个数即为二叉树的宽度。对应的算法如下:

```
void Width1(BTNode * b,int h,vector<int> &w) {
    if (b!=NULL) {
        if (w.size()<h)
            w.push_back(1);                       //第一次遇到第 h 层的结点
        else
            w[h-1]++;                             //非第一次遇到第 h 层的结点
        Width1(b->lchild,h+1,w);
        Width1(b->rchild,h+1,w);
    }
}
int Width(BTree &bt) {                            //求解算法
    vector<int> w;
    Width1(bt.r,1,w);
    int width=0;
    for (int i=0;i<w.size();i++)
        if (w[i]>width) width=w[i];
    return width;
}
```

13. 解:可以利用《教程》中的例 7.17 求二叉树中第 k 层结点个数的思路,3 种解法均可。采用解法 3 的算法如下:

```
int Width(BTree &bt) {                            //求解算法
    if (bt.r==NULL) return 0;                    //空树返回 0
    queue<BTNode *> qu;                          //定义一个队列 qu
    int width=0;                                  //存放二叉树的宽度
    qu.push(bt.r);                               //根结点进队
    while (!qu.empty()) {                        //队不空时循环
        int n=qu.size();                         //求出当前层的结点个数
        width=max(width,n);                      //求 width
```

```
            for (int i=0;i<n;i++) {                    //出队当前层的 n 个结点
                BTNode *p=qu.front(); qu.pop();        //出队一个结点
                if (p->lchild!=NULL)                   //有左孩子时将其进队
                    qu.push(p->lchild);
                if (p->rchild!=NULL)                   //有右孩子时将其进队
                    qu.push(p->rchild);
            }
        }
        return width;
    }
```

14. 解：设计 Output(p)算法输出子树 p 的所有结点。设计 Child(b,x)算法在二叉树 bt 中查找值为 x 的结点，找到后调用 Output()输出其左、右子树中的所有结点即可。对应的算法如下：

```
void Output(BTNode *p) {                               //输出子树 p
    if (p!=NULL) {
        printf("%c ",p->data);
        Output(p->lchild);
        Output(p->rchild);
    }
}
void Child1(BTNode *b,char x) {                        //查找结点 x 并输出其子孙
    if (b!=NULL) {
        if (b->data==x) {                              //找到结点 x
            if (b->lchild!=NULL)
                Output(b->lchild);                     //输出结点 x 的左子树
            if (b->rchild!=NULL)
                Output(b->rchild);                     //输出结点 x 的右子树
        }
        Child1(b->lchild,x);
        Child1(b->rchild,x);
    }
}
void Child(BTree &bt,char x) {                         //求解算法
    Child1(bt.r,x);
}
```

15. 解：设计 CreateBT1(char *level,char *in,int n)算法采用层次遍历思路遍历层次序列 level 的所有元素，一边扫描一边建立二叉链 b。其中，队列 qu 的元素类型如下：

```
struct QNode {                                         //队列元素类型
    char data;
    int low,high;                                      //对应的中序序列为 in[low..high]
    BTNode *parent;                                    //当前结点的双亲
    int flag;                                          //0:根结点;1:双亲的左孩子;2:双亲的右孩子
    QNode() {}                                         //构造函数
    QNode(char d,int l,int r,int f) {                  //重载构造函数
        data=d;
        low=l;
        high=r;
        flag=f;
```

```
        parent=NULL;
    }
};
```

用 i 从 0 开始遍历 level，初始中序序列为 in[$0..n-1$]。对于 level[i]元素，建立一个根结点 p，在 in[low..high]中找到相同的元素 in[j]，将二叉树分为两部分，in[low..$j-1$]为左子树的中序序列，in[$j+1$..high]为右子树的中序序列。当 $j<=$low 时表示结点 p 的左子树为空，否则表示存在左子树；当 $j>=$high 时表示结点 p 的右子树为空，否则表示存在右子树。对应的算法如下：

```
BTNode * CreateBT1(char * level, char * in, int n) {      //被 CreateBT 调用
    queue<QNode> qu;                                       //定义一个队列
    BTNode * b;
    int i=0,j;                                             //用于遍历 level
    QNode e=QNode(level[i++],0,n-1,0);                    //根结点进队
    qu.push(e);
    while (!qu.empty()) {                                  //队不空时循环
        e=qu.front(); qu.pop();                            //出队元素 e
        for (j=e.low;j<=e.high;j++)                        //查找 in[j]=e.data
            if (in[j]==e.data) break;
        BTNode * p=new BTNode(e.data);                     //以 e.data 创建一个结点 p
        switch(e.flag) {                                   //建立结点 p 与双亲直接的关系
            case 0: b=p; break;
            case 1: e.parent->lchild=p; break;
            case 2: e.parent->rchild=p; break;
        }
        if (j>e.low) {
            QNode e1=QNode(level[i++],e.low,j-1,1);
            e1.parent=p;
            qu.push(e1);                                   //将建立左子树的任务进队
        }
        if (j<e.high) {
            QNode e2=QNode(level[i++],j+1,e.high,2);
            e2.parent=p;
            qu.push(e2);                                   //将建立右子树的任务进队
        }
    }
    return b;                                              //返回根结点
}
void CreateBT(BTree &bt, char * level, char * in, int n) { //创建算法
    bt.r=CreateBT1(level,in,n);
}
```

16. 解：根据完全二叉树的定义，对完全二叉树进行层次遍历时应该满足以下条件。

① 若某结点没有左孩子，则一定无右孩子。

② 若某结点缺左或右孩子，则其所有后继一定无孩子。

若不满足上述任何一条，均不为完全二叉树。

采用层次遍历方式逐一检查每个结点是否违背上述条件，一旦违背其中之一，则返回 false。其他属于正常情况，若遍历完毕都属于正常情况则返回 true。

对应的算法如下：

```
bool CompBTree1(BTNode *b) {           //被 CompBTree 调用
    queue<BTNode *> qu;                //定义一个队列 qu
    bool cm=true;                      //cm 为真表示二叉树为完全二叉树
    bool bj=true;                      //bj 为真表示所有结点均有左、右孩子
    if (b==NULL) return true;          //空树为完全二叉树
    qu.push(b);                        //根结点进队
    while (!qu.empty()) {              //队列不空时循环
        BTNode *p=qu.front(); qu.pop();//出队结点 p
        if (p->lchild==NULL) {         //p 结点没有左孩子
            bj=false;
            if (p->rchild!=NULL) cm=false;  //没有左孩子但有右孩子,违反①
        }
        else {                         //p 结点有左孩子
            if (bj) {                  //迄今为止,所有结点均有左、右孩子
                qu.push(p->lchild);    //左孩子进队
                if (p->rchild==NULL)   //p 有左孩子但没有右孩子,则 bj=false
                    bj=false;
                else
                    qu.push(p->rchild);//p 有右孩子,右孩子进队
            }
            else                       //bj 为 false,表示已有结点缺左或右孩子
                cm=false;              //此时 p 结点有左孩子,违反②
        }
    }
    return cm;
}
bool CompBTree(BTree &bt) {            //求解算法
    return CompBTree1(bt.r);
}
```

7.3 基础实验题及其参考答案

7.3.1 基础实验题

1. 假设二叉树采用二叉链存储,每个结点值为单个字符并且所有结点值不相同。设计一个 BTree 类包含二叉树的基本运算算法,用 BTree.cpp 文件存放,在此基础上编写一个实验程序,由括号表示串创建二叉链,由二叉链输出其括号表示串,求二叉树的先序遍历、中序遍历、后序遍历和层次遍历序列。用相关数据进行测试。

2. 假设二叉树采用二叉链存储结构存储,每个结点值为单个字符并且所有结点值不相同。编写一个实验程序,由二叉树的先序序列和中序序列构造二叉链,由二叉树的中序序列和后序序列构造二叉链。用相关数据进行测试。

7.3.2 基础实验题参考答案

1. 解:二叉树的二叉链存储结构和基本运算算法的原理参见《教程》中的 7.2 节。设计包含 BTree 类的 BTree.cpp 如下:

```cpp
#include <iostream>
#include <stack>
using namespace std;
struct BTNode {                                    //二叉链中的结点类型
    char data;                                     //数据元素
    BTNode * lchild;                               //指向左孩子结点
    BTNode * rchild;                               //指向右孩子结点
    BTNode() {                                     //构造函数
        lchild=rchild=NULL;
    }
    BTNode(char d) {                               //重载构造函数
        data=d;
        lchild=rchild=NULL;
    }
};
class BTree {                                      //二叉树类
public:                                            //为了简单,将所有成员设计为公有属性
    BTNode * r;                                    //二叉树的根结点 r
    BTree() {                                      //构造函数,建立一棵空树
        r=NULL;
    }
    ~BTree() {                                     //析构函数
        DestroyBTree(r);                           //调用 DestroyBTree()函数
        r=NULL;
    }
    DestroyBTree(BTNode * b) {                     //释放所有的结点空间
        if (b!=NULL) {
            DestroyBTree(b->lchild);               //递归释放左子树
            DestroyBTree(b->rchild);               //递归释放右子树
            delete b;                              //释放根结点
        }
    }
    void CreateBTree(string str) {                 //创建以 r 为根结点的二叉链存储结构
        stack<BTNode *> st;                        //建立一个栈 st
        BTNode * p;
        bool flag;
        int i=0;
        while (i<str.length()) {                   //循环扫描 str 中的每个字符
            switch(str[i]) {
                case '(':
                    st.push(p);                    //刚新建的结点有孩子,将其进栈
                    flag=true;
                    break;
                case ')':
                    st.pop();                      //栈顶结点的子树处理完,出栈
                    break;
                case ',':
                    flag=false;                    //开始处理栈顶结点的右孩子
                    break;
                default:
                    p=new BTNode(str[i]);          //新建一个结点 p
                    if (r==NULL)
                        r=p;                       //若尚未建立根结点,p 作为根结点
```

```cpp
            else {                              //已建立二叉树的根结点
                if (flag) {                     //新结点p作为栈顶结点的左孩子
                    if (!st.empty())
                        st.top()->lchild=p;
                }
                else {                          //新结点p作为栈顶结点的右孩子
                    if (!st.empty())
                        st.top()->rchild=p;
                }
            }
            break;
        }
        i++;                                    //继续遍历
    }
}
void DispBTree() {                              //将二叉链转换成括号表示法
    DispBTree1(r);
}
void DispBTree1(BTNode *b) {                    //被DispBTree函数调用
    if (b!=NULL) {
        cout << b->data;                        //输出根结点值
        if (b->lchild!=NULL || b->rchild!=NULL) {
            cout << "(";                        //有孩子结点时输出"("
            DispBTree1(b->lchild);              //递归输出左子树
            if (b->rchild!=NULL)
                cout << ",";                    //有右孩子结点时输出","
            DispBTree1(b->rchild);              //递归输出右子树
            cout << ")";                        //输出")"
        }
    }
}
BTNode *FindNode(char x) {                      //查找值为x的结点的算法
    return FindNode1(r,x);
}
BTNode *FindNode1(BTNode *b,char x) {           //被FindNode函数调用
    BTNode *p;
    if (b==NULL) return NULL;                   //b为空时返回NULL
    else if (b->data==x) return t;              //b所指结点值为x时返回t
    else {
        p=FindNode1(b->lchild,x);               //在左子树中查找
        if (p!=NULL)
            return p;                           //在左子树中找到p结点,返回p
        else
            return FindNode1(b->rchild,x);      //返回在右子树中查找的结果
    }
}
int Height() {                                  //求二叉树高度的算法
    return Height1(r);
}
int Height1(BTNode *b) {                        //被Height调用
    if (b==NULL)                                //空树的高度为0
        return 0;
    else
```

```
    return max(Height1(b->lchild),Height1(b->rchild))+1;
  }
};
```

二叉树的先序、中序、后序和层次遍历的相关原理参见《教程》中的 7.3 节和 7.4 节。设计对应的实验程序 Exp1-1.cpp 如下：

```cpp
#include"BTree.cpp"                        //引用二叉树 BTree 类
#include <vector>
#include <queue>
//——————————————先序遍历算法——————————————
void PreOrder11(BTNode * b) {              //被 PreOrder1 调用
  if (b!=NULL) {
    cout << b->data;                       //访问根结点
    PreOrder11(b->lchild);                 //先序遍历左子树
    PreOrder11(b->rchild);                 //先序遍历右子树
  }
}
void PreOrder1(BTree &bt) {                //先序遍历的递归算法
  if (bt.r==NULL) return;                  //空树直接返回
  PreOrder11(bt.r);
}
void PreOrder2(BTree &bt) {                //先序遍历的非递归算法 1
  if (bt.r==NULL) return;                  //空树直接返回
  stack<BTNode *> st;                      //定义一个栈
  BTNode * p;
  st.push(bt.r);                           //根结点 r 进栈
  while (!st.empty()) {                    //栈不为空时循环
    p=st.top(); st.pop();                  //出栈结点 p
    cout << p->data;                       //访问结点 p
    if (p->rchild!=NULL)                   //结点 p 有右孩子时将右孩子进栈
      st.push(p->rchild);
    if (p->lchild!=NULL)                   //结点 p 有左孩子时将左孩子进栈
      st.push(p->lchild);
  }
}
void PreOrder3(BTree &bt) {                //先序遍历的非递归算法 2
  if (bt.r==NULL) return;                  //空树直接返回
  stack<BTNode *> st;                      //定义一个栈
  BTNode * p=bt.r;
  while (!st.empty() || p!=NULL) {
    while (p!=NULL) {                      //p 不空时访问所有左下结点并进栈
      cout << p->data;                     //访问结点 p
      st.push(p);
      p=p->lchild;
    }
    if (!st.empty()) {                     //若栈不空
      p=st.top(); st.pop();                //出栈结点 p
      p=p->rchild;                         //转向处理其右子树
    }
  }
}
```

```cpp
//————————————————中序遍历算法————————————————————
void InOrder11(BTNode * b) {                        //被 InOrder1 调用
    if (b!=NULL) {
        InOrder11(b->lchild);                       //中序遍历左子树
        cout << b->data;                            //访问根结点
        InOrder11(b->rchild);                       //中序遍历右子树
    }
}
void InOrder1(BTree &bt) {                          //中序遍历的递归算法
    if (bt.r==NULL) return;                         //空树直接返回
    InOrder11(bt.r);
}
void InOrder2(BTree &bt) {                          //中序遍历的非递归算法
    if (bt.r==NULL) return;                         //空树直接返回
    stack<BTNode *> st;                             //定义一个栈
    BTNode * p=bt.r;
    while (!st.empty() || p!=NULL) {                //栈不空或者 p 不空时循环
        while (p!=NULL) {                           //p 不空时将所有左下结点进栈
            st.push(p);
            p=p->lchild;
        }
        if (!st.empty()) {                          //若栈不空
            p=st.top(); st.pop();                   //出栈结点 p
            cout << p->data;                        //访问结点 p
            p=p->rchild;                            //转向处理右子树
        }
    }
}
//————————————————后序遍历算法————————————————————
void PostOrder11(BTNode * b) {                      //被 PostOrder1 调用
    if (b!=NULL) {
        PostOrder11(b->lchild);                     //后序遍历左子树
        PostOrder11(b->rchild);                     //后序遍历右子树
        cout << b->data;                            //访问根结点
    }
}
void PostOrder1(BTree &bt) {                        //后序遍历的递归算法
    if (bt.r==NULL) return;                         //空树直接返回
    PostOrder11(bt.r);
}
void PostOrder2(BTree &bt) {                        //后序遍历的非递归算法 1
    if (bt.r==NULL) return;                         //空树直接返回
    BTNode * p;
    stack<BTNode *> st;                             //定义一个栈
    vector<char> res;
    st.push(bt.r);                                  //根结点进栈
    while(!st.empty()) {                            //栈不空时循环
        p=st.top(); st.pop();                       //出栈结点 p
        res.push_back(p->data);
        if (p->lchild!=NULL)                        //结点 p 有左孩子时将左孩子进栈
            st.push(p->lchild);
        if (p->rchild!=NULL)                        //结点 p 有右孩子时将右孩子进栈
            st.push(p->rchild);
```

```cpp
    }
    vector<char>::reverse_iterator rit;
    for (rit=res.rbegin();rit!=res.rend();rit++)
        cout << *rit;
}
void PostOrder3(BTree &bt) {                    //后序遍历的非递归算法2
    stack<BTNode *> st;                         //定义一个栈
    BTNode *p=bt.r, *q;
    bool flag;                                  //是否在处理栈顶结点,是为 true,否则为 false
    do {
        while (p!=NULL) {                       //p 不空时将所有左下结点进栈
            st.push(p);
            p=p->lchild;
        }
        q=NULL;                                 //q 指向栈顶结点的前一个刚访问的结点
        flag=true;                              //表示开始处理栈顶结点
        while (!st.empty() && flag) {
            p=st.top();                         //取出栈顶结点 p
            if (p->rchild==q) {                 //若结点 p 的右子树已访问或为空
                cout << p->data;                //则访问结点 p
                st.pop();                       //将结点 p 退栈
                q=p;                            //让 q 指向刚访问的结点
            }
            else {                              //若结点 p 的右子树尚未遍历
                p=p->rchild;                    //则转向处理其右子树
                flag=false;                     //表示不再处理栈顶结点
            }
        }
    } while (!st.empty());
}
//二叉树的层次遍历算法
void LevelOrder(BTree &bt) {                    //二叉树的层次遍历
    BTNode *p;
    queue<BTNode *> qu;                         //定义一个队列
    qu.push(bt.r);                              //根结点 r 进队
    while (!qu.empty()) {                       //队不空时循环
        p=qu.front(); qu.pop();                 //出队结点 p
        cout << p->data;                        //访问结点 p
        if (p->lchild!=NULL)                    //有左孩子时将其进队
            qu.push(p->lchild);
        if (p->rchild!=NULL)                    //有右孩子时将其进队
            qu.push(p->rchild);
    }
}
int main() {
    string str="A(B(D(,G)),C(E,F))";
    char x='e';
    BTree bt;
    bt.CreateBTree(str);
    cout << "\n  二叉树 bt:"; bt.DispBTree(); cout << endl;
    cout << "  先序遍历\n";
    cout << "      递归先序遍历: ";PreOrder1(bt); cout << endl;
    cout << "      非递归先序遍历 1: ";PreOrder2(bt); cout << endl;
```

```
            cout << "   非递归先序遍历2:";PreOrder3(bt); cout << endl;
            cout << "  中序遍历\n";
            cout << "     递归中序遍历:";InOrder1(bt); cout << endl;
            cout << "     非递归中序遍历1:";InOrder2(bt); cout << endl;
            cout << "  后序遍历\n";
            cout << "     递归后序遍历:";PostOrder1(bt); cout << endl;
            cout << "     非递归后序遍历1:";PostOrder2(bt); cout << endl;
            cout << "     非递归后序遍历2:";PostOrder3(bt); cout << endl;
            cout << "  层次遍历\n";
            cout << "      层次遍历序列:  ";LevelOrder(bt); cout << endl;
            cout << "  销毁二叉树\n";
            return 0;
}
```

上述程序的执行结果如图 7.11 所示。

图 7.11　第 7 章基础实验题 1 的执行结果

2. 解： 由二叉树的先序序列和中序序列构造二叉链，以及由二叉树的中序序列和后序序列构造二叉链的原理参见《教程》中的 7.5 节。对应的实验程序 Exp1-2.cpp 如下：

```
#include"BTree.cpp"                                      //引用二叉树 BTree 类
#include <string>
BTNode * CreateBTree11(string pres, int i, string ins, int j, int n) {  //被 CreateBTree1 调用
    if (n<=0) return NULL;
    char d=pres[i];                                      //取根结点值 d
    BTNode * b=new BTNode(d);                            //创建根结点(结点值为 d)
    int p=j;
    while (ins[p]!=d) p++;                               //在 ins 中找到根结点的索引 p
    int k=p-j;                                           //确定左子树中的结点个数 k
    b->lchild=CreateBTree11(pres,i+1,ins,j,k);           //递归构造左子树
    b->rchild=CreateBTree11(pres,i+k+1,ins,p+1,n-k-1);   //递归构造右子树
    return b;
}
void CreateBTree1(BTree &bt, string pres, string ins) {  //由 pres+ins 构造二叉链
    int n=pres.size();
    bt.r=CreateBTree11(pres,0,ins,0,n);
}
BTNode * CreateBTree21(string posts, int i, string ins, int j, int n) {  //被 CreateBTree2 调用
    if (n<=0) return NULL;
    char d=posts[i+n-1];                                 //取后序序列的尾元素 d
    BTNode * b=new BTNode(d);                            //创建根结点(结点值为 d)
    int p=j;
```

```
            while (ins[p]!=d) p++;              //在ins中找到根结点的索引p
            int k=p-j;                          //确定左子树中的结点个数k
            b->lchild=CreateBTree21(posts,i,ins,j,k);       //递归构造左子树
            b->rchild=CreateBTree21(posts,i+k,ins,p+1,n-k-1); //递归构造右子树
            return b;
        }
        void CreateBTree2(BTree &bt,string posts,string ins) {  //由posts+ins构造二叉链
            int n=posts.size();
            bt.r=CreateBTree21(posts,0,ins,0,n);
        }
        int main() {
            string pres="ABDGCEF";
            string ins="DGBAECF";
            string posts="GDBEFCA";
            BTree bt1;
            cout << "\n   先序序列: " << pres << endl;
            cout << "   中序序列: " << ins << endl;
            cout << "   创建 bt1" << endl;
            CreateBTree1(bt1,pres,ins);
            cout << "   二叉树 bt1:"; bt1.DispBTree(); cout << endl;
            cout << "   销毁二叉树 bt1\n";
            BTree bt2;
            cout << "\n   中序序列: " << ins << endl;
            cout << "   后序序列: " << posts << endl;
            cout << "   创建 bt2" << endl;
            CreateBTree2(bt2,posts,ins);
            cout << "   二叉树 bt2:"; bt2.DispBTree(); cout << endl;
            cout << "   销毁二叉树 bt2\n";
            return 0;
        }
```

上述程序的执行结果如图 7.12 所示。

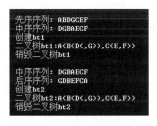

图 7.12　第 7 章基础实验题 2 的执行结果

7.4　应用实验题及其参考答案

7.4.1　应用实验题

1. 假设非空二叉树采用二叉链存储结构,将一棵二叉树 bt 中所有结点的左、右子树进行就地交换,可以采用先序遍历和后序遍历思路实现,问采用中序遍历是否可以? 编写一个实验程序通过相关数据进行验证。

2. 假设一棵非空二叉树中的结点值为整数,所有结点值均不相同。给出该二叉树的先序序列 pres 和中序序列 ins,构造该二叉树的二叉链存储结构,再给出其中两个不同的结点值 x 和 y,输出这两个结点的所有公共祖先结点。用相关数据进行测试。

3. 编写一个实验程序,给定一棵完全二叉树的结点个数 $n(n>1)$,所有结点按层序编号为 $1\sim n$(根结点的编号为 1),求其中编号为 $m(1{\leqslant}m{\leqslant}n)$ 的结点的子树中的结点个数,并且用相关数据进行测试。

4. 编写一个实验程序,假设二叉树采用二叉链存储结构,所有结点值为单个字符且不相同。采用《教程》中例 7.17 的 3 种解法按层次顺序(从上到下、从左到右)输出一棵二叉树中的所有结点,并且用相关数据进行测试。

5. 编写一个实验程序,假设二叉树采用二叉链存储结构,所有结点值为单个字符。按从上到下的层次输出一棵二叉树中的所有结点,各层的顺序是第 1 层从左到右,第 2 层从右到左,第 3 层从左到右,第 4 层从右到左,以此类推,并且用相关数据进行测试。

6. 编写一个实验程序,假设二叉树采用二叉链存储结构,所有结点值为单个字符且不相同。采用先序遍历和层次遍历方式输出二叉树中从根结点到每个叶子结点的路径,并且用相关数据进行测试。

7. 编写一个实验程序,假设二叉树采用二叉链存储结构,所有结点值为单个字符且不相同。判断一棵二叉树是否为另外一棵二叉树的子树,并且用相关数据进行测试。

8. 编写一个实验程序,假定用于通信的电文仅由 a、b、c、d、e、f、g、h 等 8 个字母组成 ($n_0=8$),字母在电文中出现的频率分别为 7、19、2、6、32、3、21 和 10,试为这些字母设计哈夫曼编码。

7.4.2 应用实验题参考答案

1. 解:采用先序遍历的思路是,先交换根结点 b 的左、右指针,再对结点 b 的左、右子树做同样的操作。采用后序遍历的思路是,先对结点 b 的左、右子树做同样的操作,再交换根结点 b 的左、右指针。采用中序遍历的思路是,先对结点 b 的左子树做同样的操作,再交换根结点 b 的左、右指针,最后对结点 b 的右子树做同样的操作。从中看出采用中序遍历的思路是不正确的,因为对一些左子树没有做交换操作,而对右子树做了重复的交换操作。对应的实验程序 Exp2-1.cpp 如下:

```
#include"BTree.cpp"                          //引用二叉树 BTree 类
#include <string>
void Swap11(BTNode * &b) {                   //先序遍历交换 b 的左、右子树
    if (b!=NULL) {
        swap(b->lchild,b->rchild);           //交换结点 b 的左、右指针
        Swap11(b->lchild);                   //交换左子树
        Swap11(b->rchild);                   //交换右子树
    }
}
void Swap1(BTree &bt) {                      //交换 bt 的左、右子树
    Swap11(bt.r);
}
void Swap21(BTNode * &b) {                   //后序遍历交换 b 的左、右子树
    if (b!=NULL) {
```

```
        Swap21(b->lchild);              //交换左子树
        Swap21(b->rchild);              //交换右子树
        swap(b->lchild,b->rchild);      //交换结点 b 的左、右指针
    }
}
void Swap2(BTree &bt) {                 //交换 bt 的左、右子树
    Swap21(bt.r);
}
void Swap31(BTNode * &b) {              //中序遍历交换 b 的左、右子树
    if (b!=NULL) {
        Swap31(b->lchild);              //交换左子树
        swap(b->lchild,b->rchild);      //交换结点 b 的左、右指针
        Swap31(b->rchild);              //交换右子树
    }
}
void Swap3(BTree &bt) {                 //交换 bt 的左、右子树
    Swap31(bt.r);
}
int main() {
    string str="A(B(D(,G)),C(E,F))";
    BTree bt1;
    bt1.CreateBTree(str);
    cout << "\n   二叉树 bt1:"; bt1.DispBTree(); cout << endl;
    cout << "   基于先序遍历交换左右子树" << endl;
    Swap1(bt1);
    cout << "   二叉树 bt1:"; bt1.DispBTree(); cout << endl;
    BTree bt2;
    bt2.CreateBTree(str);
    cout << "\n   二叉树 bt2:"; bt2.DispBTree(); cout << endl;
    cout << "   基于后序遍历交换左右子树" << endl;
    Swap2(bt2);
    cout << "   二叉树 bt2:"; bt2.DispBTree(); cout << endl;
    BTree bt3;
    bt3.CreateBTree(str);
    cout << "\n   二叉树 bt3:"; bt3.DispBTree(); cout << endl;
    cout << "   基于中序遍历交换左右子树" << endl;
    Swap3(bt3);
    cout << "   二叉树 bt3:"; bt3.DispBTree(); cout << endl;
    return 0;
}
```

上述程序的执行结果如图 7.13 所示。

2. **解**：由先序序列 pres 和中序序列 ins 构造二叉链的过程参见《教程》中的 7.5 节。对于根结点为 b 的二叉链中两个不同的结点值 x 和 y，用 ator 列表存放它们的所有公共祖先结点，先求出它们的最近公共祖先结点（求出后置 lca 为 true），当回退到 b 结点时若 lca 为 true 说明结点 b 是公共祖先结点，将 b->data 添加到 ator 中。最后返回 ator。

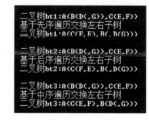

图 7.13　第 7 章应用实验题 1 的执行结果

对应的实验程序 Exp2-2.cpp 如下：

```cpp
#include <iostream>
#include <vector>
using namespace std;
struct BTNode {                                         //二叉链中的结点类型
    int data;                                           //数据元素
    BTNode * lchild;                                    //指向左孩子结点
    BTNode * rchild;                                    //指向右孩子结点
    BTNode() {                                          //构造函数
        lchild=rchild=NULL;
    }
    BTNode(char d) {                                    //重载构造函数
        data=d;
        lchild=rchild=NULL;
    }
};
BTNode * CreateBT(vector<int> pres, int i, vector<int> ins, int j, int n) {
//由先序序列和中序序列构造二叉链
    if (n<=0) return NULL;
    int d=pres[i];                                      //取根结点值 d
    BTNode * b=new BTNode(d);                           //创建根结点(结点值为 d)
    int p=j;
    while (ins[p]!=d) p++;                              //在 ins 中找到根结点的索引 p
    int k=p-j;                                          //确定左子树中的结点个数 k
    b->lchild=CreateBT(pres,i+1,ins,j,k);               //递归构造左子树
    b->rchild=CreateBT(pres,i+k+1,ins,p+1,n-k-1);       //递归构造右子树
    return b;
}
void DispBTree(BTNode * b) {                            //输出二叉树的括号表示串
    if (b!=NULL) {
        cout << b->data;                                //输出根结点值
        if (b->lchild!=NULL || b->rchild!=NULL) {       //有孩子结点时输出"("
            cout << "(";
            DispBTree(b->lchild);                       //递归输出左子树
            if (b->rchild!=NULL)
                cout << ",";                            //有右孩子结点时输出","
            DispBTree(b->rchild);                       //递归输出右子树
            cout << ")";                                //输出")"
        }
    }
}
bool lca;                                               //表示是否找到 x 和 y 的最近公共祖先
BTNode * CA1(BTNode * b, int x, int y, vector<int> &ator) {    //被 CA()函数调用
    if (b==NULL) return NULL;
    if (b->data==x || b->data==y) return b;
    BTNode * left=CA1(b->lchild,x,y,ator);
    BTNode * right=CA1(b->rchild,x,y,ator);
    if (left && right) {
        lca=true;                                       //找到了 x 和 y 的最近公共祖先结点
        ator.push_back(b->data);
        return b;
    }
```

```
            if (left!=NULL) {
                if (lca) ator.push_back(b->data);      //找到 lca 后回退时遇到的结点
                return left;
            }
            if (right!=NULL) {
                if (lca) ator.push_back(b->data);      //找到 lca 后回退时遇到的结点
                return right;
            }
            return NULL;
        }
        void CA(BTNode * b,int x,int y,vector<int> &ator) {  //在 bt 中求 x 和 y 的所有公共祖先结点
            lca=false;                                 //表示尚未找到 x 和 y 的最近公共祖先结点
            CA1(b,x,y,ator);
        }
        void Dispator(vector<int> at) {                //输出公共祖先结点
            for (int i=0;i<at.size();i++)
                printf(" %d",at[i]);
            printf("\n");
        }
        int main() {
            vector<int> pres={2,1,3,4,5,8,9,13,10,12,7,11,6};
            vector<int> ins={3,1,5,4,2,10,13,9,7,12,8,11,6};
            vector<int> ator;
            BTNode * b=CreateBT(pres,0,ins,0,pres.size());
            printf("\n  b: "); DispBTree(b); printf("\n");
            int x=5,y=10;
            CA(b,x,y,ator);
            printf("  (1)%2d 和%2d 的所有公共祖先:",x,y); Dispator(ator);
            x=6; y=7;
            ator.clear();
            CA(b,x,y,ator);
            printf("  (2)%2d 和%2d 的所有公共祖先:",x,y); Dispator(ator);
            x=3; y=4;
            ator.clear();
            CA(b,x,y,ator);
            printf("  (3)%2d 和%2d 的所有公共祖先:",x,y); Dispator(ator);
            x=10; y=7;
            ator.clear();
            CA(b,x,y,ator);
            printf("  (4)%2d 和%2d 的所有公共祖先:",x,y); Dispator(ator);
            return 0;
        }
```

上述程序的执行结果如图 7.14 所示。

图 7.14 第 7 章应用实验题 2 的执行结果

3. 解：这里提供两种解法，在这样的完全二叉树中，对于编号为 m 的结点，若有左孩子则左孩子编号为 $2m$，若有右孩子则右孩子编号为 $2m+1$，但所有结点的编号在 $1\sim n$ 范围

内。解法 1 利用遍历思路求子树 m 的结点个数,对应的最坏时间复杂度为 $O(2^h)$,其中 h 为完全二叉树的高度。

解法 2 利用完全二叉树的特性,除了最后一层外其他层都是满的,并且最后一层的结点全部靠向左边,可以将一棵完全二叉树分割成根结点和左、右子树三部分,当左、右子树高度相等时左子树一定是满二叉树,否则右子树一定是满二叉树。一棵高度为 h 的满二叉树中的结点个数为 2^h-1。同时完全二叉树的任意子树也是一棵完全二叉树。

一棵完全二叉树的高度等于根结点到最下一层最左结点的路径中的结点个数,通过遍历求出高度的时间复杂度为 $O(h)$,其中 h 为完全二叉树的高度。

设 $f(n,m)$ 表示结点个数 n 的完全二叉树中子树 m 的结点个数,求出其左子树的层高 hl 和右子树的层高 hr,若 $hl=hr$,说明左子树是满二叉树,左子树中的结点个数为 $2^{hl}-1$,这样有 $f(n,m)=1+2^{hl}-1+f(n,2*m+1)=f(n,2*m+1)+2^{hl}$;若 $hl\neq hr$,说明右子树是满二叉树,右子树中的结点个数为 $2^{hr}-1$,这样有 $f(n,m)=1+f(n,2*m)+2^{hr}-1=f(n,2*m)+2^{hr}$。本解法的时间复杂度为 $O(h^2)$。

对应的实验程序 Exp2-3.cpp 如下:

```cpp
#include <iostream>
using namespace std;
int Countm1(int n,int m) {                    //解法 1
    if (m>n) return 0;
    return Countm1(n,2*m)+Countm1(n,2*m+1)+1;
}
int Height(int n,int k) {                     //求结点 k 的子树的高度
    int level=0;
    while (k<=n) {
        level++;
        k=2*k;                                //走左分支
    }
    return level;
}
int Countm2(int n,int m) {                    //解法 2
    if (m>n) return 0;
    int hl=Height(n,2*m);
    int hr=Height(n,2*m+1);
    if (hl==hr)
        return Countm2(n,2*m+1)+(1<<hl);
    else
        return Countm2(n,2*m)+(1<<hr);
}
int main() {
    int n=12,m=1;
    printf("\n   n=%d\n",n);
    for (int m=1;m<=n;m++) {
        printf("   m=%2d  解法 1: %d\t",m,Countm1(n,m));
        printf("  解法 2: %d\n",Countm2(n,m));
    }
    return 0;
}
```

上述程序的执行结果如图 7.15 所示。

4. 解：本题提供的 4 种解法均采用层次遍历,算法的难点是如何确定每一层的结点何时访问完,前面 3 种解法见《教程》中的例 7.17。

第 4 种解法是在每一层结点访问完毕（出队）时进队一个空指针以示分隔。首先置当前层次 curl 为 1,根结点进队,在 str 中加入根结点值,由于第一层只有一个结点,此时在队列中进队一个分隔空指针。队列不空时循环,在出队一个元素 p 时,若 $p \neq $ NULL,按常规做法将 $p->$data 加入 str,结点 p 的左、右孩子进队；若 $p=$NULL,说明 curl 层访

图 7.15　第 7 章应用实验题 3 的执行结果

问完毕（此时队中恰好包含下一层的全部结点）,输出 str,重置 str$=$"",curl 增 1。若队列不空说明下一层有结点,再进队一个分隔空指针；若队列空说明层次遍历结束,不能进队这样的分隔空指针（这是该解法的难点,如果不判断队空情况直接进队分隔空指针,将出现死循环）。

对应的实验程序 Exp2-4.cpp 如下：

```cpp
#include"BTree.cpp"                                    //包含二叉链的基本运算算法
#include<queue>
struct QNode {                                         //队列元素类
    int lev;                                           //结点的层次
    BTNode * node;                                     //结点指针
    QNode(int l,BTNode * p) {                          //构造函数
        lev=l;
        node=p;
    }
};
void Leveldisp1(BTree &bt) {                           //解法 1：按层次顺序输出所有结点
    queue<QNode> qu;                                   //定义一个队列 qu
    qu.push(QNode(1,bt.r));                            //根结点（层次为 1）进队
    int curl=1;                                        //当前层次,从 1 开始
    string str="";
    while (!qu.empty()) {                              //队不空时循环
        QNode p=qu.front(); qu.pop();                  //出队一个结点
        if (p.lev==curl) {                             //当前结点的层次为 curl
            str+=" ";
            str+=p.node->data;
        }
        else {                                         //当前结点的层次小于 k
            cout << "    第" << curl << "层结点: " << str << endl;
            curl++;
            str=" ";
            str+=p.node->data;                         //当前结点是第 curl+1 层的首结点
        }
        if (p.node->lchild!=NULL)                      //有左孩子时将其进队
            qu.push(QNode(p.lev+1,p.node->lchild));
        if (p.node->rchild!=NULL)                      //有右孩子时将其进队
            qu.push(QNode(p.lev+1,p.node->rchild));
    }
    cout << "    第" << curl << "层结点: " << str << endl;
```

```cpp
}
void Leveldisp2(BTree &bt) {                    //解法2：按层次顺序输出所有结点
    queue<BTNode *> qu;                         //定义一个队列qu
    BTNode *p, *q;
    int curl=1;                                 //当前层次,从1开始
    string str=" ";
    BTNode *last=bt.r;                          //第一层的最右结点
    qu.push(bt.r);                              //根结点进队
    while (!qu.empty()) {                       //队不空时循环
        p=qu.front(); qu.pop();                 //出队一个结点
        str+=p->data;                           //当前结点是第curl层的结点
        str+=" ";
        if (p->lchild!=NULL) {                  //有左孩子时将其进队
            q=p->lchild;
            qu.push(q);
        }
        if (p->rchild!=NULL) {                  //有右孩子时将其进队
            q=p->rchild;
            qu.push(q);
        }
        if (p==last) {                          //当前层的所有结点处理完毕
            cout << "    第" << curl << "层结点: " << str << endl;
            str=" ";
            last=q;                             //让last指向下一层的最右结点
            curl++;
        }
    }
}
void Leveldisp3(BTree &bt) {                    //解法3：按层次顺序输出所有结点
    queue<BTNode *> qu;                         //定义一个队列qu
    int curl=1;                                 //当前层次,从1开始
    qu.push(bt.r);                              //根结点进队
    string str(1,bt.r->data);
    str=" "+str;
    while (!qu.empty()) {                       //队不空时循环
        cout << "    第" << curl << "层结点: " << str << endl;
        str=" ";
        int n=qu.size();                        //求出当前层的结点个数
        for (int i=0;i<n;i++) {                 //出队当前层的n个结点
            BTNode *p=qu.front(); qu.pop();     //出队一个结点
            if (p->lchild!=NULL) {              //有左孩子时将其进队
                qu.push(p->lchild);
                str+=p->lchild->data;
                str+=" ";
            }
            if (p->rchild!=NULL) {              //有右孩子时将其进队
                qu.push(p->rchild);
                str+=p->rchild->data;
                str+=" ";
            }
        }
        curl++;                                 //转向下一层
    }
}
```

```
}
void Leveldisp4(BTree &bt) {                        //解法4：按层次顺序输出所有结点
    queue<BTNode *> qu;                             //定义一个队列qu
    int curl=1;                                     //当前层次,从1开始
    string str=" ";
    qu.push(bt.r);                                  //根结点进队
    qu.push(NULL);                                  //层次分隔元素
    while (!qu.empty()) {                           //队不空时循环
        BTNode *p=qu.front(); qu.pop();
        if (p!=NULL) {                              //出队一个结点
            str+=p->data;                           //当前结点是第curl层的结点
            str+=" ";
            if (p->lchild!=NULL)                    //有左孩子时将其进队
                qu.push(p->lchild);
            if (p->rchild!=NULL)                    //有右孩子时将其进队
                qu.push(p->rchild);
        }
        else {                                      //遇到队列空指针时转向下一层
            cout << "    第" << curl << "层结点: " << str << endl;
            str=" ";
            curl++;
            if (qu.size()>0) qu.push(NULL);
        }
    }
}
int main() {
    string str="A(B(D(,G)),C(E,F))";
    BTree bt;
    bt.CreateBTree(str);
    cout << "\n  二叉树bt:"; bt.DispBTree(); cout << endl;
    printf("  解法1:\n"); Leveldisp1(bt);
    printf("  解法2:\n"); Leveldisp2(bt);
    printf("  解法3:\n"); Leveldisp3(bt);
    printf("  解法4:\n"); Leveldisp4(bt);
    return 0;
}
```

上述程序的执行结果如图7.16所示。

图7.16 第7章应用实验题4的执行结果

5. 解：这里提供两种解法,解法 1 采用层次遍历,与应用实验题 4 的解法 4 的思路类似；解法 2 采用先序遍历,记录每一层从左到右的结点序列,再按题目要求输出。对应的实验程序 Exp2-5.cpp 如下：

```cpp
#include"BTree.cpp"                              //包含二叉树 BTree 类
#include <queue>
void solve1(BTree &bt) {                         //解法1：输出变向层次遍历序列
    queue <BTNode *> qu;                         //定义一个队列 qu
    vector <char> ans;
    qu.push(bt.r);                               //根结点进队
    qu.push(NULL);                               //层次分隔元素
    bool lefttoright=true;                       //是否从左向右
    while (!qu.empty()) {                        //队不空时循环
        BTNode *p=qu.front(); qu.pop();          //出队一个结点
        if (p!=NULL) {
            ans.push_back(p->data);
            if (p->lchild!=NULL)                 //有左孩子时将其进队
                qu.push(p->lchild);
            if (p->rchild!=NULL)                 //有右孩子时将其进队
                qu.push(p->rchild);
        }
        else {                                   //遇到队列空指针时转向下一层
            printf("\t");
            if (lefttoright) {
                for (int i=0;i<ans.size();i++)   //正向输出 ans
                    printf("%c ",ans[i]);
                printf("\n");
            }
            else {
                for (int i=ans.size()-1;i>=0;i--)  //反向输出
                    printf("%c ",ans[i]);
                printf("\n");
            }
            ans.clear();
            lefttoright=!lefttoright;
            if (qu.size()>0) qu.push(NULL);
        }
    }
}
void solve21(BTNode *b,int h,vector <vector <char> > &res) {  //求层次遍历结果 res
    if (b==NULL) return;
    if (res.size()<h)
        res.push_back(vector <char>());
    res[h-1].push_back(b->data);
    solve21(b->lchild,h+1,res);
    solve21(b->rchild,h+1,res);
}
void solve2(BTree &bt) {                         //解法2：输出变向层次遍历序列
    vector <vector <char> > res;
    solve21(bt.r,1,res);
    bool lefttoright=true;                       //是否从左向右
    for (int i=0;i<res.size();i++) {
        printf("\t");
```

```
            if (lefttoright) {
                for (int j=0;j<res[i].size();j++)          //正向输出 res[i]
                    printf("%c ",res[i][j]);
                printf("\n");
            }
            else {
                for (int j=res[i].size()-1;j>=0;j--)       //反向输出 res[i]
                    printf("%c ",res[i][j]);
                printf("\n");
            }
            lefttoright=!lefttoright;
        }
}
int main() {
    string str="A(B(D(,G)),C(E(H,I),F(J)))";
    BTree bt;
    bt.CreateBTree(str);
    cout << "\n  二叉树 bt:"; bt.DispBTree(); cout << endl;
    printf("   解法 1 的输出结果\n");
    solve1(bt);
    printf("   解法 2 的输出结果\n");
    solve2(bt);
    return 0;
}
```

上述程序的执行结果如图 7.17 所示。

图 7.17 第 7 章应用实验题 5 的执行结果

6. 解：先序遍历的求解思路见《教程》中的例 7.15 的解法 2，层次遍历的求解思路见《教程》中的例 7.18。对应的实验程序 Exp2-6.cpp 如下：

```
#include"BTree.cpp"                                        //包含二叉树 BTree 类
#include <queue>
void Allpath11(BTNode * b,vector<char> path) {             //被 Allpath1 调用
    if (b==NULL) return;                                   //空树返回
    path.push_back(b->data);
    if (b->lchild==NULL && b->rchild==NULL) {              //为叶子结点
        printf("   根结点到%c 的路径: ",b->data);            //输出一条路径
        for (int i=0;i<path.size();i++)
            printf("%c ",path[i]);
        printf("\n");
        return;
    }
    Allpath11(b->lchild,path);                             //在左子树中查找
```

```
        Allpath11(b->rchild,path);                    //在右子树中查找
}
void Allpath1(BTree &bt) {                            //解法1：基于先序遍历
    vector<char> path;
    Allpath11(bt.r,path);
}
struct QNode {                                        //QNode类型
    BTNode *node;                                     //当前结点指针
    QNode *pre;                                       //当前结点的双亲结点
    QNode(BTNode *p1,QNode *p2) {                     //构造函数
        node=p1;
        pre=p2;
    }
};
void Allpath2(BTree &bt) {                            //解法2：基于层次遍历
    queue<QNode *> qu;                                //定义一个队列qu
    qu.push(new QNode(bt.r,NULL));                    //根结点(双亲为NULL)进队
    while (!qu.empty()) {                             //队不空时循环
        QNode *p=qu.front(); qu.pop();                //出队一个结点
        if (p->node->lchild==NULL && p->node->rchild==NULL) {  //p为叶子结点
            stack<char> path;                         //用栈path存放一条路径
            path.push(p->node->data);
            QNode *q=p->pre;                          //q为双亲
            while (q!=NULL) {                         //找到根结点为止
                path.push(q->node->data);
                q=q->pre;
            }
            printf("  根结点到%c的路径: ",p->node->data);
            while (!path.empty()) {                   //出栈一条路径并输出
                printf("%c ",path.top());
                path.pop();
            }
            printf("\n");
        }
        if (p->node->lchild!=NULL)                    //有左孩子时将其进队
            qu.push(new QNode(p->node->lchild,p));    //置其双亲结点为p
        if (p->node->rchild!=NULL)                    //有右孩子时将其进队
            qu.push(new QNode(p->node->rchild,p));    //置其双亲结点为p
    }
}
int main() {
    string str="A(B(D(,G)),C(E(H,I),F(J)))";
    BTree bt;
    bt.CreateBTree(str);
    cout << "\n  二叉树bt:"; bt.DispBTree(); cout << endl;
    printf("  解法1的输出结果\n");
    Allpath1(bt);
    printf("  解法2的输出结果\n");
    Allpath2(bt);
    return 0;
}
```

上述程序的执行结果如图7.18所示。

7. 解：若判断二叉树bt2是否为二叉树bt1的子树，先产生bt1和bt2的先序序列化串

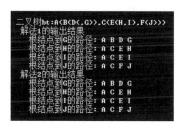

图 7.18　第 7 章应用实验题 6 的执行结果

s 和 t，采用 KMP 判断 t 是否为 s 的子串，如果是子串则 bt2 是 bt1 的子树，否则不是其子树。对应的实验程序 Exp2-7.cpp 如下：

```cpp
#include"BTree.cpp"                          //包含二叉树 BTree 类
string PreOrderSeq1(BTNode * b) {            //序列化
    if (b==NULL) return "#";
    string s(1,b->data);                     //含根结点
    s+=PreOrderSeq1(b->lchild);              //产生左子树的序列化序列
    s+=PreOrderSeq1(b->rchild);              //产生右子树的序列化序列
    return s;
}
string PreOrderSeq(BTree &bt) {              //二叉树 bt 的序列化
    return PreOrderSeq1(bt.r);
}
void GetNext(string t,int * next) {          //由模式串 t 求出 next 值
    int j,k;
    j=0; k=-1;
    next[0]=-1;
    while (j<t.length()-1) {
        if (k==-1 || t[j]==t[k]) {           //k 为-1 或比较的字符相等时
            j++; k++;                        //依次移到下一个字符
            next[j]=k;
        }
        else
            k=next[k];                       //比较的字符不相等时
                                             //k 回退
    }
}
int KMP(string s,string t) {                 //基本 KMP 算法
    int n=s.length(),m=t.length();
    int * next=new int[m];
    GetNext(t,next);                         //求出部分匹配信息 next 数组
    int i=0,j=0;
    while (i<n && j<m) {                     //s 和 t 均没有遍历完
        if (j==-1 || s[i]==t[j]) {           //j=-1 或者比较的字符相等时
            i++; j++;                        //i,j 各增加 1
        }
        else
            j=next[j];                       //比较的字符不相等时
                                             //i 不变,j 回退
    }
    if (j>=m) return i-m;                    //t 串遍历完毕:匹配成功返回 t 在 s 中的首字符索引
    else return -1;                          //s 串遍历完而 t 串没有遍历完:匹配不成功返回-1
}
bool Subtree(BTree &bt1,BTree &bt2) {        //判断 bt2 是否为 bt1 的子树
    string s,t;
    s=PreOrderSeq(bt1);
```

```
        t=PreOrderSeq(bt2);
        cout << "        前者: " << s << "    后者: " << t << endl;
        if (KMP(s,t)!=-1) return true;
        else return false;
}
int main() {
    string str1="A(B(D,E),C(,F(G)))";
    string str2="B(D,E)";
    string str3="C(F,G)";
    BTree bt1,bt2,bt3;
    bt1.CreateBTree(str1);
    bt2.CreateBTree(str2);
    bt3.CreateBTree(str3);
    cout << "\n    二叉树 bt1:"; bt1.DispBTree(); cout << endl;
    cout << "    二叉树 bt2:"; bt2.DispBTree(); cout << endl;
    cout << "    二叉树 bt3:"; bt3.DispBTree(); cout << endl;
    printf("    (1)判断 bt1 和 bt2\n");
    if (Subtree(bt1,bt2))
        printf("        结果:bt2 是 bt1 的子树\n");
    else
        printf("        结果:bt2 不是 bt1 的子树\n");
    printf("    (2)判断 bt1 和 bt3\n");
    if (Subtree(bt1,bt3))
        printf("        结果:bt3 是 bt1 的子树\n");
    else
        printf("        结果:bt3 不是 bt1 的子树\n");
    return 0;
}
```

上述程序的执行结果如图 7.19 所示。

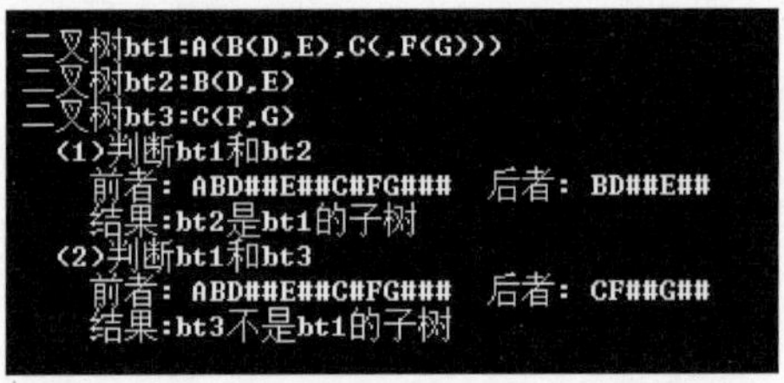

图 7.19 第 7 章应用实验题 7 的执行结果

8. 解：构造哈夫曼树和哈夫曼编码的原理参见《教程》中的 7.7 节。对应的实验程序 Exp2-8.cpp 如下：

```
#include <iostream>
#include <queue>
#include <string>
#include <algorithm>
using namespace std;
const int MaxSize=100;                              //最多总结点个数
int n0=8;                                           //编码的字符个数
char D[]={'a','b','c','d','e','f','g','h'};        //字符列表
int W[]={7,19,2,6,32,3,21,10};                      //权值列表
struct HTNode {                                     //哈夫曼树结点类
    char data;                                      //结点值
```

```cpp
        int weight;                              //权值
        int parent;                              //双亲结点
        int lchild;                              //左孩子结点
        int rchild;                              //右孩子结点
        bool flag;                               //标识是双亲的左(true)或者右(false)孩子
        HTNode() {                               //构造函数
            data=' ';
            parent=lchild=rchild=-1;
        }
        HTNode(char d,int w) {                   //重载构造函数
            data=d;
            weight=w;
            parent=lchild=rchild=-1;
            flag=true;
        }
};
HTNode ht[MaxSize];                              //ht 存放哈夫曼树
string hcd[MaxSize];                             //hcd 存放哈夫曼编码
struct HeapNode {                                //优先队列元素类型
    int w;                                       //权值
    int i;                                       //对应哈夫曼树中的结点编号
    HeapNode(double w1,int i1):w(w1),i(i1) {}    //构造函数
    bool operator <(const HeapNode &s) const {   //将当前对象跟对象 s 进行比较
        return w>s.w;                            //按 w 越小越优先出队
    }
};
void CreateHT() {                                //构造哈夫曼树
    priority_queue<HeapNode> qu;                 //建立优先队列(w 小根堆)
    for (int i=0;i<n0;i++) {                     //i 从 0 到 n0-1 循环建立 n0 个叶子结点并进队
        ht[i]=HTNode(D[i],W[i]);                 //建立一个叶子结点
        qu.push(HeapNode(W[i],i));               //将(W[i],i)进队
    }
    for (int i=n0;i<2*n0-1;i++) {                //i 从 n0 到 2n0-2 循环做 n0-1 次合并操作
        HeapNode p1=qu.top(); qu.pop();          //出队两个权值最小的元素 p1 和 p2
        HeapNode p2=qu.top(); qu.pop();
        ht[i]=HTNode();                          //新建 ht[i]结点
        ht[i].weight=ht[p1.i].weight+ht[p2.i].weight;   //求权值和
        ht[p1.i].parent=i;                       //设置 p1 的双亲为 ht[i]
        ht[i].lchild=p1.i;                       //将 p1 作为双亲 ht[i]的左孩子
        ht[p1.i].flag=true;
        ht[p2.i].parent=i;                       //设置 p2 的双亲为 ht[i]
        ht[i].rchild=p2.i;                       //将 p2 作为双亲 ht[i]的右孩子
        ht[p2.i].flag=false;
        qu.push(HeapNode(ht[i].weight,i));       //将新结点 ht[i]进队
    }
}
void DispHT() {                                  //输出哈夫曼树
    printf("   i    ");
    for (int i=0;i<2*n0-1;i++) printf("%4d",i);
    printf("\n");
    printf("   D[i]  ");
    for (int i=0;i<2*n0-1;i++) printf("%4c",ht[i].data);
    printf("\n");
    printf("   W[i]  ");
    for (int i=0;i<2*n0-1;i++) printf("%4d",ht[i].weight);
```

```cpp
        printf("\n");
        printf("  parent ");
        for (int i=0;i<2*n0-1;i++) printf("%4d",ht[i].parent);
        printf("\n");
        printf("  lchild ");
        for (int i=0;i<2*n0-1;i++) printf("%4d",ht[i].lchild);
        printf("\n");
        printf("  rchild ");
        for (int i=0;i<2*n0-1;i++) printf("%4d",ht[i].rchild);
        printf("\n");
    }
    void CreateHCode() {                            //根据哈夫曼树求哈夫曼编码
        for (int i=0;i<n0;i++) {                    //遍历下标从 0 到 n0-1 的叶子结点
            string code="";
            int j=i;                                //从 ht[i]开始找双亲结点
            while (ht[j].parent!=-1) {
                if (ht[j].flag)
                    code+="0";                      //ht[j]结点是双亲的左孩子
                else
                    code+="1";                      //ht[j]结点是双亲的右孩子
                j=ht[j].parent;
            }
            reverse(code.begin(),code.end());       //将 code 逆置并添加到 hcd 中
            hcd[i]=code;
        }
    }
    void DispHCode() {                              //输出哈夫曼编码
        for (int i=0;i<n0;i++)
            cout << "    " << ht[i].data << ":" << hcd[i] << endl;
    }
    int main() {
        printf("\n  (1)建立哈夫曼树\n");
        CreateHT();
        printf("  (2)输出哈夫曼树\n");
        DispHT();
        printf("  (3)建立哈夫曼编码\n");
        CreateHCode();
        printf("  (4)输出哈夫曼编码\n");
        DispHCode();
        return 0;
    }
```

上述程序的执行结果如图 7.20 所示。

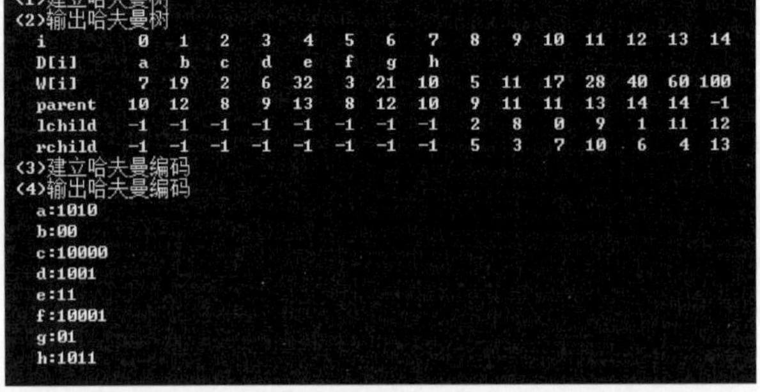

```
<1>建立哈夫曼树
<2>输出哈夫曼树
  i       0   1   2   3   4   5   6   7   8   9  10  11  12  13  14
  D[i]    a   b   c   d   e   f   g   h
  W[i]    7  19   2   6  32   3  21  10   5  11  17  28  40  60 100
  parent 10  12   8   9   8  12  10   9  11  11  13  14  13  14  -1
  lchild -1  -1  -1  -1  -1  -1  -1  -1   2   8   0   9   1  11  12
  rchild -1  -1  -1  -1  -1  -1  -1  -1   5   3   7  10   6   4  13
<3>建立哈夫曼编码
<4>输出哈夫曼编码
    a:1010
    b:00
    c:10000
    d:1001
    e:11
    f:10001
    g:01
    h:1011
```

图 7.20 第 7 章应用实验题 8 的执行结果

第 8 章 图

8.1 问答题及其参考答案

8.1.1 问答题

1. 图 G 是一个非连通无向图,共有 28 条边,则该图至少有多少个顶点?
2. 无向图 G 有 24 个顶点、30 条边,所有顶点的度均不超过 4,且度为 4 的顶点有 5 个,度为 3 的顶点有 8 个,度为 2 的顶点有 6 个,该图 G 是连通图吗?
3. 一个含 n 个顶点的图采用邻接矩阵 $g1$ 存储,现在将其中两个编号分别为 i 和 j 的顶点的编号交换(i、j 均为有效顶点编号)得到新图,给出由 $g1$ 得到新图邻接矩阵 $g2$ 的操作。
4. 有一个带权有向图如图 8.1 所示,回答以下问题:
(1) 给出该图的邻接矩阵表示。
(2) 给出该图的邻接表表示(同一个顶点的多个邻接点按编号递减排列)。
(3) 给出该图的逆邻接表表示(同一个顶点的多个逆邻接点按编号递减排列)。
(4) 和邻接表相比,逆邻接表的主要作用是什么?
5. 图的遍历算法 DFS 和 BFS 对无向图和有向图都适用吗?
6. 图的广度优先遍历类似于树的层次遍历,需要使用何种辅助结构?
7. 图的深度优先遍历是针对顶点的,要求按一定的方式访问图中的所有顶点,且每个顶点仅访问一次,可否针对边也使用遍历算法?
8. 如图 8.2 所示的无向图采用邻接表表示(假设每个边结点单链表中按顶点的编号递增排列),给出从顶点 0 出发进行深度优先遍历的深度优先生成树,以及从顶点 0 出发进行广度优先遍历的广度优先生成树。

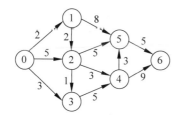

图 8.1 一个带权有向图

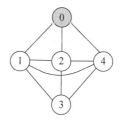

图 8.2 一个无向图

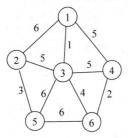

图 8.3　一个带权连通图

9. 采用 Prim 算法(从顶点 1 出发)构造出如图 8.3 所示的带权连通图的一棵最小生成树,求出最小生成树的权值和。

10. 采用 Kruskal 算法构造出如图 8.3 所示的带权连通图的一棵最小生成树。该算法与 Prim 算法从顶点 1 出发构造最小生成树的算法是否相同?若相同,是不是说明任意带权连通图采用这两种算法构造的最小生成树一定是相同的?

11. 对于一个带权连通图,可以采用 Prim 算法构造出从某个顶点 v 出发的最小生成树,问该最小生成树是否一定包含从顶点 v 到其他所有顶点的最短路径。如果回答是,请予以证明;如果回答不是,请给出反例。

12. 对于如图 8.4 所示的带权有向图,采用狄克斯特拉算法求出从顶点 0 到其他各顶点的最短路径及其长度。

13. 设图 8.5 中的顶点表示村庄,有向边代表交通路线,若要建立一家医院,试问建在哪一个村庄能使各村庄的总交通代价最小。

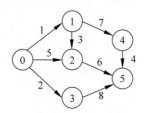

图 8.4　一个带权有向图

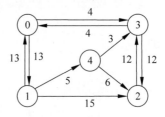

图 8.5　一个有向图

14. 设 A 为一个不带权图的 0/1 邻接矩阵,定义:

$$A^{(1)} = A$$
$$A^{(k)} = A^{(k-1)} \times A$$

试证明 $A[i][j]$ 的值即为从顶点 i 到顶点 j 的长度为 k 的路径数目。

15. 可以对一个不带权有向图的所有顶点重新编号,把所有表示边的非 0 元素集中到邻接矩阵的上三角部分。那么根据什么顺序对顶点进行编号?

16. 已知有 6 个顶点(顶点编号为 0～5)的有向带权图 G,其邻接矩阵 A 为上三角矩阵,以行为主序(行优先)保存在如下的一维数组中。

4	6	∞	∞	∞	5	∞	∞	∞	4	3	∞	∞	3	3

要求:

(1) 写出图 G 的邻接矩阵 A。

(2) 画出有向带权图 G。

(3) 求图 G 的关键路径,并计算该关键路径的长度。

8.1.2　问答题参考答案

1. 答:由于 G 是一个非连通无向图,在边数固定时,顶点数最少的情况是该图由两个连通子图构成,且其中之一只含一个顶点,另一个为完全图。其中只含一个顶点的子图没有边,另一个完全图的边数为 $n(n-1)/2$,即 $n(n-1)/2=28$,得 $n=8$。所以该图至少有 1+

8=9 个顶点。

2. 答：这里有 $n=24, e=30, n_4=5, n_3=8, n_2=6$，所有顶点度之和为 $4n_4+3n_3+2n_2+n_1=56+n_1=2e=60$，求得 $n_1=4$，而 $n=n_4+n_3+n_2+n_1+n_0$，则 $n_0=24-5-8-6-4=1$，由于存在度为 0 的顶点，则该图是不连通的。

3. 答：将 **g**1 中二维数组 edges 的第 i 行和第 j 行交换，再将第 i 列和第 j 列交换便得到新图邻接矩阵 **g**2。

4. 答：(1) 该图的邻接矩阵表示如图 8.6 所示。

(2) 该图的邻接表表示如图 8.7 所示。

$$\begin{pmatrix} 0 & 2 & 5 & 3 & \infty & \infty & \infty \\ \infty & 0 & 2 & \infty & \infty & 8 & \infty \\ \infty & \infty & 0 & 1 & 3 & 5 & \infty \\ \infty & \infty & \infty & 0 & 5 & \infty & \infty \\ \infty & \infty & \infty & \infty & 0 & 3 & 9 \\ \infty & \infty & \infty & \infty & \infty & 0 & 5 \\ \infty & \infty & \infty & \infty & \infty & \infty & 0 \end{pmatrix}$$

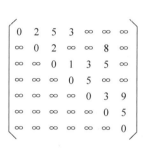

图 8.6　一个邻接矩阵

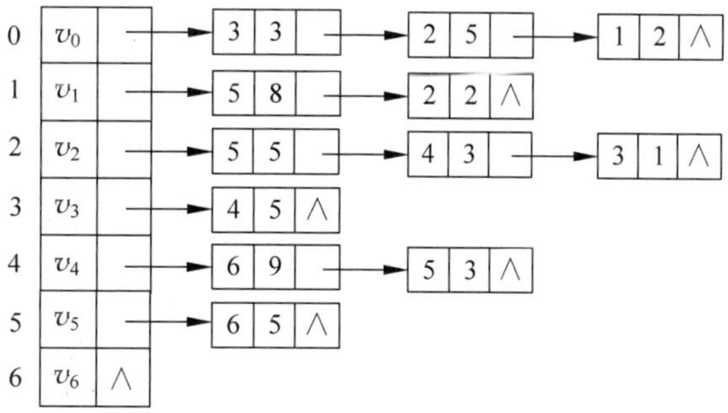

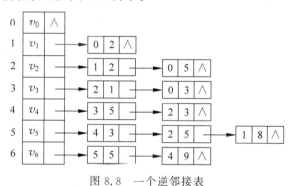

图 8.7　一个邻接表

(3) 该图的逆邻接表表示如图 8.8 所示。

图 8.8　一个逆邻接表

(4) 和邻接表相比，逆邻接表更适合于求顶点的入度，找顶点的入边和入边邻接点。

5. 答：图的遍历对无向图和有向图都适用。但如果无向图不是连通的，或有向图从起始点出发不能访问全部顶点，调用一次遍历算法只能访问无向图中的一个连通分量或者有向图中的部分顶点，在这种情况下需要多次调用遍历算法。

6. 答：图的广度优先遍历类似于树的层次遍历，需要使用队列辅助结构。树的层次遍历在从队列中退出一个结点并访问后，将它的所有孩子结点入队。图的广度优先遍历在从队列中退出一个顶点并访问后，将它的所有未访问过的相邻顶点进队。

7. 答：可以。用二维辅助数组 visited 来记录一条边是否被访问过，初始时所有元素为 0。可以从任一顶点 i 出发，对于访问的一条边 $<i,j>$，置 visited[i][j]=1 表示该边已被访问过，下次再找邻接边 $<i,k>$ 时只有在 visited[i][k] 为 0 时才从顶点 k 出发进行递归调用。整个过程与顶点遍历的深度优先过程相同。

8. 答：从顶点 0 出发进行深度优先遍历的序列是 0,1,2,3,4，对应的深度优先生成树如图 8.9 所示。从顶点 0 出发进行广度优先遍历的序列是 0,1,2,4,3,对应的广度优先生成树如图 8.10 所示。

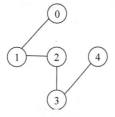

图 8.9　一棵深度优先生成树

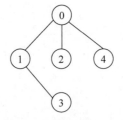

图 8.10　一棵广度优先生成树

9. 答：采用 Prim 算法从顶点 1 出发构造最小生成树的过程如图 8.11 所示。该最小生成树的权值和为 1+2+3+4+5=15。

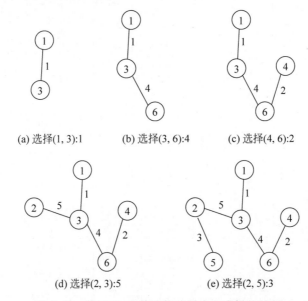

图 8.11　使用 Prim 算法构造最小生成树的过程

10. 答：采用 Kruskal 算法构造最小生成树的过程如图 8.12 所示,结果与 Prim 算法从顶点 1 出发构造最小生成树的算法相同,但并不能说明任意带权连通图采用这两种算法构造的最小生成树一定相同。

11. 答：不是。如图 8.13(a)所示的带权连通图从顶点 0 出发构造的一棵最小生成树如图 8.13(b)所示,从顶点 0 到顶点 2 的最短路径为 0→2,而不是最小生成树中的 0→1→2。

12. 答：采用狄克斯特拉算法求出从顶点 0 到其他各顶点的最短路径及其长度如下。

　　从 0 到 1 的最短路径长度为 1,最短路径为 0→1。

　　从 0 到 2 的最短路径长度为 4,最短路径为 0→1→2。

　　从 0 到 3 的最短路径长度为 2,最短路径为 0→3。

　　从 0 到 4 的最短路径长度为 8,最短路径为 0→1→4。

　　从 0 到 5 的最短路径长度为 10,最短路径为 0→3→5。

13. 答：采用 Floyd 算法求出两顶点之间的最短路径长度,图的邻接矩阵如图 8.14 所示,最后求得任意两个顶点之间的最短路径长度数组 A,如图 8.15 所示。

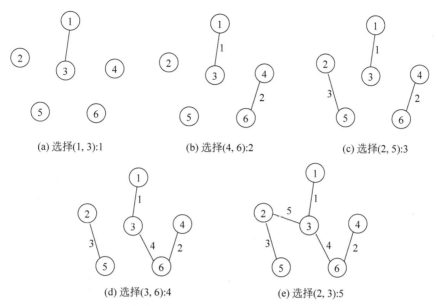

(a) 选择(1, 3):1　　　(b) 选择(4, 6):2　　　(c) 选择(2, 5):3

(d) 选择(3, 6):4　　　(e) 选择(2, 3):5

图 8.12　使用 Kruskal 算法构造最小生成树的过程

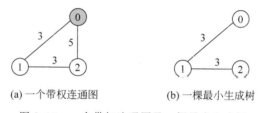

(a) 一个带权连通图　　　(b) 一棵最小生成树

图 8.13　一个带权连通图及一棵最小生成树

$$A = \begin{pmatrix} 0 & 13 & \infty & 4 & \infty \\ 13 & 0 & 15 & \infty & 5 \\ \infty & \infty & 0 & 12 & \infty \\ 4 & \infty & 12 & 0 & \infty \\ \infty & \infty & 6 & 3 & 0 \end{pmatrix}$$

图 8.14　邻接矩阵

$$A_4 = \begin{pmatrix} 0 & 13 & 16 & 4 & 18 \\ 12 & 0 & 11 & 8 & 5 \\ 16 & 29 & 0 & 12 & 34 \\ 4 & 17 & 12 & 0 & 22 \\ 7 & 20 & 6 & 3 & 0 \end{pmatrix}$$

图 8.15　最短路径长度数组 A

从 A_4 中求得每对村庄之间的最小交通代价。假设医院建在 i 村庄时其他各村庄往返的总交通代价如表 8.1 所示,显然把医院建在村庄 3 时总交通代价最小。

表 8.1　交通代价表

医院建在的村庄	各村庄往返的总交通代价
0	12+16+4+7+13+16+4+18=90
1	13+29+17+20+12+11+8+5=115
2	16+11+12+6+16+29+12+34=136
3	4+8+12+3+4+17+12+22=82
4	18+5+34+22+7+20+6+3+0=115

14. 证明:采用数学归纳法求证。

当 $k=1$ 时,$A^{(1)}$ 为邻接矩阵 A,而其中 $A[i][j]$ 的值只能是 0 或 1。若 $A[i][j]=0$,则说明图中没有从顶点 i 到顶点 j 的路径,即对应的边数为 0;若 $A[i][j]=1$,则说明图中存

在一条从顶点 i 到顶点 j 的路径,即对应的路径长度为1的边数为1。此时结论成立。

假设 $k=m$ 时结论成立,即 $A^{(k)}[i][j]$ 的值为从顶点 i 到顶点 j 的路径长度为 k 的数目。

当 $k=m+1$ 时,由于 $A^{(k+1)}[i][j]=\sum_{l=0}^{n-1}A^{(k)}[i][l]\times A[l][j]$(设 n 为图中的顶点数),其中 $A^{(k)}[i][l]$ 是从顶点 i 到顶点 l 的路径长度为 k 的数目,$A[l][j]$ 是从顶点 l 到顶点 j 的路径长度为1的数目。那么,对于任意一个 l,$A^{(k)}[i][l]\times A[l][j]$ 即为从顶点 i 到达顶点 l 后再直接到达 j 的路径长度为 $k+1$ 的数目,因此,对于所有的 $l(0\leqslant l\leqslant n)$,$A^{(k+1)}[i][j]=\sum_{l=0}^{n-1}A^{(k)}[i][l]\times A[l][j]$ 即为从顶点 i 到顶点 j 的路径长度为 $k+1$ 的数目。

$$A=\begin{pmatrix} 0 & 4 & 6 & \infty & \infty & \infty \\ \infty & 0 & 5 & \infty & \infty & \infty \\ \infty & \infty & 0 & 4 & 3 & \infty \\ \infty & \infty & \infty & 0 & \infty & 3 \\ \infty & \infty & \infty & \infty & 0 & 3 \\ \infty & \infty & \infty & \infty & \infty & 0 \end{pmatrix}$$

图 8.16 邻接矩阵 A

15. 答:首先对该有向图进行拓扑排序,把所有顶点排在一个拓扑序列中。然后按该序列对所有顶点重新编号,使得每条有向边的起点编号小于终点编号,这样就可以把所有边集中到邻接矩阵的上三角部分。

16. 答:(1) 图 G 的邻接矩阵 A 如图 8.16 所示。
(2) 有向带权图 G 如图 8.17 所示。
(3) 图 8.18 中粗线所标识的 4 个活动组成图 G 的关键路径。

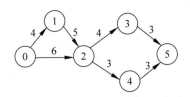

图 8.17 图 G

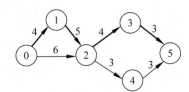

图 8.18 图 G 中的关键路径

8.2 算法设计题及其参考答案

8.2.1 算法设计题

1. 假设一个有向图采用邻接表 G 存储,设计一个算法求顶点 i 的所有入边邻接点。
2. 假设一个有向图采用邻接矩阵 g 存储,设计一个算法求顶点 i 的所有入边邻接点。
3. 假设一个有向图采用邻接表 G 存储,设计一个算法删除顶点 i 到 j 的一条边。
4. 假设无向图 G 采用邻接表存储,设计一个算法求其连通分量的个数。
5. 一个图 G 采用邻接矩阵作为存储结构,设计一个算法采用广度优先遍历判断顶点 i 到顶点 j 是否有路径(假设顶点 i 和 j 都是 G 中的顶点)。
6. 假设一个不带权连通图采用邻接表 G 存储,设计一个算法求距离顶点 v 的最短路径中最远的一个顶点。
7. 一个连通图采用邻接表作为存储结构,设计一个算法实现从顶点 v 出发的深度优先遍历的非递归过程。
8. 假设一个无向图采用邻接表 G 作为存储结构,设计一个算法判断其中是否存在经过

顶点 v 的简单回路(环)。

9. 假设一个无向图采用邻接表 G 作为存储结构,设计一个算法在存在经过顶点 v 的简单回路时输出其中任意一条简单回路。

10. 假设一个无向图采用邻接表 G 作为存储结构,设计一个算法在存在经过顶点 v 的回路时输出所有这样的简单回路。

11. 假设一个图采用邻接表 G 作为存储结构,设计一个算法输出顶点 u 到 v 的不经过顶点 k 的所有简单路径。

12. 假设一棵二叉树采用二叉链 bt 存储,每个结点值为一个整数,设计一个算法输出从根结点到每个叶子结点的路径及其路径和(树中的路径和是指路径中的所有结点值之和)。

13. 假设一棵二叉树采用二叉链 bt 存储,每个结点值为一个整数,设计一个算法输出从根结点到叶子结点的路径中所有路径和等于 sum 的路径(树中的路径和是指路径中的所有结点值之和)。

14. 假设一棵哈夫曼树采用二叉链 bt 存储,结点类型如下:

```
struct BTNode {
    char ch;                    //编码的字符或者为空
    int data;                   //权值
    BTNode * lchild, * rchild;
}
```

设计一个算法输出每个叶子结点对应字符的哈夫曼编码。

15. 假设一个带权图 G 采用邻接矩阵存储,设计一个算法采用狄克斯特拉算法思路求顶点 s 到顶点 t 的最短路径长度(假设顶点 s 和 t 都是 G 中的顶点)。

16. 假设一个有向图采用邻接表 G 存储,设计一个算法采用拓扑排序判断其中是否有回路。

8.2.2 算法设计题参考答案

1. 解:若顶点 i 错误直接返回,否则用 vector<int>向量 inp 存放顶点 i 的入边邻接点,用 j 扫描所有的边单链表,对于 G.adjlist[j] 的单链表,如果其中存在 adjvex 域为 i 的结点,表示顶点 j 是顶点 i 的入边邻接点,将 j 添加到 inp 中。对应的算法如下:

```
void Invexi(AdjGraph &G, int i, vector<int> &inp) {
    if (i<0 || i>=G.n)                          //顶点 i 错误
        return;
    for (int j=0;j<G.n;j++) {
        ArcNode * p=G.adjlist[j].firstarc;
        while (p!=NULL) {
            if (p->adjvex==i) {
                inp.push_back(j);               //添加顶点 i 的入边邻接点 j
                break;
            }
            p=p->nextarc;
        }
    }
}
```

2. 解：若顶点 i 错误直接返回，否则用 vector<int>向量 inp 存放顶点 i 的入边邻接点，扫描第 i 列，将所有 g.edges[j][i]不等于 0/∞ 的 j 添加到 inp 中。对应的算法如下：

```cpp
void Invexi(MatGraph &g, int i, vector<int> &inp) {
    if (i<0 || i>=g.n)                            //顶点 i 错误
        return;
    for (int j=0; j<g.n; j++) {
        if (g.edges[j][i]!=0 && g.edges[j][i]!=INF)
            inp.push_back(j);                     //存在边<j,i>,添加顶点 i 的入边邻接点 j
    }
}
```

3. 解：由于是有向图，在 G.adjlist[i]的单链表中查找 adjvex 为 j 的结点 p，若找到这样的结点，通过前驱结点 pre 删除结点 p，将边数 e 减少 1。对应的算法如下：

```cpp
void Delij(AdjGraph &G, int i, int j) {
    if (i<0 || j<0 || i>=G.n || j>=G.n)           //顶点编号 i,j 错误
        return;
    ArcNode *p=G.adjlist[i].firstarc;
    if (p==NULL) return;
    if (p->adjvex==j) {                           //<i,j>对应首结点
        G.adjlist[i].firstarc=p->nextarc;
        delete p;
        G.e--;
        return;
    }
    ArcNode *pre=p;
    p=p->nextarc;
    while (p!=NULL && p->adjvex!=j) {             //查找 adjvex 为 j 的结点
        pre=p;
        p=p->nextarc;
    }
    if (p==NULL)                                  //没有找到直接返回
        return;
    else {
        pre->nextarc=p->nextarc;                  //找到后删除结点 p
        delete p;
        G.e--;
    }
}
```

4. 解：采用遍历方式求无向图 G 的连通分量个数 cnt(初始为 0)。先将 visited 数组中的元素均置初值 0，然后 i 从 0 到 $n-1$ 循环，若顶点 i 没有访问过，从它开始遍历该图(深度优先或广度优先均可)，每调用一次 cnt 增 1，最后返回 cnt。采用深度优先遍历的算法如下：

```cpp
int visited[MAXV];                                //全局数组
void DFS(AdjGraph &G, int v) {                    //深度优先遍历(邻接表)
    visited[v]=1;                                 //置已访问标记
    ArcNode *p=G.adjlist[v].firstarc;             //p 指向顶点 v 的第一个邻接点
    while (p!=NULL) {
        int w=p->adjvex;                          //邻接点为 w
        if (visited[w]==0)
```

```
            DFS(G,w);                              //若w顶点未访问,递归访问它
            p=p->nextarc;                          //将p设置为下一个邻接点
        }
    }
    int Count(AdjGraph &G) {                       //返回图G的连通分量个数
        int cnt=0;
        memset(visited,0,sizeof(visited));
        for (int i=0;i<G.n;i++) {
            if (visited[i]==0) {
                DFS(G,i);
                cnt++;                             //连通分量个数增1
            }
        }
        return cnt;
    }
```

5. 解：先置 visited 数组中的所有元素为 0,从顶点 i 出发进行广度优先遍历,遍历完毕后若 visited[j] 为 1,则顶点 i 到顶点 j 有路径,否则没有路径。对应的算法如下：

```
    int visited[MAXV];                             //全局数组
    void BFS(MatGraph &g,int v) {                  //广度优先遍历(邻接矩阵)
        queue<int> qu;                             //定义一个队列
        visited[v]=1;                              //设置已访问标记
        qu.push(v);                                //顶点 v 进队
        while (!qu.empty()) {                      //队列不空时循环
            int u=qu.front(); qu.pop();            //出队顶点 u
            for (int i=0;i<g.n;i++) {
                if (g.edges[u][i]!=0 && g.edges[u][i]!=INF) {
                    if (visited[i]==0) {
                        visited[i]=1;              //设置已访问标记
                        qu.push(i);                //邻接点进队
                    }
                }
            }
        }
    }
    bool Pathij(MatGraph &g,int i,int j) {         //求解算法
        memset(visited,0,sizeof(visited));         //初始化 visited 数组
        BFS(g,i);
        if (visited[j])
            return true;
        else
            return false;
    }
```

6. 解：假设图 G 采用邻接表存储结构。利用广度优先遍历算法,从 v 出发进行广度优先遍历时最后一层的顶点距离 v 最远。在遍历时用队列逐层暂存各个顶点,队列中的最后一个顶点 u 一定在最后一层,因此只要将该顶点作为结果即可。对应的算法如下：

```
    int Farthest(AdjGraph &G,int v) {              //利用广度优先遍历求距离v最远的顶点u
        int visited[MAXV];
        memset(visited,0,sizeof(visited));         //初始化 visited 数组
```

```
    queue<int> qu;                              //定义一个队列
    visited[v]=1;                               //设置已访问标记
    qu.push(v);                                 //顶点 v 进队
    int u;
    while (!qu.empty()) {                       //队列不空时循环
        u=qu.front(); qu.pop();                 //出队顶点 u
        ArcNode *p=G.adjlist[u].firstarc;       //找顶点 u 的第一个邻接点
        while (p!=NULL) {
            int w=p->adjvex;
            if (visited[w]==0) {                //若 u 的邻接点 w 未访问
                visited[w]=1;                   //设置已访问标记
                qu.push(w);                     //邻接点 w 进队
            }
            p=p->nextarc;                       //找下一个邻接点
        }
    }
    return u;
}
```

7. 解：深度优先遍历的非递归算法的思想是，采用一个栈 st 保存被访问过的结点，先访问顶点 v（修改访问标记）并将其进栈，栈 st 不空时循环，其栈顶顶点 x，只有在它没有未访问的邻接点时才退栈，否则找到一个未访问的邻接点 w，访问顶点 w（修改访问标记）并将其进栈，再进入下一轮循环。其过程如下：

```
定义一个栈 st;
visited 数组中的所有元素初始化为 0;
访问顶点 v, visited[v]=1, 顶点 v 进 st 栈;
while (栈 st 非空) {
    取 st 的栈顶顶点 x(不退栈);
    while (顶点 x 存在邻接点 w) {
        if (顶点 w 没有访问过) {
            访问顶点 w, 置 visited[w]=1;
            将顶点 w 进栈;
            退出第 2 重循环;                    //w 为栈顶元素,下一轮循环对 w 做同样的处理
        }
        继续找 x 的其他相邻点;
    }
    if (顶点 x 没有其他未访问的邻接点)
        将 x 退栈;                              //表示 x 处理完毕,所以将其退栈
}
```

对应的非递归深度优先遍历算法如下：

```
void DFS1(AdjGraph &G, int v) {                 //非递归深度优先遍历算法
    stack<int> st;                              //定义一个栈
    memset(visited,0,sizeof(visited));          //初始化所有元素为 0
    cout << v << " ";                           //访问顶点 v
    visited[v]=1;                               //设置已访问标记
    st.push(v);;                                //使顶点 v 进栈
    while (!st.empty()) {                       //栈不空时循环
        int x=st.top();                         //取栈顶顶点 x 作为当前顶点
        ArcNode *p=G.adjlist[x].firstarc;       //找顶点 x 的第一个邻接点
```

```
            while (p!=NULL) {
                int w=p->adjvex;                //x 的邻接点为 w
                if (visited[w]==0) {            //若顶点 w 没有访问
                    cout << w << " ";           //访问顶点 v
                    visited[w]=1;               //设置已访问标记
                    st.push(w);                 //将顶点 w 进栈
                    break;                      //退出循环,即再处理栈顶顶点(体现后进先出)
                }
                p=p->nextarc;                   //找顶点 x 的下一个相邻点
            }
            if (p==NULL) st.pop();              //若顶点 x 再没有未访问的相邻点,使其退栈
        }
    }
```

8. 解: 采用深度优先遍历方法求解。从图中顶点 v 出发遍历,对每个访问的顶点做标记(设置其 visited 元素为 1),并用 d 表示对应路径的长度(由于本题不需要求路径,所以不必用 path 数组)。当访问顶点 u 后,找到一个邻接点 w,如果 visited[w]=0 则继续遍历下去,若 visited[w]=1 并且 $w=v$ 和 $d>1$ 同时成立,表示从顶点 v 出发又回到顶点 v,而且路径长度大于 1($d=1$ 时对应 (v,u) 的情况,这不是回路),则说明存在一条经过顶点 v 的回路,如图 8.19 所示,返回 true。

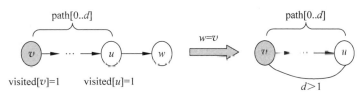

图 8.19 无向图中存在经过 v 的回路的示意图

对应的算法如下:

```
int visited[MAXV];                              //全局数组
bool Cycle(AdjGraph &G, int u, int v, int d) {  //经过顶点 v 的回路判断算法
    visited[u]=1; d++;                          //置已访问标记
    ArcNode * p=G.adjlist[u].firstarc;          //p 指向顶点 u 的第一个邻接点
    while (p!=NULL) {
        int w=p->adjvex;
        if (visited[w]==0) {                    //若顶点 w 未访问,递归访问它
            bool flag=Cycle(G,w,v,d);           //从顶点 w 出发搜索
            if (flag) return true;
        }
        else if (w==v && d>1)                   //搜索到顶点 v 并且路径长度大于 1
            return true;
        p=p->nextarc;                           //找下一个邻接点
    }
    return false;
}
bool hasCycle(AdjGraph &G, int v) {             //判断图 G 中是否有经过顶点 v 的回路
    memset(visited,0,sizeof(visited));          //visited 初始化
    return Cycle(G,v,v,-1);
}
```

9. 解：采用深度优先遍历方法求解。从图中顶点 v 出发遍历，用 path$[0..d]$ 记录走过的路径(末尾不含顶点 v，对于一个形如 $0\to 1\to 2\to 0$ 的简单回路, path=$\{0,1,2\}$，所以 d 至少为 2)。当访问顶点 u 后，找到一个邻接点 w，如果 visited$[w]=0$ 则继续遍历下去，若 visited$[w]=1$ 并且 $w=v$ 和 $d>1$ 同时成立，表示找到了一个经过顶点 v 的简单回路，输出 path 即可。对应的算法如下：

```
int visited[MAXV];                                    //全局数组
void dispaCycle1(AdjGraph &G,int u,int v,int path[],int d) {   //输出经过 v 的简单回路
    d++; path[d]=u;                                   //将顶点 u 添加到路径中
    visited[u]=1;                                     //设置已访问标记
    ArcNode *p=G.adjlist[u].firstarc;                 //p 指向顶点 u 的第一个邻接点
    while (p!=NULL) {
        int w=p->adjvex;
        if (visited[w]==0)                            //若顶点 w 未访问,递归访问它
            dispaCycle1(G,w,v,path,d);                //从顶点 w 出发搜索
        else if (w==v && d>1) {                       //搜索到顶点 v 并且路径长度大于 1
            for (int i=0;i<=d;i++)
                printf("%d->",path[i]);
            printf("%d\n",v);
            return;
        }
        p=p->nextarc;                                 //找下一个邻接点
    }
}
void dispaCycle(AdjGraph &G,int v) {                  //求解算法
    memset(visited,0,sizeof(visited));                //visited 初始化
    int path[MAXV];                                   //存放一条路径
    dispaCycle1(G,v,v,path,-1);
}
```

10. 解：提供了两种解法，思路与《教程》中的例 8.9 类似。

解法 1：采用带回溯的深度优先遍历，用 path$[0..d]$ 存放一条经过顶点 v 的简单回路(末尾不含顶点 v)。对应的算法如下：

```
int visited[MAXV];                                    //全局数组
void dispallCycle11(AdjGraph &G,int u,int v,int path[],int d) {  //被 dispallCycle1 调用
    d++; path[d]=u;                                   //将顶点 u 添加到路径中
    visited[u]=1;                                     //设置已访问标记
    ArcNode *p=G.adjlist[u].firstarc;                 //p 指向顶点 u 的第一个邻接点
    while (p!=NULL) {
        int w=p->adjvex;
        if (visited[w]==0)                            //若顶点 w 未访问,递归访问它
            dispallCycle11(G,w,v,path,d);             //从顶点 w 出发搜索
        else if (w==v && d>1) {                       //搜索到顶点 v 并且路径长度大于 1
            printf("\t");
            for (int i=0;i<=d;i++)
                printf("%d->",path[i]);
            printf("%d\n",v);
        }
        p=p->nextarc;                                 //找下一个邻接点
    }
}
```

```
        visited[u]=0;
    }
    void dispallCycle1(AdjGraph &G,int v) {          //算法1:输出经过v的所有简单回路
        memset(visited,0,sizeof(visited));            //visited 初始化
        int path[MAXV];                               //存放一条路径
        dispallCycle11(G,v,v,path,-1);
    }
```

解法 2:采用回溯法,解空间树的根结点对应顶点 v,但不将 inpath[v]设置为1,以便后面可以访问 v,用全局变量 vector<int>向量 path 存放路径(末尾含顶点 v,对于一个形如 0→1→2→0 的简单回路,path={0,1,2,0},所以 path 的长度至少为4)。叶子结点对应的顶点为 v 并且 path.size()>3。对应的算法如下:

```
    int inpath[MAXV];                                 //全局数组
    vector<int> path;                                 //全局变量
    void dispallCycle21(AdjGraph &G,int u,int v) {    //被 dispallCycle2 调用
        if (u==v && path.size()>3) {                  //叶子结点:找到一条回路后输出
            printf("\t");
            for (int i=0;i<path.size();i++)
                printf(" %d",path[i]);                //输出一条简单回路
            printf("\n");
            return;
        }
        ArcNode *p=G.adjlist[u].firstarc;             //扩展 u
        while (p!=NULL) {
            int w=p->adjvex;                          //找到 u 的邻接点 w
            if (inpath[w]==0) {                       //若顶点 w 不在 path 中
                path.push_back(w);                    //将顶点 w 添加到 path 中
                inpath[w]=1;                          //设置 w 在 path 中
                dispallCycle21(G,w,v);                //递归调用
                path.pop_back();                      //path 回退
                inpath[w]=0;                          //设置 w 不在 path 中
            }
            p=p->nextarc;
        }
    }
    void dispallCycle2(AdjGraph &G,int v) {           //解法2:输出经过v的所有简单回路
        memset(inpath,0,sizeof(inpath));              //初始化 inpath
        path.push_back(v);                            //将顶点 v 添加到 path 中
        dispallCycle21(G,v,v);
    }
```

11. 解:采用《教程》中的例8.9的两种解法。

解法 1:采用带回溯的深度优先遍历,先设置 visited[k]=1 让顶点 k 为不可访问顶点即可。对应的算法如下:

```
    int visited[MAXV];                                //全局数组
    void FindallPath11(AdjGraph &G,int u,int v,vector<int> path) {  //被 FindallPath1 调用
        visited[u]=1;
        path.push_back(u);                            //将顶点 u 加入到 path 中
        if (u==v) {                                   //找到一条路径后输出并返回
```

```cpp
            printf("\t");
            for (int i=0;i<path.size();i++)
                printf("%d  ",path[i]);
            printf("\n");
            visited[u]=0;                           //回溯,重置visited[u]为0
            return;
        }
        ArcNode *p=G.adjlist[u].firstarc;
        while (p!=NULL) {
            int w=p->adjvex;                        //找到u的邻接点w
            if (visited[w]==0)                      //若顶点w没有访问
                FindallPath11(G,w,v,path);          //从w出发继续查找
            p=p->nextarc;
        }
        visited[u]=0;                               //回溯,重置visited[u]为0
    }
    void FindallPath1(AdjGraph &G,int u,int v,int k) {  //解法1:求u到v不经过k的所有简单路径
        memset(visited,0,sizeof(visited));
        visited[k]=1;
        vector<int> path;                           //path存放搜索路径
        FindallPath11(G,u,v,path);
    }
```

解法2：采用回溯法，在扩展顶点 u 时跳过其邻接点为 k 的路径即可。对应的算法如下：

```cpp
    int inpath[MAXV];                               //全局数组
    vector<int> path;                               //全局变量
    void FindallPath21(AdjGraph &G,int u,int v,int k) {  //被Findallpath2调用
        if (u==v) {                                 //叶子结点:找到一条路径后输出
            printf("\t");
            for (int i=0;i<path.size();i++)         //输出一条路径
                printf("%d  ",path[i]);
            printf("\n");
            return;
        }
        ArcNode *p=G.adjlist[u].firstarc;           //扩展u
        while (p!=NULL) {
            int w=p->adjvex;                        //找到u的邻接点w
            if (w!=k && inpath[w]==0) {             //若顶点w不为k并且不在path中
                path.push_back(w);                  //将顶点w添加到path中
                inpath[w]=1;                        //使w在path中
                FindallPath21(G,w,v,k);             //递归调用
                path.pop_back();                    //path回退
                inpath[w]=0;                        //使w不在path中
            }
            p=p->nextarc;
        }
    }
    void FindallPath2(AdjGraph &G,int u,int v,int k) {  //解法2:求u到v不经过k的所有简单路径
        memset(inpath,0,sizeof(inpath));            //初始化inpath
        path.push_back(u);                          //将顶点u添加到path中
        inpath[u]=1;                                //设置u在path中
        FindallPath21(G,u,v,k);
    }
```

12. 解：采用回溯法求解，解空间树恰好就是给定的二叉树，从根结点搜索到每个叶子结点，输出路径(path)及路径和(sum)。对应的算法如下：

```
void Allpath1(BTNode *b, vector<int> path, int sum) {
    if (b->lchild==NULL && b->rchild==NULL) {    //到达叶子结点
        printf("    路径: ");                     //输出一条路径
        for (int i=0;i<path.size();i++)
            printf("%d ",path[i]);
        printf("\t 路径和=%d\n",sum);
        return;
    }
    if (b->lchild) {                              //走向左孩子结点
        path.push_back(b->lchild->data);          //扩展左孩子结点
        sum+=b->lchild->data;
        Allpath1(b->lchild,path,sum);
        path.pop_back();                          //从左孩子回退
        sum-=b->lchild->data;
    }
    if (b->rchild) {                              //走向右孩子结点
        path.push_back(b->rchild->data);          //扩展右孩子结点
        sum+=b->rchild->data;
        Allpath1(b->rchild,path,sum);
        path.pop_back();                          //从右孩子回退
        sum-=b->rchild->data;
    }
}
void Allpath(BTree &bt) {                         //求解算法
    if (bt.r==NULL) return;
    vector<int> path={bt.r->data};                //添加根结点值
    int sum=bt.r->data;
    Allpath1(bt.r,path,sum);
}
```

13. 解：采用回溯法求解，解空间树恰好就是给定的二叉树，从根结点搜索到每个叶子结点(用 path 存放路径)并且递减 sum，当到达某个叶子结点时 sum=0 则输出 path。对应的算法如下：

```
void Sumpath1(BTNode *b, vector<int> path, int sum) {
    if (b->lchild==NULL && b->rchild==NULL) {    //到达叶子结点
        if (sum==0) {
            printf("    路径: ");                 //输出一条路径
            for (int i=0;i<path.size();i++)
                printf("%d ",path[i]);
            printf("\n");
        }
        return;
    }
    if (b->lchild) {                              //走向左孩子结点
        path.push_back(b->lchild->data);          //扩展左孩子结点
        sum-=b->lchild->data;
        Sumpath1(b->lchild,path,sum);
        path.pop_back();                          //从左孩子结点回退
```

```cpp
            sum+=b->lchild->data;
        }
        if (b->rchild) {                              //走向右孩子结点
            path.push_back(b->rchild->data);          //扩展右孩子结点
            sum-=b->rchild->data;
            Sumpath1(b->rchild,path,sum);
            path.pop_back();                          //从右孩子结点回退
            sum+=b->rchild->data;
        }
    }
    void Sumpath(BTree &bt,int sum) {                 //输出路径和为 sum 的路径
        if (bt.r==NULL) return;
        vector<int> path={bt.r->data};                //添加根结点值
        sum-=bt.r->data;
        Sumpath1(bt.r,path,sum);
    }
```

14. **解**：采用回溯法求解，从根结点开始，走左分支时哈夫曼编码 hcd 添加 0，走右分支时 hcd 添加 1，到达叶子结点时输出 hcd。对应的算法如下：

```cpp
    void Huffman1(BTNode *b,string hcd) {
        if (b->lchild==NULL && b->rchild==NULL) {     //到达叶子结点
            cout << "    " << b->ch << ": " << hcd << endl;  //输出一个哈夫曼编码
            return;
        }
        if (b->lchild) {                              //走向左孩子结点
            hcd.push_back('0');                       //扩展左孩子结点
            Huffman1(b->lchild,hcd);
            hcd.pop_back();                           //从左孩子结点回退
        }
        if (b->rchild) {                              //走向右孩子结点
            hcd.push_back('1');                       //扩展右孩子结点
            Huffman1(b->rchild,hcd);
            hcd.pop_back();                           //从右孩子结点回退
        }
    }
    void Huffman(BTree &bt) {                         //输出每个叶子结点的哈夫曼编码
        if (bt.r==NULL) return;
        string hcd="";
        Huffman1(bt.r,hcd);
    }
```

15. **解**：采用基本的 Dijkstra 算法思路，以顶点 s 为源点，当找到的顶点 u 恰好为 t 时返回 dist[t]即可，没有找到顶点 t 时返回∞表示没有路径。对应的算法如下：

```cpp
    int Dijkstra(MatGraph &g,int s,int t,vector<int> &stpath) {  //求从 s 到 t 的一条最短路径 stpath
        if (s==t) return 0;
        int dist[MAXV];                               //建立 dist 数组
        int path[MAXV];                               //建立 path 数组
        int S[MAXV];                                  //建立 S 数组
        for (int i=0;i<g.n;i++) {                     //从源点 s 开始
            dist[i]=g.edges[s][i];                    //初始化距离
```

```
            S[i]=0;                                    //S[]置空
            if (g.edges[s][i]!=0 && g.edges[s][i]<INF)
                path[i]=s;                             //s 到 i 有边时置 i 的前驱顶点为 v
            else
                path[i]=-1;                            //s 到 i 没边时置 i 的前驱顶点为-1
        }
        S[s]=1;                                        //将源点 s 放入 S 中
        int mindis,u=-1;
        for (int i=0;i<g.n-1;i++) {                    //循环向 S 中添加 n-1 个顶点
            mindis=INF;                                //为 mindis 设置最小长度初值
            for (int j=0;j<g.n;j++) {                  //选取不在 S 中且具有最小距离的顶点 u
                if (S[j]==0 && dist[j]<mindis) {
                    u=j;
                    mindis=dist[j];
                }
            }
            S[u]=1;                                    //将顶点 u 加入 S 中
            if (u==t) {                                //找到终点 t
                int pre=path[t];
                if (pre==-1)                           //没有路径的情况
                    return INF;
                stpath.push_back(t);                   //添加终点 t
                while (pre!=s) {
                    stpath.push_back(pre);
                    pre=path[pre];
                }
                stpath.push_back(s);                   //添加起点 s
                reverse(stpath.begin(),stpath.end());
                return dist[t];
            }
            for (int j=0;j<g.n;j++) {                  //修改不在 S 中的顶点的距离
                if (S[j]==0) {
                    if (g.edges[u][j]<INF && dist[u]+g.edges[u][j]<dist[j]) {
                        dist[j]=dist[u]+g.edges[u][j];
                        path[j]=u;
                    }
                }
            }
        }
        return INF;
    }
```

16. 解：采用拓扑排序，累计拓扑序列中的顶点个数 cnt，若 cnt=G.n，说明拓扑排序成功，没有回路返回 false，否则返回 true 表示存在回路。对应的算法如下：

```
    bool TopSort(AdjGraph &G) {                        //采用拓扑排序判断是否有回路
        stack <int> st;                                //定义一个栈
        int ind[MAXV];                                 //记录每个顶点的入度
        memset(ind,0,sizeof(ind));
        ArcNode *p;
        for (int i=0;i<G.n;i++) {                      //求所有顶点的入度
            p=G.adjlist[i].firstarc;
```

```
            while (p!=NULL) {                //处理顶点i的所有出边
                int w=p->adjvex;             //存在有向边<i,w>
                ind[w]++;                    //顶点w的入度增1
                p=p->nextarc;
            }
        }
        for (int i=0;i<G.n;i++)              //将所有入度为0的顶点进栈
            if (ind[i]==0) st.push(i);
        int cnt=0;                           //累计拓扑序列的顶点个数
        while (!st.empty()) {                //栈不为空时循环
            int i=st.top(); st.pop();        //出栈一个顶点i
            cnt++;
            p=G.adjlist[i].firstarc;         //找顶点i的第一个邻接点
            while (p!=NULL) {
                int w=p->adjvex;             //邻接点为w
                ind[w]--;                    //顶点w的入度减1
                if (ind[w]==0) st.push(w);   //入度为0的邻接点w进栈
                p=p->nextarc;                //找下一个邻接点
            }
        }
        return !cnt==G.n;
    }
```

8.3 基础实验题及其参考答案

8.3.1 基础实验题

1. 编写一个图的实验程序,设计邻接表类 AdjGraph 和邻接矩阵类 MatGraph,由带权有向图的边数组 a 创建邻接表 G,由 G 转换为邻接矩阵 g,再由 g 转换为邻接表 $G1$,输出 G、g 和 $G1$。用相关数据进行测试。

2. 编写一个图的实验程序,给定一个连通图,采用邻接表 G 存储,输出根结点为 0 的一棵深度优先生成树和一棵广度优先生成树。用相关数据进行测试。

3. 有一个文本文件 gin.txt 存放一个带权无向图的数据,第一行为 n 和 e,分别为顶点的个数和边数,接下来 e 行,每行为 u、v、w,表示顶点 u 到 v 的边的权值为 w。例如以下数据表示如图 8.20 所示的图(任意两个整数之间用空格分隔):

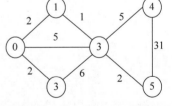

图 8.20 一个带权无向图

```
6 8
0 1 2
0 2 2
0 3 5
1 3 1
2 3 6
3 4 5
3 5 2
4 5 1
```

编写一个实验程序,利用文件 gin.txt 中的数据创建图的邻接矩阵,并求出顶点 0 到顶点 4 的所有路径及其路径长度。

4. 编写一个实验程序,利用文件 gin.txt 中的数据创建图的邻接矩阵,求出顶点 0 到顶点 5 经过边数最少的一条路径。

5. 编写一个实验程序,利用文件 gin.txt 中的数据创建图的邻接矩阵,采用 Prim 算法求出顶点 0 为起始点的一棵最小生成树。

6. 编写一个实验程序,利用文件 gin.txt 中的数据创建图的邻接矩阵,采用 Kruskal 算法求出一棵最小生成树。

7. 编写一个实验程序,利用文件 gin.txt 中的数据创建图的邻接矩阵,求出以顶点 0 为源点的所有单源最短路径及其长度。

8. 编写一个实验程序,利用文件 gin.txt 中的数据创建图的邻接矩阵,求出所有两个顶点之间的最短路径及其长度。

8.3.2 基础实验题参考答案

1. 解：图的邻接表和邻接矩阵两种存储结构参见《教程》中的 8.2 节。设计邻接表类的 AdjGraph.cpp 如下：

```cpp
#include <iostream>
using namespace std;
#ifndef MAXV
    #define MAXV 100                    //图中最多的顶点数
    #define INF 0x3f3f3f3f              //采用 INF 表示
#endif
struct ArcNode {                        //边结点类型
    int adjvex;                         //邻接点
    int weight;                         //权值
    ArcNode * nextarc;                  //指向下一条边的边结点
};
struct HNode {                          //头结点类型
    string info;                        //顶点信息
    ArcNode * firstarc;                 //指向第一条边的边结点
};
class AdjGraph {                        //图邻接表类
public:
    HNode adjlist[MAXV];                //头结点数组
    int n, e;                           //顶点数和边数
    AdjGraph() {                        //构造函数
        for (int i=0;i<MAXV;i++)        //将头结点的 firstarc 设置为空
            adjlist[i].firstarc=NULL;
    }
    ~AdjGraph() {                       //析构函数,释放图的邻接表空间
        ArcNode * pre, * p;
        for (int i=0;i<n;i++) {         //遍历所有的头结点
            pre=adjlist[i].firstarc;
            if (pre!=NULL) {
                p=pre->nextarc;
                while (p!=NULL) {       //释放 adjlist[i]的所有边结点空间
                    delete pre;
```

```cpp
                pre=p; p=p->nextarc;           //pre和p指针同步后移
            }
            delete pre;
        }
    }
}
    void CreateAdjGraph(int a[][MAXV],int n,int e) {  //通过边数组a、n和e来建立图的邻接表
        ArcNode *p;
        this->n=n; this->e=e;                  //设置顶点数和边数
        for (int i=0;i<n;i++) {                //检查邻接矩阵中的每个元素
            for (int j=n-1;j>=0;j--) {
                if (a[i][j]!=0 && a[i][j]!=INF) {  //存在一条边
                    p=new ArcNode();           //创建一个结点p
                    p->adjvex=j;
                    p->weight=a[i][j];
                    p->nextarc=adjlist[i].firstarc;  //采用头插法插入p
                    adjlist[i].firstarc=p;
                }
            }
        }
    }
    void DispAdjGraph() {                      //输出图的邻接表
        ArcNode *p;
        for (int i=0;i<n;i++) {                //遍历每个头结点
            printf("   [%d]",i);
            p=adjlist[i].firstarc;             //p指向第一个邻接点
            if (p!=NULL)   printf("→");
            while (p!=NULL) {                  //遍历第i个单链表
                printf(" (%d,%d)",p->adjvex,p->weight);
                p=p->nextarc;                  //p移向下一个邻接点
            }
            printf("\n");
        }
    }
};
```

设计邻接矩阵类的 MatGraph.cpp 如下：

```cpp
#include <iostream>
using namespace std;
#ifndef MAXV
    #define MAXV 100                           //图中最多的顶点数
    #define INF 0x3f3f3f3f                     //采用INF表示∞
#endif
class MatGraph {                               //图邻接矩阵类
public:
    int edges[MAXV][MAXV];                     //邻接矩阵数组,假设元素为int类型
    int n,e;                                   //顶点数和边数
    string vexs[MAXV];                         //存放顶点信息
    void CreateMatGraph(int a[][MAXV],int n,int e) {  //通过边数组a、n和e来建立图的邻接矩阵
        this->n=n; this->e=e;                  //设置顶点数和边数
        for (int i=0;i<n;i++) {
            for (int j=0;j<n;j++)
```

```cpp
            this->edges[i][j]=a[i][j];
        }
    }
    void DispMatGraph() {                              //输出图的邻接矩阵
        for (int i=0;i<n;i++) {
            for (int j=0;j<n;j++) {
                if (edges[i][j]==INF)
                    printf("%4s","∞");
                else
                    printf("%4d",edges[i][j]);
            }
            printf("\n");
        }
    }
};
```

设计实现图的两种存储结构相互转换的实验程序 Exp1-1.cpp 如下:

```cpp
#include"AdjGraph.cpp"                                 //包含图(邻接表)的基本运算算法
#include"MatGraph.cpp"                                 //包含图(邻接矩阵)的基本运算算法
void MatToAdj(MatGraph &g,AdjGraph &G) {               //由图的邻接矩阵转换为邻接表
    G.n=g.n; G.e=g.e;
    for (int i=0;i<g.n;i++) {                          //检查邻接矩阵中的每个元素
        for (int j=g.n-1;j>=0;j--) {
            if (g.edges[i][j]!=0 && g.edges[i][j]!=INF) {   //存在一条边<i,j>
                ArcNode *p=new ArcNode();              //创建一个结点 p
                p->adjvex=j;
                p->weight=g.edges[i][j];
                p->nextarc=G.adjlist[i].firstarc;
                G.adjlist[i].firstarc=p;               //采用头插法插入 p
            }
        }
    }
}
void AdjToMat(AdjGraph &G,MatGraph &g) {               //由图的邻接表转换为邻接矩阵
    g.n=G.n; g.e=G.e;
    for (int i=0;i<G.n;i++) {
        for (int j=0;j<G.n;j++) {
            if (i==j) g.edges[i][i]=0;                 //对角线设置为 0
            else g.edges[i][j]=INF;                    //其他设置为∞
        }
    }
    for (int i=0;i<G.n;i++) {                          //遍历所有边结点置权值
        ArcNode *p=G.adjlist[i].firstarc;
        while (p!=NULL) {
            int j=p->adjvex;
            int w=p->weight;
            g.edges[i][j]=w;
            p=p->nextarc;
        }
    }
}
int main() {
```

```
    AdjGraph G1,G2;
    MatGraph g1;
    int n=5,e=5;
    int a[MAXV][MAXV]={{0,8,INF,5,INF},{INF,0,3,INF,INF},{INF,INF,0,INF,6},
                      {INF,INF,9,0,INF},{INF,INF,INF,INF,0}};
    G1.CreateAdjGraph(a,n,e);
    printf("\n (1)由 a 创建邻接表 G1\n");
    printf("   图 G1\n"); G1.DispAdjGraph();
    printf(" (2)G1->g1\n");
    AdjToMat(G1,g1);
    printf("   g1:\n"); g1.DispMatGraph();
    printf(" (3) g1->G2\n");
    MatToAdj(g1,G2);
    printf("   G2:\n"); G2.DispAdjGraph();
    return 0;
}
```

上述程序的执行结果如图 8.21 所示。

图 8.21　第 8 章基础实验题 1 的执行结果

2. 解：图的深度优先生成树和广度优先生成树参见《教程》中的 8.5 节。对应的实验程序 Exp1-2.cpp 如下：

```cpp
#include"AdjGraph.cpp"           //包含图(邻接表)的基本运算算法
#include <vector>
#include <cstring>
#include <queue>
int visited[MAXV];               //全局数组
void DFSTree(AdjGraph &G, int v, vector<vector<int>> &t) {   //产生深度优先生成树
    visited[v]=1;                //设置已访问标记
    ArcNode *p=G.adjlist[v].firstarc;   //p 指向顶点 v 的第一个邻接点
    while (p!=NULL) {
        int w=p->adjvex;         //邻接点为 w
        if (visited[w]==0) {
            t.push_back({v,w});  //将边<v,w>添加到生成树中
            DFSTree(G,w,t);      //若 w 顶点未访问,递归遍历
        }
        p=p->nextarc;            //p 设置为下一个邻接点
    }
}
```

}
```cpp
void BFSTree(AdjGraph &G, int v, vector<vector<int>> &t) {    //产生广度优先生成树
    int visited[MAXV];
    memset(visited, 0, sizeof(visited));                      //初始化 visited 数组
    queue<int> qu;                                            //定义一个队列
    visited[v] = 1;                                           //设置已访问标记
    qu.push(v);                                               //顶点 v 进队
    while (!qu.empty()) {                                     //队列不空时循环
        int u = qu.front(); qu.pop();                         //出队顶点 u
        ArcNode *p = G.adjlist[u].firstarc;                   //查找顶点 u 的第一个邻接点
        while (p != NULL) {
            int w = p->adjvex;
            if (visited[w] == 0) {                            //若 u 的邻接点未访问
                t.push_back({u, w});                          //将边<u,w>添加到生成树中
                visited[w] = 1;                               //设置已访问标记
                qu.push(w);                                   //邻接点进队
            }
            p = p->nextarc;                                   //找下一个邻接点
        }
    }
}
int main() {
    AdjGraph G;
    int n = 10, e = 12;
    int a[MAXV][MAXV] = {{0,1,1,1,0,0,0,0,0,0},{1,0,0,0,1,1,0,0,0,0},{1,0,0,1,0,1,1,0,0,0},
                        {1,0,1,0,0,0,1,0,0},{0,1,0,0,0,0,0,0,0,0},{0,1,1,0,0,0,0,0,0,0},
                        {0,0,1,0,0,0,1,1,1},{0,0,0,1,0,0,1,0,0,0},{0,0,0,0,0,0,0,1,0,0,0},
                        {0,0,0,0,0,0,1,0,0,0}};
    G.CreateAdjGraph(a, n, e);
    printf("\n (1)创建邻接表 G\n");
    printf("  图 G\n"); G.DispAdjGraph();
    vector<vector<int>> t1, t2;
    DFSTree(G, 0, t1);
    printf(" (2)产生深度优先生成树 T1\n");
    printf("    T1: ");
    for (int i = 0; i < t1.size(); i++)
        printf("<%d,%d> ", t1[i][0], t1[i][1]);
    printf("\n");
    BFSTree(G, 0, t2);
    printf(" (3)产生广度优先生成树 T2\n");
    printf("    T2: ");
    for (int i = 0; i < t2.size(); i++)
        printf("<%d,%d> ", t2[i][0], t2[i][1]);
    printf("\n");
    return 0;
}
```

上述程序的执行结果如图 8.22 所示。

3. 解：修改前面基础实验题 1 中建立的 MatGraph.cpp，在 MatGraph 类中增加用于读

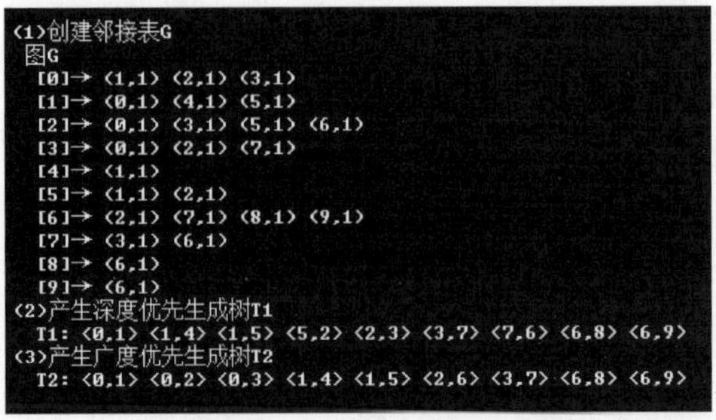

```
<1>创建邻接表G
图G
 [0]→ <1,1> <2,1> <3,1>
 [1]→ <0,1> <4,1> <5,1>
 [2]→ <0,1> <3,1> <5,1> <6,1>
 [3]→ <0,1> <2,1> <7,1>
 [4]→ <1,1>
 [5]→ <1,1> <2,1>
 [6]→ <2,1> <7,1> <8,1> <9,1>
 [7]→ <3,1> <6,1>
 [8]→ <6,1>
 [9]→ <6,1>
<2>产生深度优先生成树T1
T1: <0,1> <1,4> <1,5> <5,2> <2,3> <3,7> <7,6> <6,8> <6,9>
<3>产生广度优先生成树T2
T2: <0,1> <0,2> <0,3> <1,4> <1,5> <2,6> <3,7> <6,8> <6,9>
```

图 8.22 第 8 章基础实验题 2 的执行结果

取 gin.txt 文件并创建图邻接矩阵的成员函数 CreateMatGraph1。

```cpp
void CreateMatGraph1() {                        //通过文件数据建立图的邻接矩阵
    FILE *fp=fopen("gin.txt","r");
    fscanf(fp,"%d%d",&n,&e);                    //读取第 1 行
    for (int i=0;i<n;i++) {                     //edges 数组初始化
        for (int j=0;j<n;j++) {
            if (i==j) edges[i][i]=0;
            else edges[i][j]=INF;
        }
    }
    for (int i=1;i<=e;i++) {                    //读取 e 条无向边
        int a,b,c;
        fscanf(fp,"%d%d%d",&a,&b,&c);           //读取一条无向边
        edges[a][b]=c;
        edges[b][a]=c;
    }
    fclose(fp);
}
```

在创建图的邻接矩阵 **g** 后,采用带回溯的深度优先遍历方法求出顶点 0 到顶点 4 的所有路径及其路径长度。对应的实验程序 Exp1-3.cpp 如下:

```cpp
#include "MatGraph.cpp"                         //包含图(邻接矩阵)的基本运算算法
#include <cstring>
#include <vector>
int visited[MAXV];                              //全局数组
int cnt=0;                                      //路径条数
void FindallPath1(MatGraph &g,int u,int v,vector<int> path,int sum) {    // 被 FindallPath 调用
    visited[u]=1;
    path.push_back(u);                          //将顶点 u 加入到路径中
    if (u==v) {                                 //找到一条路径后输出
        printf("  第%d 条路径:",++cnt);
        for (int i=0;i<path.size();i++)
            printf(" %d",path[i]);
        printf(" \t长度:%d\n",sum);
        visited[u]=0;                           //回溯,重置 visited[u] 为 0
        return;
    }
    for (int w=0;w<g.n;w++) {                   //处理顶点 u 的所有出边
```

```
            if (g.edges[u][w]!=0 && g.edges[u][w]!=INF) {
                if (visited[w]==0)                      //w 没有访问过
                    FindallPath1(g,w,v,path,sum+g.edges[u][w]);  //递归调用
            }
        }
        visited[u]=0;                                   //回溯,重置 visited[u]为 0
    }
    void FindallPath(MatGraph &g,int u,int v) {         //求 u 到 v 的所有简单路径
        vector<int> path;
        int sum=0;                                      //存放路径长度
        memset(visited,0,sizeof(visited));
        FindallPath1(g,u,v,path,sum);
    }
    int main() {
        MatGraph g;
        g.CreateMatGraph1();
        printf("\n 图 g:\n"); g.DispMatGraph();
        int u=0,v=4;
        printf("  %d 到%d 的所有路径\n",u,v);
        FindallPath(g,u,v);
        return 0;
    }
```

上述程序的执行结果如图 8.23 所示。

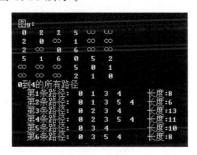

图 8.23　第 8 章基础实验题 3 的执行结果

4. 解：采用广度优先遍历方法求解,设计思路参见《教程》中的例 8.10。对应的实验程序 Exp1-4.cpp 如下：

```
#include"MatGraph.cpp"                 //包含图(邻接矩阵)的基本运算算法
#include<cstring>
#include<vector>
#include<queue>
#include<algorithm>
struct QNode {                         //队列元素类型
    int v;                             //为顶点编号
    QNode * pre;                       //前驱顶点对应的队元素
    QNode() {}                         //构造函数
    QNode(int v,QNode * p) {           //重载构造函数
        this->v=v;
        this->pre=p;
    }
};
```

```cpp
void ShortPath(MatGraph &g,int u,int v,vector<int> &path) {    //求 u 到 v 的最少边路径 path
    int visited[MAXV];                                          //访问标记数组
    memset(visited,0,sizeof(visited));
    queue<QNode *> qu;                                          //定义一个队列 qu
    visited[u]=1;                                               //设置已访问标记
    qu.push(new QNode(u,NULL));                                 //起始点 u 进队
    while (!qu.empty()) {                                       //队不空时循环
        QNode *e=qu.front(); qu.pop();                          //出队一个元素 e
        if (e->v==v) {                                          //找到顶点 v
            path.push_back(v);                                  //添加终点
            QNode *q=e->pre;                                    //q 为前驱结点
            while (q!=NULL) {                                   //找到起始结点为止
                path.push_back(q->v);
                q=q->pre;
            }
            reverse(path.begin(),path.end());                   //逆置 path 构成正向路径
            return;
        }
        for (int w=0;w<g.n;w++) {                               //处理顶点 e.v 的所有出边
            if (g.edges[e->v][w]!=0 && g.edges[e->v][w]!=INF) {
                if (visited[w]==0) {                            //w 没有访问过
                    visited[u]=1;                               //设置已访问标记
                    qu.push(new QNode(w,e));                    //邻接点 w 进队
                }
            }
        }
    }
}
int main() {
    MatGraph g;
    g.CreateMatGraph1();
    printf("\n  图 g:\n"); g.DispMatGraph();
    int u=0,v=5;
    printf("  %d 到%d 的经过边最少的路径:",u,v);
    vector<int> path;
    ShortPath(g,u,v,path);
    for (int i=0;i<path.size();i++)
        printf(" %d",path[i]);
    printf("\n");
    return 0;
}
```

上述程序的执行结果如图 8.24 所示。

5. 解：采用 Prim 算法直接求解，设计思路参见《教程》中的 8.5.2 节。对应的实验程序 Exp1-5.cpp 如下：

```cpp
#include"MatGraph.cpp"                                          //包含图(邻接矩阵)的基本运算算法
void Prim(MatGraph g,int v) {                                   //使用 Prim 算法输出的最小生成树
    int lowcost[MAXV];                                          //建立数组 lowcost
    int closest[MAXV];                                          //建立数组 closest
    int sum=0;                                                  //存放权值和
    for (int i=0;i<g.n;i++) {                                   //给 lowcost[]和 closest[]设置初值
        lowcost[i]=g.edges[v][i];
```

```
            closest[i]=v;
    for (int i=1;i<g.n;i++) {           //找出(n-1)个顶点
        int min=INF;
        int k=-1;                        //k 记录最近顶点的编号
        for (int j=0;j<g.n;j++) {        //在(V-U)中找出离 U 最近的顶点 k
            if (lowcost[j]!=0 && lowcost[j]<min) {
                min=lowcost[j];
                k=j;
            }
        }
        cout << " 边(" << closest[k] << "," << k << "),权为" << min << endl;
        sum+=min;                        //累计权值和
        lowcost[k]=0;                    //标记 k 已经加入 U
        for (int j=0;j<g.n;j++)          //修改数组 lowcost 和 closest
            if (lowcost[j]!=0 && g.edges[k][j]<lowcost[j]) {
                lowcost[j]=g.edges[k][j];
                closest[j]=k;
            }
    }
    printf("  所有边的取值和=%d\n",sum);
}
int main() {
    MatGraph g;
    g.CreateMatGraph1();
    printf("\n  图 g:\n"); g.DispMatGraph();
    int v=0;
    printf("  Prim(g,%d)求出的一棵最小生成树\n",v);
    Prim(g,v);
    return 0;
}
```

上述程序的执行结果如图 8.25 所示。

图 8.24 第 8 章基础实验题 4 的执行结果

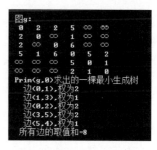

图 8.25 第 8 章基础实验题 5 的执行结果

6. 解：采用基本的 Kruskal 算法求解，设计思路参见《教程》中的 8.5.3 节。对应的实验程序 Exp1 6.cpp 如下：

```
#include"MatGraph.cpp"          //包含图(邻接矩阵)的基本运算算法
#include<vector>
#include<algorithm>
struct Edge {                    //边向量元素类型
    int u;                       //边的起始顶点
```

```cpp
        int v;                                  //边的终止顶点
        int w;                                  //边的权值
        Edge(int u,int v,int w) {               //构造函数
            this->u=u;
            this->v=v;
            this->w=w;
        }
        bool operator<(const Edge &s) const {   //重载<运算符
            return w<s.w;                       //用于按w递增排序
        }
};
void Kruskal(MatGraph &g) {                     //使用Kruskal算法输出最小生成树
    int vset[MAXV];                             //建立数组vset
    vector<Edge> E;                             //建立存放所有边的向量E
    int sum=0;                                  //存放权值和
    for (int i=0;i<g.n;i++) {                   //由邻接矩阵g的上三角部分产生边向量E
        for (int j=i+1;j<g.n;j++) {
            if (g.edges[i][j]!=0 && g.edges[i][j]!=INF)
                E.push_back(Edge(i,j,g.edges[i][j]));
        }
    }
    sort(E.begin(),E.end());                    //对E按权值递增排序
    for (int i=0;i<g.n;i++) vset[i]=i;          //初始化辅助数组
    int k=1;                                    //k表示当前构造生成树的第几条边,初值为1
    int j=0;                                    //E中边的下标,初值为0
    while (k<g.n) {                             //当生成的边数小于n时循环
        int u1=E[j].u;
        int v1=E[j].v;                          //取一条边的起始和终止顶点
        int sn1=vset[u1];
        int sn2=vset[v1];                       //分别得到两个顶点所属的集合编号
        if (sn1!=sn2) {                         //两顶点属不同集合,该边是最小生成树的一条边
            cout << "  边(" << u1 << "," << v1 << "),权为" << E[j].w << endl;
            sum+=E[j].w;                        //累计权值和
            k++;                                //生成边数增1
            for (int i=0;i<g.n;i++) {           //两个集合统一编号
                if (vset[i]==sn2) vset[i]=sn1;  //将编号为sn2的集合改成sn1
            }
        }
        j++;                                    //扫描下一条边
    }
    printf("  所有边的取值和=%d\n",sum);
}
int main() {
    MatGraph g;
    g.CreateMatGraph1();
    printf("\n 图g:\n"); g.DispMatGraph();
    printf("  Kruskal(g)求出的一棵最小生成树\n");
    Kruskal(g);
    return 0;
}
```

上述程序的执行结果如图 8.26 所示。

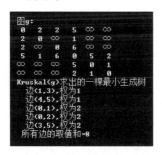

图 8.26　第 8 章基础实验题 6 的执行结果

7. 解：采用 Dijkstra 算法求解，设计思路参见《教程》中的 8.6.2 节。对应的实验程序 Exp1-7.cpp 如下：

```cpp
#include"MatGraph.cpp"                //包含图(邻接矩阵)的基本运算算法
#include <vector>
void DispAllPath(int dist[],int path[],int S[],int v,int n) {   //输出从顶点v出发的所有最短路径
    for (int i=0;i<n;i++) {            //循环输出从顶点v到i的路径
        if (S[i]==1 && i!=v) {
            vector<int> apath;          //存放一条最短逆路径
            printf("  从%d到%d最短路径长度为：%d\t路径：",v,i,dist[i]);
            apath.push_back(i);         //添加终点i
            int pre=path[i];
            while (pre!=v) {
                apath.push_back(pre);
                pre=path[pre];
            }
            printf("%d",v);             //先输出起点v
            for (int k=apath.size()-1;k>=0;k--)
                printf("->%d",apath[k]); //再反向输出路径中的其他顶点
            printf("\n");
        }
        else printf("  从%d到%d没有路径\n",v,i);
    }
}
void Dijkstra(MatGraph &g,int v) {     //求从v到其他顶点的最短路径
    int dist[MAXV];                    //建立dist数组
    int path[MAXV];                    //建立path数组
    int S[MAXV];                       //建立S数组
    for (int i=0;i<g.n;i++) {
        dist[i]=g.edges[v][i];         //距离初始化
        S[i]=0;                        //将S[]置空
        if (g.edges[v][i]!=0 && g.edges[v][i]<INF)
            path[i]=v;                 //当v到i有边时置i的前驱顶点为v
        else
            path[i]=-1;                //当v到i没边时置i的前驱顶点为-1
    }
    S[v]=1;                            //将源点编号v放入S中
```

```
        int mindis,u=-1;
        for (int i=0;i<g.n-1;i++) {          //循环向 S 中添加 n-1 个顶点
            mindis=INF;                       //为 mindis 设置最小长度初值
            for (int j=0;j<g.n;j++) {         //选取不在 S 中且具有最小距离的顶点 u
                if (S[j]==0 && dist[j]<mindis) {
                    u=j;
                    mindis=dist[j];
                }
            }
            S[u]=1;                           //将顶点 u 加入 S 中
            for (int j=0;j<g.n;j++) {         //修改不在 S 中的顶点的距离
                if (S[j]==0) {
                    if (g.edges[u][j]<INF && dist[u]+g.edges[u][j]<dist[j]) {
                        dist[j]=dist[u]+g.edges[u][j];
                        path[j]=u;
                    }
                }
            }
        }
        DispAllPath(dist,path,S,v,g.n);       //输出所有最短路径及长度
    }
    int main() {
        MatGraph g;
        g.CreateMatGraph1();
        printf("\n  图 g:\n"); g.DispMatGraph();
        int v=0;
        printf("  Dijkstra(g,%d)求解结果\n",v);
        Dijkstra(g,v);
        return 0;
    }
```

上述程序的执行结果如图 8.27 所示。

图 8.27 第 8 章基础实验题 7 的执行结果

8. 解：采用 Floyd 算法求解，设计思路参见《教程》中的 8.6.3 节。对应的实验程序 Exp1-8.cpp 如下：

```
#include "MatGraph.cpp"                       //包含图（邻接矩阵）的基本运算算法
#include <vector>
void Dispath(int A[][MAXV],int path[][MAXV],int n) {   //输出所有的最短路径和长度
    for (int i=0;i<n;i++) {
        for (int j=0;j<n;j++) {
```

```cpp
            if (A[i][j]!=INF && i!=j) {              //若顶点 i 和 j 之间存在路径
                vector<int> apath;                   //存放一条 i 到 j 的最短逆路径
                printf("    顶点%d 到%d 的最短路径长度：%d\t 路径：",i,j,A[i][j]);
                apath.push_back(j);                  //在路径上添加终点 j
                int pre=path[i][j];
                while (pre!=i) {                     //在路径上添加中间点
                    apath.push_back(pre);            //将顶点 pre 加入路径中
                    pre=path[i][pre];
                }
                cout << i;                           //输出起点 i
                for (int k=apath.size()-1;k>=0;k--)  //反向输出路径上的其他顶点
                    printf("->%d",apath[k]);
                printf("\n");
            }
        }
    }
}
void Floyd(MatGraph &g) {                            //使用 Floyd 算法求多源最短路径
    int A[MAXV][MAXV];                               //建立 A 数组
    int path[MAXV][MAXV];                            //建立 path 数组
    for (int i=0;i<g.n;i++) {                        //给数组 A 和 path 置初值，即求 A_{-1}[i][j]
        for (int j=0;j<g.n;j++) {
            A[i][j]=g.edges[i][j];
            if (i!=j && g.edges[i][j]<INF)
                path[i][j]=i;                        //i 和 j 顶点之间有一条边时
            else
                path[i][j]=-1;                       //i 和 j 顶点之间没有边时
        }
    }
    for (int k=0;k<g.n;k++) {                        //求 $A_k[i][j]$
        for (int i=0;i<g.n;i++) {
            for (int j=0;j<g.n;j++) {
                if (A[i][j]>A[i][k]+A[k][j]) {
                    A[i][j]=A[i][k]+A[k][j];
                    path[i][j]= path[k][j];          //修改最短路径
                }
            }
        }
    }
    Dispath(A,path,g.n);                             //输出最短路径和长度
}
int main() {
    MatGraph g;
    g.CreateMatGraph1();
    printf("\n   Floyd(g)求解结果\n");
    Floyd(g);
    return 0;
}
```

上述程序的执行结果如图 8.28 所示。

```
Floyd(g)求解结果
  顶点0到1的最短路径长度: 2    路径: 0->1
  顶点0到2的最短路径长度: 2    路径: 0->2
  顶点0到3的最短路径长度: 3    路径: 0->1->3
  顶点0到4的最短路径长度: 6    路径: 0->1->3->5->4
  顶点0到5的最短路径长度: 5    路径: 0->1->3->5
  顶点1到0的最短路径长度: 2    路径: 1->0
  顶点1到2的最短路径长度: 4    路径: 1->0->2
  顶点1到3的最短路径长度: 1    路径: 1->3
  顶点1到4的最短路径长度: 4    路径: 1->3->5->4
  顶点1到5的最短路径长度: 3    路径: 1->3->5
  顶点2到0的最短路径长度: 2    路径: 2->0
  顶点2到1的最短路径长度: 4    路径: 2->0->1
  顶点2到3的最短路径长度: 5    路径: 2->0->1->3
  顶点2到4的最短路径长度: 8    路径: 2->0->1->3->5->4
  顶点2到5的最短路径长度: 7    路径: 2->0->1->3->5
  顶点3到0的最短路径长度: 3    路径: 3->1->0
  顶点3到1的最短路径长度: 1    路径: 3->1
  顶点3到2的最短路径长度: 5    路径: 3->1->0->2
  顶点3到4的最短路径长度: 3    路径: 3->5->4
  顶点3到5的最短路径长度: 2    路径: 3->5
  顶点4到0的最短路径长度: 6    路径: 4->5->3->1->0
  顶点4到1的最短路径长度: 4    路径: 4->5->3->1
  顶点4到2的最短路径长度: 8    路径: 4->5->3->1->0->2
  顶点4到3的最短路径长度: 3    路径: 4->5->3
  顶点4到5的最短路径长度: 1    路径: 4->5
  顶点5到0的最短路径长度: 5    路径: 5->3->1->0
  顶点5到1的最短路径长度: 3    路径: 5->3->1
  顶点5到2的最短路径长度: 7    路径: 5->3->1->0->2
  顶点5到3的最短路径长度: 2    路径: 5->3
  顶点5到4的最短路径长度: 1    路径: 5->4
```

图 8.28　第 8 章基础实验题 8 的执行结果

8.4 应用实验题及其参考答案

8.4.1 应用实验题

1. 有一片大小为 $m \times n(m,n \leqslant 100)$ 的森林，其中有若干群猴子，数字 0 表示树，1 表示猴子，凡是由 0 或者矩形围起来的区域表示有一个猴群在这一带。编写一个实验程序，求一共有多少个猴群及每个猴群的数量。森林用二维数组 **g** 表示，要求按递增顺序输出猴群的数量。用相关数据进行测试。

2. 编写一个实验程序，采用回溯法求一个迷宫的所有入口到出口的路径（迷宫问题的描述参见《教程》中的 3.1.7 节）。用相关数据进行测试。

3. 最优配餐问题。栋栋最近开了一家餐饮连锁店，提供外卖服务。随着连锁店越来越多，怎么合理地给客户送餐成为一个急需解决的问题。

图 8.29　一个方格图

栋栋的连锁店所在的区域可以看成是一个 $n \times n$ 的方格图（如图 8.29 所示），方格的格点上的位置上可能包含栋栋的分店（用■标注）或者客户（用▲标注），有一些格点是不能经过的（用×标注）。

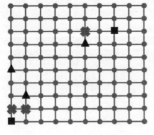

方格图中的线表示可以行走的道路，相邻两个格点的距离为 1。栋栋要送餐必须走可以行走的道路，而且不能经过以红色标注的点。

送餐的主要成本体现在路上所花的时间，送每一份餐每走一个单位的距离需要花费一元钱。每个客户的需求都可以由栋栋的任意分店配送完成，每个分店没有配送总量的限制。

现在得到了栋栋的客户的需求,请问在最优的送餐方式下送这些餐需要花费多大的成本。

输入格式:输入的第一行包含 4 个整数 n、m、k、d,分别表示方格图的大小、栋栋的分店数量、客户的数量,以及不能经过的点的数量;接下来 m 行,每行两个整数 xi 和 yi,表示栋栋的一个分店在方格图中的横坐标和纵坐标;接下来 k 行,每行 3 个整数 xi、yi、ci,分别表示每个客户在方格图中的横坐标、纵坐标和订餐的量(注意可能有多个客户在方格图中的同一个位置);接下来 d 行,每行两个整数,分别表示每个不能经过的点的横坐标和纵坐标。

输出格式:输出一个整数,表示最优送餐方式下所需要花费的成本。

输入样例:

```
10 2 3 3
1 1                     //第1个分店位置
8 8                     //第2个分店位置
1 5 1                   //第1个客户位置和订餐量
2 3 3                   //第2个客户位置和订餐量
6 7 2                   //第3个客户位置和订餐量
1 2                     //第1个不能走的位置
2 2                     //第2个不能走的位置
6 8                     //第3个不能走的位置
```

输出样例:

```
29
```

4. 编写一个实验程序,采用破圈法产生一个带权连通图的最小生成树。破圈法(圈就是回路)是区别于避圈法(如 Prim 算法和 Kruskal 算法)的一种构造最小生成树的算法。破圈法是"见圈破圈",即如果在图中找到一个圈,就将这个圈中的最大边去掉,直到图中再没有圈为止。给出如图 8.30 所示的带权连通图求最小生成树的过程。

5. 假设一个带权连通图采用邻接矩阵存储,可能有多棵最小生成树,编写一个实验程序用改进 Prim 算法求出所有的最小生成树,并对如图 8.31 所示的带权连通图采用改进 Prim 算法以顶点 3 为起始点构造出所有的最小生成树。

6. 采用 Dijkstra 算法可以求出源点 v 到其他顶点的最短路径及其长度,而一般教科书上的 Dijkstra 算法仅求出一条最短路径。编写一个实验程序修改 Dijkstra 算法求源点 v 到某个顶点 j 的所有最短路径(如果存在多条最短路径),并对如图 8.32 所示的带权有向图采用改进 Dijkstra 算法求源点 0 到其他顶点的所有最短路径。

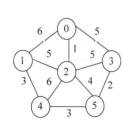

图 8.30 一个带权连通图(1)

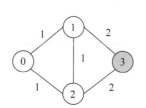

图 8.31 一个带权连通图(2)

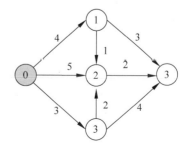

图 8.32 一个带权有向图

8.4.2 应用实验题参考答案

1. 解：二维数组 *g* 表示地图，从 *g*[*i*][*j*]=1 的(*i*,*j*)位置出发遍历上、下、左、右 4 个方位为 1 的个数(面积)，可以采用深度优先和广度优先遍历求解。对应的实验程序 Exp2-1.cpp 如下：

```cpp
#include <iostream>
#include <vector>
#include <queue>
#include <algorithm>
using namespace std;
int dx[]={1,0,-1,0};                                    //x方向的偏移量
int dy[]={0,1,0,-1};                                    //y方向的偏移量
//解法1：采用深度优先遍历求解
int dfs(vector<vector<int>> &g,int m,int n,int i,int j) {  //从(i,j)位置出发深度优先遍历
    g[i][j]=-1;
    int area=1;                                         //将(i,j)所在位置计入面积
    for (int di=0;di<4;di++) {                          //考虑上、下、左、右4个方位
        int x=i+dx[di];
        int y=j+dy[di];
        if (x>=0 && x<m && y>=0 && y<n && g[x][y]==1)
            area+=dfs(g,m,n,x,y);                       //累计面积
    }
    return area;
}
void solve1(vector<vector<int>> &g,vector<int> &ans) {
    int m=g.size();                                     //m行
    int n=g[0].size();                                  //n列
    for (int i=0;i<m;i++) {
        for (int j=0;j<n;j++) {
            if (g[i][j]==1) {
                int area=dfs(g,m,n,i,j);                //求从(i,j)出发遍历的面积
                if (area!=0)
                    ans.push_back(area);                //将面积添加到ans中
            }
        }
    }
}
//解法2：采用广度优先遍历求解
struct QNode {                                          //队列元素类型
    int i,j;
    QNode() {}                                          //构造函数
    QNode(int i1,int j1):i(i1),j(j1){}                  //重载构造函数
};
int bfs(vector<vector<int>> &g,int m,int n,int i,int j) {  //从(i,j)位置出发广度优先遍历
    queue<QNode> qu;                                    //定义一个队列
    g[i][j]=-1;
    int area=1;                                         //将(i,j)位置计入面积
    qu.push(QNode(i,j));                                //(i,j)进队
    while (!qu.empty()) {                               //队不空时循环
        QNode e=qu.front(); qu.pop();                   //出队元素e
        for (int di=0;di<4;di++) {                      //考虑上、下、左、右4个方位
```

```
                int x=e.i+dx[di];
                int y=e.j+dy[di];
                if (x>=0 && x<m && y>=0 && y<n && g[x][y]==1) {
                    area+=1;                              //累计面积
                    g[x][y]=-1;                           //设置已访问标记
                    qu.push(QNode(x,y));
                }
            }
        }
    }
    return area;
}
void solve2(vector<vector<int>> &g,vector<int> &ans) {
    int m=g.size();                                       //m 行
    int n=g[0].size();                                    //n 列
    for (int i=0;i<m;i++) {
        for (int j=0;j<n;j++) {
            if (g[i][j]==1) {
                int area=bfs(g,m,n,i,j);                  //求从(i,j)出发遍历的面积
                if (area!=0)
                    ans.push_back(area);                  //将面积添加到 ans 中
            }
        }
    }
}
int main() {
    vector<vector<int>> g={{0,1,1,1,1,0,0,0,1,1},{1,0,1,1,1,1,0,1,0,0},
                           {1,0,1,1,1,0,0,1,1,1},{0,0,0,0,0,0,0,0,1,1}};
    vector<int> ans;
    printf("\n   解法 1(DFS)\n");
    solve1(g,ans);
    sort(ans.begin(),ans.end());
    printf("   共有%d 个猴群\n",ans.size());
    printf("   各猴群的数量:");
    for (int i=0;i<ans.size();i++)
        printf(" %d",ans[i]);
    printf("\n");
    for (int i=0;i<g.size();i++)                          //恢复 g
        for (int j=0;j<g[0].size();j++)
            if (g[i][j]==-1) g[i][j]=1;
    printf("\n   解法 2(BFS)\n");
    ans.clear();
    solve2(g,ans);
    sort(ans.begin(),ans.end());
    printf("   共有%d 个猴群\n",ans.size());
    printf("   各猴群的数量:");
    for (int i=0;i<ans.size();i++)
        printf(" %d",ans[i]);
    printf("\n");
    return 0;
}
```

上述程序的执行结果如图 8.33 所示。

2. 解：在采用回溯法求迷宫问题的解空间树中,根结点对应入口,叶子结点对应出口,从

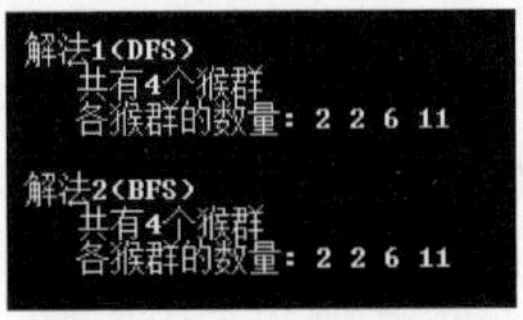

```
解法1<DFS>
  共有4个猴群
    各猴群的数量: 2 2 6 11
解法2<BFS>
  共有4个猴群
    各猴群的数量: 2 2 6 11
```

图 8.33　第 8 章应用实验题 1 的执行结果

根结点搜索到叶子结点,每个叶子结点对应一条迷宫路径。实验程序 Exp2-2.cpp 如下:

```cpp
#include <iostream>
#include <algorithm>
#include <stack>
#include <vector>
using namespace std;
const int MAX=10;                                    //迷宫最大的行、列数
int dx[]={-1,0,1,0};                                 //x方向的偏移量
int dy[]={0,1,0,-1};                                 //y方向的偏移量
int mg[MAX][MAX]={{0,1,0,0},{0,0,1,1},{0,1,0,0},{0,0,0,0}};
int m=4,n=4;
class Box {                                          //方块结构体类型
public:
    int i;                                           //方块的行号
    int j;                                           //方块的列号
    Box() {}                                         //构造函数
    Box(int i1,int j1):i(i1),j(j1) {}                //重载构造函数
};
void disppath(stack<Box> &st) {                      //输出栈中的所有方块构成一条迷宫路径
    Box b;
    vector<Box> apath;
    while (!st.empty()) {                            //出栈所有的方块
        b=st.top(); st.pop();
        apath.push_back(b);
    }
    reverse(apath.begin(),apath.end());              //逆置apath(也可以直接反向输出apath)
    cout << "一条迷宫路径: ";
    for (int i=0;i<apath.size();i++)
        cout << "[" << apath[i].i << "," << apath[i].j << "]   ";
    cout << endl;
}
int cnt=0;
void mgpath1(int xi,int yi,int xe,int ye,vector<Box> path) {
    if (xi==xe && yi==ye) {                          //找到出口
        printf("   迷宫路径%d: ",++cnt);              //输出一条迷宫路径
        for (int i=0;i<path.size();i++)
            printf("[%d,%d] ",path[i].i,path[i].j);
        printf("\n");
        return;
    }
    for(int di=0;di<4;di++) {                        //找4个方位的路径
        int i=xi+dx[di];                             //找di方位的相邻方块(i,j)
        int j=yi+dy[di];
        if (i>=0 && i<m && j>=0 && j<n && mg[i][j]==0) {
            mg[i][j]=-1;                             //扩展到(i,j)方块
```

```
            path.push_back(Box(i,j));                    //将(i,j)添加到 path
            mgpath1(i,j,xe,ye,path);
            path.pop_back();                             //从(i,j)方块回退
            mg[i][j]=0;
        }
    }
}
void mgpath(int xi,int yi,int xe,int ye) {               //求所有从(xi,yi)到(xe,ye)的迷宫路径
    vector<Box> path;
    path.push_back(Box(xi,yi));                          //添加入口
    mgpath1(xi,yi,xe,ye,path);
}
int main() {
    int xi=0,yi=0,xe=3,ye=3;
    printf("\n  求(%d,%d)到(%d,%d)的迷宫路径\n",xi,yi,xe,ye);
    mgpath(xi,yi,xe,ye);
    return 0;
}
```

上述程序的执行结果如图 8.34 所示。

```
求(0,0)到(3,3)的迷宫路径
  迷宫路径1: [0,0] [1,0] [2,0] [3,0] [3,1] [3,2] [2,2] [2,3] [3,3]
  迷宫路径2: [0,0] [1,0] [2,0] [3,0] [3,1] [3,2] [3,3]
```

图 8.34　第 8 章应用实验题 2 的执行结果

3. 解：采用多起点广度优先遍历从分店搜索客户(从一个分店出发可以给多个客户送餐)，用 ans 存放所需要花费的成本(初始为 0)。先将所有分店进队(每个分店看成一个搜索点)，再出队一个搜索点，找到所有相邻可走的搜索点并进队。若搜索点是客户，计算花费的成本并累加到 ans 中。

简单地说，采用多个初始搜索点(分店)同步搜索的广度优先遍历，由于是同步，所以最先找到的客户的送餐成本一定是最小的。一旦找到一个新搜索点(含客户)，将其看成一个分店继续搜索。处理不能经过的点十分简单，仅将对应位置的访问标记数组 visited 的元素值置为 1 即可。

对应的实验程序 Exp2-3.cpp 如下：

```
#include <cstdio>
#include <iostream>
#include <algorithm>
#include <cstring>
#include <queue>
#define MAX 1010
using namespace std;
typedef long long LL;
int n,m,k,d;
int dx[]={-1,0,1,0};                                     //x 方向的偏移量
int dy[]={0,1,0,-1};                                     //y 方向的偏移量
int visited[MAX][MAX];
LL cnt[MAX][MAX];
struct QNode {                                           //队列中的元素类型
```

```cpp
        int x,y;                                    //位置
        LL dis;                                     //距离
        QNode() {}                                  //构造函数
        QNode(int x1,int y1,int d1) {               //重载构造函数
            x=x1;
            y=y1;
            dis=d1;
        }
    };
    queue<QNode> qu;                                //定义一个队列 qu
    void init() {
        cin>>n>>m>>k>>d;                            //输入数据
        int a,b,c;
        for(int i=0;i<m;i++) {                      //输入分店位置
            cin>>a>>b;
            qu.push(QNode(a,b,0));                  //将所有分店进队作为起点
        }
        for(int i=0;i<k;i++) {                      //输入客户位置和订餐量
            cin>>a>>b>>c;
            cnt[a][b]+=c;                           //累计(a,b)位置的订餐量,其他值为0
        }
        for(int i=0;i<d;i++) {                      //输入不能走的位置
            cin>>a>>b;
            visited[a][b]=1;
        }
    }
    void bfs() {                                    //广度优先遍历求解
        LL ans=0;
        while(!qu.empty()) {
            QNode e=qu.front(); qu.pop();
            int x=e.x, y=e.y, dis=e.dis;
            for(int di=0;di<4;di++) {
                int nx=x+dx[di];
                int ny=y+dy[di];
                if(nx>=1 && nx<=n && ny>=1 && ny<=n && visited[nx][ny]==0) {
                    ans+=cnt[nx][ny]*(dis+1);       //累计走到(nx,ny)的送餐成本
                    visited[nx][ny]=1;
                    qu.push(QNode(nx,ny,dis+1));
                }
            }
        }
        cout<<ans<<endl;
    }
    int main() {
        init();
        bfs();
        return 0;
    }
```

4. 解：带权连通图采用邻接矩阵 g 存放,破圈法算法的关键是找圈,《教程》中的例8.7给出了判断一个有向图中是否有回路(圈)的算法。一般地,有向图中的<a,b>和<b,a>两条边可以看成一个圈,而无向图中的(a,b)和(b,a)不能看成一个圈,所以针对无向图找圈需要修改例8.7的算法,增加表示顶点 u 的前驱顶点参数 pre(表示图中存在(pre,u)边),

当找到 u 的邻接点 w 时,若 w 在路径中并且 $w \neq \text{pre}$,则表示找到了一个圈 $w \cdots \text{pre} \, u \, w$,将其存放在 cyc 中。

整个破圈法的过程是,从图 G 中的顶点 0 出发深度优先遍历找到一个圈 cyc(由于是连通图,只要图中有圈,则从任意顶点出发深度优先遍历一定能找到一个圈),求其中的最大边 (a,b),删除该边(置 g.edges$[a][b]=$ g.edges$[b][a]=0$,将图中边数 $g.e$ 减少 1),重复上述过程,直到没有圈为止。对应的实验程序 Exp2-4.cpp 如下:

```cpp
#include"MatGraph.cpp"                    //包含图(邻接矩阵)的基本运算算法
#include<vector>
MatGraph g;                                //图的邻接矩阵
bool Cycle(int u, int pre, vector<int> path, vector<int> inpath, vector<int> &cyc) {
//从顶点 u 出发搜索带权连通图 G 中是否有圈,存在时用 cyc 存放圈
    path.push_back(u);                     //将顶点 u 添加到路径中
    inpath[u]=1;                           //设置已访问标记
    for (int w=0;w<g.n;w++) {              //找到 u 的邻接点 w
        if (g.edges[u][w]!=0 && g.edges[u][w]!=INF) {
            if (inpath[w]==0) {            //若顶点 w 不在路径中
                if (Cycle(w,u,path,inpath,cyc))
                    return true;           //从顶点 w 出发搜索到圈返回 true
            }
            else if (w!=pre) {             //若顶点 w 在路径中且 w 不是 pre,则有圈
                int i=0;
                while (i<path.size() && path[i]!=w)
                    i++;                   //在 path 中查找顶点 w
                for (int j=i;j<path.size();j++)   //将 w->u 的回路顶点添加到 cyc 中
                    cyc.push_back(path[j]);
                cyc.push_back(w);          //再将 w 重复添加到 cyc 中
                return true;               //找到圈时返回 true
            }
        }
    }
    return false;                          //没有找到圈时返回 false
}
void BreakCircle() {                       //用破圈法求最小生成树
    int cnt=1;
    while (true) {
        vector<int> inpath(MAXV,0);        //所有元素初始为 0
        vector<int> path;
        vector<int> cyc;
        printf("  第%d步,从顶点 0 出发找圈",cnt++);
        if (!Cycle(0,-1,path,inpath,cyc)) {   //从顶点 0 出发找圈,没有圈时结束
            printf(",没有找到圈,结束\n");
            break;
        }
        printf("\n\t 找到圈: ");
        for (int i=0;i<cyc.size();i++)
            printf("%d ",cyc[i]);
        printf("\n");
        int maxw=0,maxi;
        for (int i=0;i<cyc.size()-1;i++) {    //找圈的最大边
            if (g.edges[cyc[i]][cyc[i+1]]>maxw) {
```

```
                maxw=g.edges[cyc[i]][cyc[i+1]];
                maxi=i;
            }
        }
        printf("\t圈中最大边(%d,%d):%d\n",cyc[maxi],cyc[maxi+1],maxw);
        g.edges[cyc[maxi]][cyc[maxi+1]]=0;       //删除(cyc[maxi],cyc[maxi+1])的无向边
        g.edges[cyc[maxi+1]][cyc[maxi]]=0;
        printf("\t删除圈中这条最大边\n");
        g.e--;
    }
}
int main() {
    int n=6,e=10;
    int v=0;
    int A[MAXV][MAXV]={{0,6,1,5,INF,INF},{6,0,5,INF,3,INF},{1,5,0,5,6,4},
                       {5,INF,5,0,INF,2},{INF,3,6,INF,0,3},{INF,INF,4,2,3,0}};
    g.CreateMatGraph(A,n,e);
    cout << "\n  图的邻接矩阵:\n"; g.DispMatGraph();
    cout << "  构造的最小生成树:\n";
    BreakCircle();
    cout << "  最小生成树:\n"; g.DispMatGraph();
    return 0;
}
```

上述程序的执行结果如图8.35所示。

图 8.35 第 8 章应用实验题 4 的执行结果

5. 解：一般教科书上的 Prim 算法是一个精致的算法，所以仅构造从源点 v 出发的一棵最小生成树。如果要求构造所有最小生成树，还是要回到 Prim 算法的基本过程。算法

使用的路径变量如下：

① 一条边含两个顶点，用 vector＜int＞向量 e 表示，e[0]表示边的起点编号，e[1]表示边的终点编号，为了方便判断重复，总是规定 e[0]＜e[1]。

② 一棵最小生成树由若干条边构成，用 vector＜vector＜int＞＞向量 mintree 表示。

③ 全部最小生成树用 vector＜vector＜vector＜int＞＞＞向量 allmintree 表示。

对于带权连通图 $G=(V,E)$，用数组 U 划分两个顶点集合，$U[i]=1$ 表示顶点 i 属于 U 集合，$U[i]=0$ 表示顶点 i 属于 $V-U$ 集合。在构造最小生成树时，Prim 算法指定源点为 v，首先设置 $U[v]=1$，用 Prim1(int U[], int rest, vector＜vector＜int＞＞ mintree) 递归构造所有最小生成树(结果存放在全局向量 allmintree 中)，rest 表示最小生成树还有多少条边没有构造，当 rest＝0 时表示构造好一棵最小生成树 mintree，将其添加到 allmintree 中，但可能存在重复的最小生成树，需要进行判重处理。

对应的实验程序 Exp2-5.cpp 如下：

```cpp
#include"MatGraph.cpp"                           //包含图(邻接矩阵)的基本运算算法
#include＜vector＞
#include＜cstring＞
using namespace std;
MatGraph g;
vector＜vector＜vector＜int＞＞＞ allmintree;           //存放所有最小生成树
void Dispmintree() {                             //输出所有最小生成树
    printf("   共有%d棵最小生成树\n",allmintree.size());
    for (int i=0;i＜allmintree.size();i++) {
        printf("   第%d棵最小生成树：",i+1);
        for (int j=0;j＜allmintree[i].size();j++)
            printf("(%d,%d) ",allmintree[i][j][0],allmintree[i][j][1]);
        printf("\n");
    }
}
bool Intree(vector＜int＞ e,vector＜vector＜int＞＞ tree) {    //判断边 e 是否在 tree 中
    for (int i=0;i＜tree.size();i++) {
        if (e[0]==tree[i][0] && e[1]==tree[i][1])
            return true;                         //e 在 tree 中
    }
    return false;                                //e 不在 tree 中
}
bool Sametree(vector＜vector＜int＞＞ mintree,vector＜vector＜int＞＞ tree) {
    //判断 mintree 和 tree 是否为同一棵生成树
    for (int i=0;i＜mintree.size();i++) {
        if (!Intree(mintree[i],tree))
            return false;                        //mintree 的一条边不在 tree 中，则不是同一棵生成树
    }
    return true;
}
void addmintree(vector＜vector＜int＞＞ mintree) {         //添加不重复的最小生成树
    int flag=false;
    if (allmintree.size()==0) {                  //第1棵最小生成树直接插入
        allmintree.push_back(mintree);
        return;
    }
```

```cpp
        for (int i=0;i<allmintree.size();i++) {
            if (Sametree(mintree,allmintree[i])) {
                flag=true;
                break;
            }
        }
        if (!flag)                                          //仅插入不重复的最小生成树
            allmintree.push_back(mintree);
    }
    void Prim1(int U[],int rest,vector<vector<int>> mintree) {    //递归构造所有最小生成树
        int i,j;
        int minedge=INF;
        if (rest==0) {                                      //产生一棵最小生成树 mintree
            addmintree(mintree);                            //不重复插入 addmintree 中
            return;
        }
        for (i=0;i<g.n;i++) {                               //求 U 和 V-U 集合之间的最小边长 minedge
            if (U[i]==1) {
                for (j=0;j<g.n;j++) {
                    if (U[j]==0) {
                        if (g.edges[i][j]<INF && g.edges[i][j]<minedge)
                            minedge=g.edges[i][j];
                    }
                }
            }
        }
        vector<int> edge;
        for (i=0;i<g.n;i++) {                               //求集合 U 和集合 V-U 之间的最小边长
            if (U[i]==1) {
                for (j=0;j<g.n;j++) {
                    if (!U[j]) {
                        if (g.edges[i][j]==minedge) {       //找所有最小边(i,j)
                            U[j]=1;
                            edge.clear();
                            if (i<j) {
                                edge.push_back(i);          //构造边(i,j)
                                edge.push_back(j);
                            }
                            else {
                                edge.push_back(j);          //构造边(j,i)
                                edge.push_back(i);
                            }
                            mintree.push_back(edge);
                            Prim1(U,rest-1,mintree);        //递归构造最小生成树
                            U[j]=0;                         //恢复环境
                            mintree.pop_back();             //恢复环境
                        }
                    }
                }
            }
        }
    }
    void Prim(int v) {                                      //Prim 算法
```

```
        vector<vector<int>> mintree;
        int U[MAXV];
        memset(U,0,sizeof(U));                          //初始化 U 数组
        U[v]=1;
        Prim1(U,g.n-1,mintree);
    }
    int main() {
        int A[MAXV][MAXV]={{0,1,1,INF},{1,0,1,2},{1,1,0,2},{INF,2,2,0}};
        int n=4,e=5;
        g.CreateMatGraph(A,n,e);                        //建立图的邻接矩阵
        printf("\n   图的邻接矩阵:\n"); g.DispMatGraph();  //输出邻接矩阵
        int v=3;                                        //设置源点为 3
        Prim(v);
        printf("   Prim 算法结果(起始点为%d)\n",v);
        Dispmintree();                                  //输出所有最小生成树
        return 1;
    }
```

上述程序的执行结果如图 8.36 所示。

图 8.36 第 8 章应用实验题 5 的执行结果

6. 解：一般教科书上的 Dijkstra 算法也是一个精致的算法，仅求出源点 v 到某个顶点 j 的一条最短路径。如果要求多条最短路径，还是要回到 Dijkstra 算法的基本过程。算法使用的路径变量如下：

① 用一个 vector<int>向量来保存一条最短路径。例如{1,2,3}表示顶点 1 到顶点 3 的一条最短路径。

② 因为从源点到每个顶点可能有多条最短路径，所以把这些路径保存到一个 vector<vector<int>>向量中。例如{{1,2,3},{1,4,5,3}}表示顶点 1 到顶点 3 的两条最短路径。

③ 所有最短路径用 vector<vector<vector<int>>>向量 nodes 来保存，nodes[j]表示源点 v 到顶点 j 的所有最短路径。

含 n 个顶点的带权图 G 中的顶点编号为 0 到 $n-1$，源点为 v，顶点 v 到其他顶点的最短路径长度存储在数组 dist 中，用 dist[j]表示源点 v 到顶点 j 的最短路径长度(尽管可能有多条最短路径，但最短路径长度是唯一的，求 dist[j]的方法基本上与 Dijkstra 算法相同)。S 集合表示已经求出最短路径的顶点，用数组 S[MAXV]表示，初始时所有元素为 0，若已经求出了 $v{\rightarrow}j$ 的最短路径，置 S[j]=1。

在 Dijkstra 算法初始化时，找出所有源点 v 的邻接点 i 并且更新相应的最短距离 dist[i]，同时初始化这些顶点 i 的第一条最短路径 $v{\rightarrow}i$(置 S[v]=1)。接下来找到一个从源点 v 出发的最短路径长度的顶点 u，并且把 u 加入集合 S 中(置 S[u]=1)，对顶点 u 的所有未求出

最短路径的邻接点 j，源点 v 到顶点 j 有两条路径，即不经过顶点 u 的路径和经过顶点 u 的路径。

其处理方式是，如果不经过顶点 u 的路径更短，没有变化(因为 nodes[j] 中就是这样的路径)，否则需要调整：删除原来 $v{\rightarrow}j$ 的所有最短路径，更新为 $v{\rightarrow}u$ 的所有最短路径加上顶点 j (注意对每个 $v{\rightarrow}u$ 的最短路径都要这样处理)。

如果这两条路径长度相同(均为最短路径)，需要添加新的最短路径：保留原来 $v{\rightarrow}j$ 的所有最短路径(不需要添加，因为 nodes[j] 中就是这样的路径)，再添加 $v{\rightarrow}u$ 的所有最短路径加上顶点 j (同样每个 $v{\rightarrow}u$ 的最短路径都要这样处理)。

对应的实验程序 Exp2-6.cpp 如下：

```cpp
#include"MatGraph.cpp"                        //包含图(邻接矩阵)的基本运算算法
#include <vector>
using namespace std;
int dist[MAXV];
vector<vector<vector<int>>> nodes(MAXV);
void Dispjpath(int v,int j) {                 //输出源点 v 到顶点 j 的所有最短路径
    if (j==v) {
        printf("    %d 到%d 的路径长度为 0\n",v,v);
        return;
    }
    if (dist[j]==INF) {
        printf("    %d 到%d 没有路径\n",v,j);
        return;
    }
    vector<vector<int>> minpathj=nodes[j];
    printf("    %d 到%d 的最短路径:\n",v,j);
    printf("      最短路径长度：%d,",dist[j]);
    printf(" 共有%d 条最短路径\n",minpathj.size());
    vector<int> pathList;
    for(int i=0;i<minpathj.size();i++) {
        printf("      第%d 条最短路径:",i+1);
        pathList=minpathj[i];
        for(int k=0; k<pathList.size()-1; k++)
            printf("%d -> ",pathList[k]);
        printf("%d\n",pathList[pathList.size()-1]);
    }
}
void Dijkstra(MatGraph &g,int v) {             //改进的 Dijkstra 算法
    nodes.resize(g.n);                         //设置 nodes 向量的长度
    int S[MAXV];                               //顶点标记数组
    for (int i=0;i<g.n;i++) {
        S[i]=0;
        dist[i]=INF;
    }
    S[v]=1;                                    //源点的最短路径已经考虑
    dist[v]=0;                                 //源点的最短路径长度为 0
    for (int i=0;i<g.n;i++)                    //初始化
        if (g.edges[v][i]!=INF) {              //有<v,i>边
            dist[i]=g.edges[v][i];
            nodes[i]={{v,i}};                  //初始化后 nodes[i]={{v,i}}
```

```
        }
    for(int i=1;i<g.n;i++) {                    //循环 g.n-1 次
        int mindist=INF;
        int u=-1;                               //求源点 v 到达的最小路径的顶点 u
        for(int j=1;j<g.n;j++) {
            if (!S[j] && mindist>dist[j]) {
                mindist=dist[j];
                u=j;
            }
        }
        if(u==-1) break;                        //u==-1 即找不到,说明存在没有路径的顶点
        S[u]=1;                                 //顶点 u 已经求出最短路径
        for(int j=0;j<g.n;j++) {
            if(!S[j] && g.edges[u][j]<INF) {    //顶点 u 到 j 有边,且顶点 j 没有考虑过
                int mindistuj=mindist+g.edges[u][j];  //求顶点 j 的经过 u 的路径长度
                if (mindistuj<dist[j]) {        //若 v->j 的经过 u 的路径更短
                    dist[j]=mindistuj;          //则修改 v->j 的全部路径为 v->uj
                    vector<vector<int>> minpathu=nodes[u];  //取出 v->u 的所有最短路径
                    vector<int> pathList;
                    nodes[j].clear();           //清空 nodes[j]
                    for(int k=0;k<minpathu.size();k++) {
                        pathList=minpathu[k];   //v->u 的每条路径后添加 j 构成 v->uj 路径
                        pathList.push_back(j);
                        nodes[j].push_back(pathList);
                    }
                }
                else if(mindistuj==dist[j]) {   //v->j 的不经过 u 的路径也是最短的
                    vector<vector<int>> minpathu=nodes[u];  //取出 v->u 的所有最短路径
                    vector<int> pathList;
                    for(int k=0;k<minpathu.size();k++) {
                        pathList=minpathu[k];   //v->u 的每条路径后添加 j 构成 v->j 新路径
                        pathList.push_back(j);
                        nodes[j].push_back(pathList);
                    }
                }
            }
        }
    }
}
int main() {
    MatGraph g;
    int n=5,e=8;                                //带权有向图的顶点个数和边数
    int A[MAXV][MAXV]={{0,4,5,3,INF},{INF,0,1,INF,3},{INF,INF,0,INF,2},
                       {INF,INF,2, 0, 4},{INF,INF,INF,INF,0}};
    g.CreateMatGraph(A,n,e);                    //建立图的邻接矩阵
    printf("\n 图的邻接矩阵:\n"); g.DispMatGraph();
    int v=0;                                    //源点为 0
    Dijkstra(g,v);
    printf(" 输出求解结果\n");
    for (int j=0;j<n;j++)                       //输出 v 到其他顶点的全部最短路径及长度
        Dispjpath(v,j);
    return 0;
}
```

上述程序的执行结果如图 8.37 所示。

图 8.37　第 8 章应用实验题 6 的执行结果

第9章 查找

9.1 问答题及其参考答案

9.1.1 问答题

1. 有一个含 n 个元素的递增有序数组 a，以下算法利用有序性进行顺序查找：

```
int Find(int a[], int n, int k) {
    int i=0;
    while (i<n) {
        if (k==a[i])
            return i;
        else if (k>a[i])
            i++;
        else
            return -1;
    }
}
```

假设查找各元素的概率相同，分别分析该算法在成功和不成功情况下的平均查找长度。和一般的顺序查找相比，哪个查找效率更高些？

2. 设有5个关键字 do、for、if、repeat、while，它们存放在一个有序顺序表中，其查找概率分别是 $p_1=0.2, p_2=0.15, p_3=0.1, p_4=0.03, p_5=0.01$，而查找 x 失败并且 x 在各关键字之间的概率分别为 $q_0=0.2, q_1=0.15, q_2=0.1, q_3=0.03, q_4=0.02, q_5=0.01$，如图9.1所示。

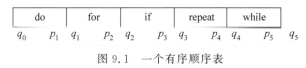

图 9.1 一个有序顺序表

(1) 试画出对该有序顺序表分别采用顺序查找和折半查找时的判定树。
(2) 分别计算顺序查找时查找成功和不成功的平均查找长度。
(3) 分别计算折半查找时查找成功和不成功的平均查找长度。

3. 设包含 4 个数据元素的集合 $S=\{"do","for"," repeat"," while"\}$,各元素的查找概率依次为 $p_1=0.35,p_2=0.15,p_3=0.15,p_4=0.35$。将 S 保存在一个长度为 4 的顺序表中,采用折半查找法,查找成功时的平均查找长度为 2.2。请回答:

(1) 若采用顺序存储结构保存 S,且要求平均查找长度更短,则元素应如何排列? 应使用何种查找方法? 查找成功时的平均查找长度是多少?

(2) 若采用链式存储结构保存 S,且要求平均查找长度更短,则元素应如何排列? 应使用何种查找方法? 查找成功时的平均查找长度是多少?

4. 对于有序顺序表 $A[0..10]$,在采用折半查找时,求成功和不成功时的平均查找长度。对于有序顺序表 $(12,18,24,35,47,50,62,83,90,92,95)$,当用折半查找法查找 90 时需进行多少次比较可确定成功? 查找 47 时需进行多少次比较可确定成功? 查找 60 时需进行多少次比较才能确定不成功? 给出各个查找序列。

5. 设待查关键字为 47,且已存入变量 k 中,如果在查找过程中和 k 进行比较的元素依次是 47、32、46、25、47,则所采用的查找方法可能是顺序查找、折半查找、分块查找中的哪一种?

6. 证明如果一棵非空二叉树(所有结点值不同)的中序序列是一个递增有序序列,则该二叉树是一棵二叉排序树。

7. 给定一棵非空二叉排序树(假设所有结点值不同)的先序序列,可以唯一确定该二叉排序树吗? 为什么?

8. 假设一棵二叉排序树的关键字为单个字母,其后序遍历序列为 ACDBFIJHGE,回答以下问题:

(1) 画出该二叉排序树。

(2) 求在等概率下的查找成功的平均查找长度。

(3) 求在等概率下的查找不成功的平均查找长度。

9. 一棵二叉排序树的结构如图 9.2 所示,其中各结点的关键字依次为 32~40,请标出各结点的关键字。

10. 给出含 12 个结点的 AVL 树的最大高度和最小高度。

11. 将整数序列 $(4,5,7,2,1,3,6)$ 中的整数依次插入一棵空的 AVL 树中,试构造相应的 AVL 树。

12. 给出由关键字序列 $(12,1,9,2,0,11,7,19,4,15)$ 构造一棵红黑树的过程。

13. 给出在如图 9.3 所示的红黑树中依次删除关键字 10 和 16 的过程。

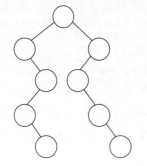

图 9.2 一棵二叉排序树的结构

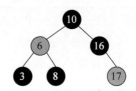

图 9.3 一棵红黑树

14. 高度为 5 的 3 阶 B 树最多有多少个结点?

15. 已知一棵 5 阶 B 树中有 53 个关键字,不计外部结点,该树的最大高度是多少?

16. 给定一组关键字序列(20,30,50,52,60,68,70),创建一棵 3 阶 B 树,回答以下问题:

(1) 给出建立 3 阶 B 树的过程。

(2) 分别给出删除关键字 50 和 68 之后的结果。

17. 为什么哈希表不支持元素之间的顺序查找?

18. 为什么说哈希方法可以用于关键字集合比地址集合大得多的情况?

19. 哈希表查找的时间性能可以达到 $O(1)$,为什么不在任何查找时都用哈希表查找?

20. 简要说明 map 和 unordered_map 容器的异同。

21. 设有一组关键字为 (19,1,23,14,55,20,84,27,68,11,10,77),其哈希函数为 $h(\text{key})=\text{key} \% 13$,采用开放地址法的线性探测法解决冲突,试在 0~18 的哈希表中对该关键字序列构造哈希表,并求在成功和不成功情况下的平均查找长度。

22. 已知一组关键字为 (26,36,41,38,44,15,68,12,6,51,25),用拉链法解决冲突。假设装填因子 $\alpha=0.85$,哈希表长度为 m,哈希函数为 $h(k)=k \% m$,回答以下问题:

(1) 构造哈希函数。

(2) 计算在等概率情况下查找成功时的平均查找长度。

(3) 计算在等概率情况下查找失败时的平均查找长度。

9.1.2 问答题参考答案

1. 答:这是有序表上的顺序查找算法。设 a 为 $(a_0,a_1,\cdots,a_{n-1})$,在成功查找情况下,找到 a_i 元素,需要和 $a_0,a_1,\cdots,a_i$ 的元素进行比较,即比较 $i+1$ 次,所以

$$\text{ASL}_{\text{成功}}=\sum_{i=0}^{n-1}p_ic_i=\frac{1}{n}\sum_{i=0}^{n-1}(i+1)=\frac{n+1}{2}$$

在不成功查找情况下,有 $n+1$ 种情况,以 $n=5$,a 为 $(12,14,16,18,20)$ 为例的查找判定树如图 9.4 所示,则

$$\text{ASL}_{\text{不成功}}=\frac{1+2+\cdots+n+n}{n+1}=\frac{n}{2}+\frac{n}{n+1}<n$$

而一般顺序查找成功情况下的平均查找长度为 $(n+1)/2$,不成功情况下的平均查找长度为 n,所以两者在成功情况下的平均查找长度相同,但上述算法在不成功情况下的平均查找长度小于一般的顺序查找,此时查找效率更高一些。

2. 答:(1) 对该有序顺序表分别采用顺序查找和折半查找时的判定树如图 9.5 和图 9.6 所示。

(2) 对于顺序查找:

$\text{ASL}_{\text{成功}}=1p_1+2p_2+3p_3+4p_4+5p_5=0.97$。

$\text{ASL}_{\text{不成功}}=1q_0+2q_1+3q_2+4q_3+5q_4+5q_5=1.07$。

(3) 对于折半查找:

$\text{ASL}_{\text{成功}}=1p_3+2(p_1+p_4)+3(p_2+p_5)=1.04$。

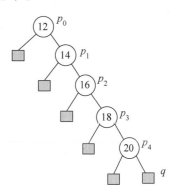

图 9.4 有序表上顺序查找的判定树

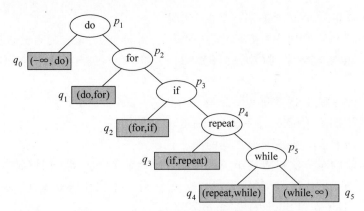

图9.5 有序顺序表上顺序查找的判定树

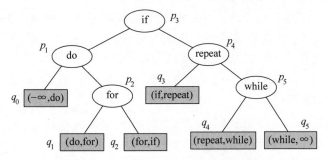

图9.6 有序顺序表上折半查找的判定树

$\text{ASL}_{\text{不成功}} = 2q_0 + 3q_1 + 3q_2 + 2q_3 + 3q_4 + 3q_5 = 1.3$。

3. 答:(1)采用顺序存储结构,数据元素按其查找概率降序排列。采用顺序查找方法查找成功时的平均查找长度为 $0.35 \times 1 + 0.35 \times 2 + 0.15 \times 3 + 0.15 \times 4 = 2.1$。

(2)采用链式存储结构,数据元素按其查找概率降序排列,构成单链表。采用顺序查找方法查找成功时的平均查找长度为 $0.35 \times 1 + 0.35 \times 2 + 0.15 \times 3 + 0.15 \times 4 = 2.1$。

或者采用二叉链表存储结构,构造二叉排序树,元素的存储方式如图9.7所示。

(a) 二叉排序树1   (b) 二叉排序树2

图9.7 构造的二叉排序树

采用二叉排序树的查找方法查找成功时的平均查找长度为 $0.15 \times 1 + 0.35 \times 2 + 0.35 \times 2 + 0.15 \times 3 = 2.0$。

4. 答:对于有序顺序表 $A[0..10]$,构造的判定树如图9.8(a)所示(图中结点的数字表示序号)。因此

$$\text{ASL}_{\text{成功}} = \frac{1 \times 1 + 2 \times 2 + 4 \times 3 + 4 \times 4}{11} = 3$$

$$\text{ASL}_{\text{不成功}} = \frac{4\times 3+8\times 4}{12} \approx 3.67$$

对于有序顺序表(12,18,24,35,47,50,62,83,90,92,95),构造的判定树如图9.8(b)所示(图中结点的数字表示关键字)。

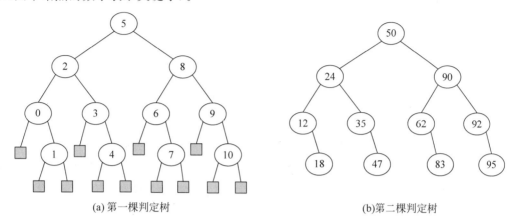

图9.8 两棵判定树

当用折半查找法查找90时需进行两次比较可确定成功,查找序列是(50,90);查找47时需进行4次比较可确定成功,查找序列是(50,24,35,47);查找60时需进行3次比较才能确定不成功,查找序列是(50,90,62)。

5. 答:如果是顺序查找或折半查找,第一次比较成功时就会结束。这里可能是分块查找,假设索引表是对块中的最大元素进行索引,先和索引表中的47比较找到相应块,然后到相应块(32、46、25、47)中查找。

6. 证明:对于值为 k 的任一结点 r,由中序遍历过程可知,其中序序列中结点 r 的左子树中的所有结点均排在 k 的左边,右子树中的所有结点均排在 k 的右边,由于中序序列是递增有序的,所以结点 r 的左子树中的所有结点值均小于 k,右子树中的所有结点值均大于 k,这满足二叉排序树的性质,所以该二叉树是一棵二叉排序树。

7. 答:可以。任意二叉排序树一定是二叉树,由二叉排序树的先序序列可以确定其结点个数,将所有结点值递增排序构成其中序序列,由先序序列和中序序列可以唯一构造该二叉排序树。

8. 答:(1) 该二叉排序树的后序遍历序列为 ACDBFIJHGE,则中序遍历序列为 ABCDEFGHIJ,由后序序列和中序序列构造的二叉排序树如图9.9所示。

(2) $\text{ASL}_{\text{成功}} = (1\times 1+2\times 2+4\times 3+2\times 4+1\times 5)/10=3$。

(3) $\text{ASL}_{\text{不成功}} = (6\times 3+3\times 4+2\times 5)/11 \approx 3.64$。

9. 答:二叉排序树中各结点与关键字之间的关系如图9.10(a)所示,由此得到如图9.10(b)所示的二叉排序树。

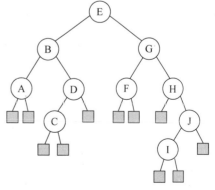

图9.9 一棵二叉排序树

10. 答：设 $N(h)$ 表示高度为 h 的 AVL 树的最少结点个数，有 $N(1)=1, N(2)=2$，$N(h)=N(h-1)+N(h-2)+1$，其中 $h>2$，这样可以计算出 $N(3)=4, N(4)=7, N(5)=12$，也就是说 12 个结点的 AVL 树的最大高度为 5。

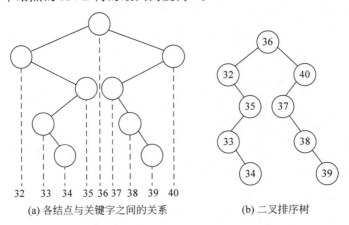

(a) 各结点与关键字之间的关系　　　　(b) 二叉排序树

图 9.10　构造的一棵二叉排序树

n 个结点的 AVL 树的最小高度等于含 n 个结点的完全二叉树的高度，所以最小高度为 $\lceil \log_2(n+1) \rceil = \lceil \log_2 13 \rceil = 4$。

11. 答：建立 AVL 树的过程如图 9.11 所示。

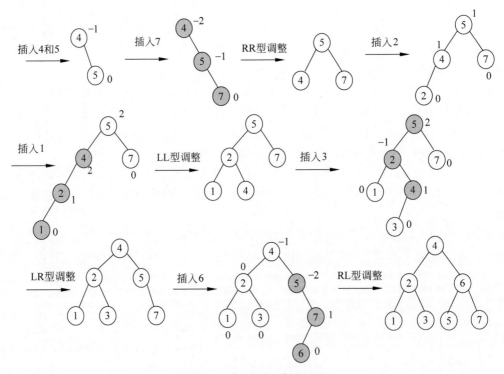

图 9.11　建立 AVL 树的过程

12. 答：从一棵空红黑树开始依次插入关键字 12,1,9,2,0,11,7,19,4,15 的过程如图 9.12 所示。

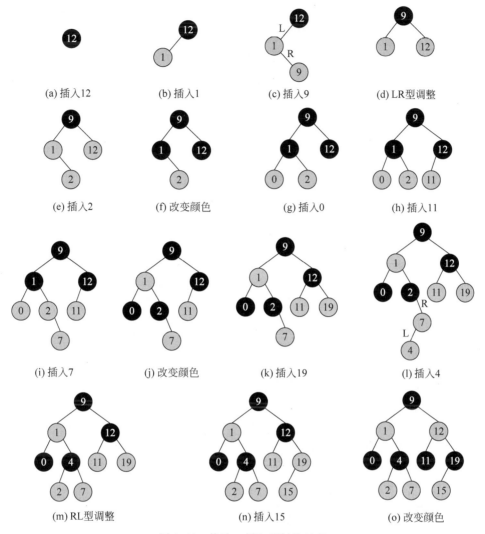

图 9.12 构造一棵红黑树的过程

13. 答：删除关键字 10 的过程如图 9.13 所示，再删除关键字 16 的过程如图 9.14 所示。

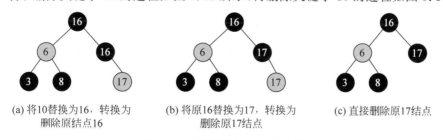

图 9.13 删除关键字 10 的过程

14. 答：由 m 阶 B 树的性质可知，根结点之外的所有内部结点最多有 $m-1=2$ 棵子树，则 3 阶 B 树的形状类似于一棵满二叉树，也就是说高度为 5 的 3 阶 B 树最多有 $2^5-1=31$ 个结点。

15. 答：当每个结点的关键字个数都最少时，该 B 树的高度最大。根结点最少有一个

(a) 将16替换为17，转换为删除原17结点　　(b) 删除原17，LL型调整

图 9.14　删除关键字 16 的过程

关键字、两棵子树，第 1 层至少有一个结点。除根结点外的内部结点最少有 $\lceil 5/2 \rceil - 1 = 2$ 个关键字、3 棵子树，则第 2 层至少有两个结点，共 $2 \times 2 = 4$ 个关键字；第 3 层至少有 2×3 个结点，共 $2 \times 3 \times 2 = 12$ 个关键字；第 4 层至少有 6×2 个结点，共 $6 \times 3 \times 2 = 36$ 个关键字，而 $1 + 4 + 12 + 36 = 53$，该 B 树的最大高度是 4。

16. 答：(1) $m = 3$，则除根结点外的结点关键字个数为 $1 \sim 2$，建立 3 阶 B 树的过程如图 9.15 所示。

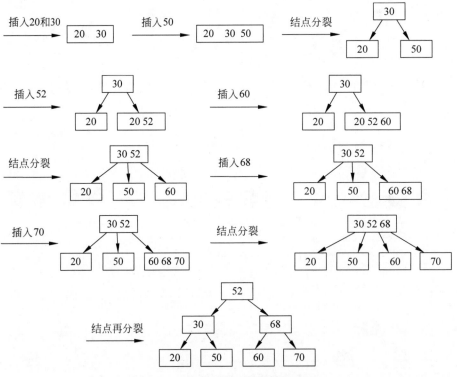

图 9.15　创建一棵 3 阶 B 树的过程

(2) 删除关键字 50 后的结果如图 9.16(a) 所示，删除关键字 68 后的结果如图 9.16(b) 所示。

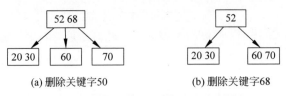

(a) 删除关键字50　　(b) 删除关键字68

图 9.16　删除两个关键字后的结果

17. 答：哈希表是通过哈希地址来查找对应关键字的记录的,对哈希表来说顺序查找没有任何意义,也没有提供顺序查找机制。

18. 答：关键字集合可以是一个取值范围很大的集合,如学号的取值范围为1～10 000。采用哈希方法,可以通过哈希函数将其映射到一个较小的取值范围,例如1～99,只需要采用哈希函数$h(k)=k\%100$即可。当元素个数也很大时(如远超过100),可以采用拉链法来解决冲突。

19. 答：哈希表查找的时间性能$O(1)$是理想情况下的性能,在实际应用中时间性能随数据量和数据分布情况的变化而变化,在极端情况下可达$O(n)$的时间性能。而且采用开放定址法构造的哈希表要保证一定的空闲单元的比例,是以牺牲空间来换取时间的。

20. 答：unordered_map 和 map 存储的都是 key-value 映射对,key 是唯一的,可以通过 key 快速索引到 value,不同的是 unordered_map 采用哈希表存储,不会根据 key 的大小进行排序,存储时是根据 key 的哈希函数值判断元素是否相同,即 unordered_map 内部元素是无序的,而 map 中的元素是按照红黑树存储,进行中序遍历会得到有序遍历。

简单地说 map 有序,unordered_map 无序;map 的查找性能为$O(\log_2 n)$,unordered_map 的查找性能为$O(1)$;在应用中 map 的 key 需要定义 operator<(重载比较关系函数),而 unordered_map 需要定义 hash_value 函数并且重载 operator==(很多系统内置的数据类型都自带,不必专门设计)。

21. 答：依题意,$n=12,m=19$。利用线性探测法计算下一地址的计算公式为

$d_0=h(key)$

$d_{j+1}=(d_j+1)\%m \quad j=0,1,\cdots$

计算各关键字存储地址的过程如下:

$h(19)=19\%13=6$

$h(1)=1\%13=1$

$h(23)=23\%13=10$

$h(14)=14\%13=1$ 冲突

 $d_0=1, d_1=(1+1)\%19=2$

$h(55)=55\%13=3$

$h(20)=20\%13=7$

$h(84)=84\%13=6$ 冲突

 $d_0=6, d_1=(6+1)\%19=7$ 仍冲突

 $d_2=(7+1)\%19=8$

$h(27)=27\%13=1$ 冲突

 $d_0=1, d_1=(1+1)\%19=2$ 仍冲突

 $d_2=(2+1)\%19=3$ 仍冲突

 $d_3=(3+1)\%19=4$

$h(68)=68\%13=3$ 冲突

 $d_0=3, d_1=(3+1)\%19=4$ 仍冲突

 $d_2=(4+1)\%19=5$

$h(11)=11\%13=11$

$h(10)=10 \% 13=10$ 冲突
$d_0=10, d_1=(10+1) \% 19=11$ 仍冲突
$d_2=(11+1) \% 19=12$
$h(77)=77 \% 13=12$ 冲突
$d_0=12, d_1=(12+1) \% 19=13$

因此构建的哈希表如表9.1所示。

表9.1 构建的哈希表

下标	0	1	2	3	4	5	6	7	8	9	10	11	12	13	14	15	16	17	18
k		1	14	55	27	68	19	20	84		23	11	10	77					
探测次数		1	2	1	4	3	1	1	3		1	1	3	2					

表9.1中的探测次数即为相应关键字成功查找时所需比较关键字的次数,因此:
$$\text{ASL}_{\text{成功}}=(1+2+1+4+3+1+1+3+1+1+3+2)/12\approx 1.92$$

查找不成功表示在表中未找到指定关键字的记录。以哈希地址是0的关键字为例,由于此处关键字为空,只需比较一次便可确定本次查找不成功;以哈希地址是1的关键字为例,若该关键字不在哈希表中,需要将它与1~9地址的关键字相比较,由于地址9的关键字为空,所以不再向后比较,共比较9次,其他以此类推,所以得到如表9.2所示的结果。

表9.2 查找不成功的探测次数

下标	0	1	2	3	4	5	6	7	8	9	10	11	12	13	14	15	16	17	18
k		1	14	55	27	68	19	20	84		23	11	10	77					
探测次数	1	9	8	7	6	5	4	3	2	1	5	4	3	—	—	—	—	—	—

哈希函数为$h(\text{key})=\text{key} \% 13$,所以只需考虑$h(\text{key})=0\sim 12$的情况,即
$$\text{ASL}_{\text{不成功}}=(1+9+8+7+6+5+4+3+2+1+5+4+3)/13=58/13\approx 4.46$$

22. 答: (1) 这里$n=11, \alpha=n/m=0.85, m=n/0.85=13$。取哈希函数为$h(k)=k \% 13$,哈希地址空间为$\text{ha}[0..12]$。构造过程如下:

$h(26)=26 \% 13=0$
$h(36)=36 \% 13=10$
$h(41)=41 \% 13=2$
$h(38)=38 \% 13=12$
$h(44)=44 \% 13=5$
$h(15)=15 \% 13=2$
$h(68)=68 \% 13=3$
$h(12)=12 \% 13=12$
$h(6)=6 \% 13=6$
$h(51)=51 \% 13=12$
$h(25)=25 \% 13=12$

采用拉链法解决冲突建立的链表如图9.17所示。

(2) $\text{ASL}_{\text{成功}}=(7\times 1+2\times 2+1\times 3+1\times 4)/11=18/11\approx 1.64$。

(3) $\text{ASL}_{\text{不成功}}=(5\times 1+1\times 2+1\times 4)/13=11/13\approx 0.85$。

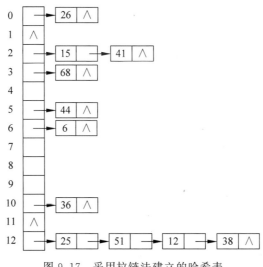

图 9.17 采用拉链法建立的哈希表

9.2 算法设计题及其参考答案

9.2.1 算法设计题

1. 有一个含有 $n(n>1)$ 个元素的整数数组 a,设计一个尽可能高效的算法求最大元素和最小元素。

2. 有一个含有 $n(n>1)$ 个元素的整数数组 a,设计一个尽可能高效的算法求最大元素和次大元素。

3. 设计一个折半查找算法,求成功查找到关键字为 k 的元素所需关键字的比较次数。假设 R[mid]=k 和 k<R[mid] 的比较计为一次比较(在教材中讨论关键字比较次数时都是这样假设的)。

4. 假设关键字有序表为整数,修改基本折半查找算法,给出在成功查找到关键字 k 时的查找序列。

5. 有一个递增整数序列 R 且所有整数不相同,设计一个高效的算法判断是否存在某一整数 i 恰好存放在 $R[i]$ 中。

6. 有一个递增整数序列 R,设计一个高效的算法求其中整数 k 出现的次数。

7. 一个长度为 $L(L\geqslant 1)$ 的升序序列 S,处在第 $\lceil L/2 \rceil$ 个位置的数称为 S 的中位数。例如,若序列 $S1=(11,13,15,17,19)$,则 $S1$ 的中位数是 15。两个序列的中位数是含它们所有元素的升序序列的中位数。例如,若 $S2=(2,4,6,8,20)$,则 $S1$ 和 $S2$ 的中位数是 11。现有两个等长升序序列 A 和 B,试设计一个在时间和空间两方面都尽可能高效的算法,找出两个序列 A 和 B 的中位数。说明所设计算法的时间复杂度和空间复杂度。

8. 设计一个算法,递减输出一棵整数二叉排序树中所有结点的关键字。

9. 设计一个算法,求在一棵整数二叉排序树中成功找到关键字为 k 的结点的查找序列(查找路径)。

10. 设计一个算法,在给定的整数二叉排序树上找出任意两个不同结点 x 和 y 的最近公共祖先(LCA)。其中,结点 x 是指关键字为 x 的结点(假设 x 和 y 结点均在二叉排序树中)。

11. 设计一个算法,递增输出一棵整数二叉排序树中所有关键字小于或等于 k 的序列。

12. 设计一个算法,输出一棵整数二叉排序树中前 m($0 < m \leq$ 二叉排序树中结点的个数)小的结点序列。

13. 设计一个算法,求一棵非空整数二叉排序树中关键字为 k 的结点的层次(根结点层次为 1)。

14. 设计一个算法,求整数二叉排序树中值为 k 的结点的前驱结点 pre。假设树中存在关键字为 k 的结点,若没有前驱结点,置 pre=NULL。

15. 设计一个算法,求整数二叉排序树中值为 k 的结点的后继结点 post。假设树中存在关键字为 k 的结点,若没有后继结点,置 post=NULL。

16. 设计一个算法,在整数二叉排序树中查找第一个值大于 k 的结点。

17. 在哈希表(除留余数法+拉链法)HashTable2 类(见《教程》中的 9.4.3 节)中添加 remove(k) 算法用于删除关键字为 k 的元素。

18. 在哈希表(除留余数法+拉链法)HashTable2 类(见《教程》中的 9.4.3 节)中添加 ASL1() 算法求成功情况下的平均查找长度。

9.2.2 算法设计题参考答案

1. 解:通过一趟遍历并做元素的比较就可以找出最大元素 maxe 和最小元素 mine。对应的算法如下:

```
void MaxMin(int a[],int n,int &maxe,int &mine) {    //求解算法
    maxe=mine=a[0];
    for (int i=1;i<n;i++) {
        if (a[i]<mine)
            mine=a[i];
        else if (a[i]>maxe)
            maxe=a[i];
    }
}
```

2. 解:通过一趟遍历并做元素的比较就可以找出最大元素 max1 和次大元素 max2。对应的算法如下:

```
void Max2(int a[],int n,int &max1,int &max2) {    //求解算法
    max1=max(a[0],a[1]);
    max2=min(a[0],a[1]);
    for (int i=2;i<n;i++) {
        if (a[i]>max1) {
            max2=max1;
            max1=a[i];
        }
        else if (a[i]>max2)
            max2=a[i];
    }
}
```

3. 解：采用折半查找，在查找中用 cnt 累计关键字的比较次数，成功找到 k 后返回 cnt。对应的算法如下：

```cpp
int CompCount(vector<int> R,int k) {            //求解算法
    int n=R.size();
    int low=0,high=n-1,mid;
    int cnt=0;
    while (low<=high) {
        mid=(low+high)/2;
        if (R[mid]==k) {
            cnt++;
            return cnt;
        }
        else if (k<R[mid])
            high=mid-1;
        else
            low=mid+1;
        cnt++;
    }
}
```

4. 解：用 vector<int> 向量 path 存放查找序列，采用折半查找方法，将每次比较的元素 R[mid] 添加到 path 中即可。对应的算法如下：

```cpp
bool BinSearch(vector<int> R,int k,vector<int> &path) {   //求解算法
    int n=R.size();
    int low=0,high=n-1,mid;
    while (low<=high) {
        mid=(low+high)/2;
        path.push_back(R[mid]);                 //将 R[mid] 添加到查找路径中
        if (R[mid]==k)
            return true;                        //查找成功
        else if (k<R[mid])
            high=mid-1;
        else
            low=mid+1;
    }
    return false;                               //查找失败
}
```

5. 解：采用折半查找方法，当 $R[i]>i$ 时，$R[i+1..n-1]$ 中不可能出现满足题目中条件的情况，只需在 $R[0..i-1]$ 中查找；当 $R[i]<i$ 时，$R[0..i-1]$ 中不可能出现满足题目中条件的情况，只需在 $R[i+1..n-1]$ 中查找。当出现 $R[i]=i$ 时返回 i，当找完整个序列后仍没有找到时返回 -1。对应的算法如下：

```cpp
int BinFind(vector<int> R) {                    //求解算法
    int n=R.size();
    int low=0,high=n-1,mid;
    while (low<=high) {
        mid=(low+high)/2;
        if (R[mid]==mid)                        //找到这样的元素返回其序号
```

```
            return mid;
        else if (R[mid]>mid)                    //继续在R[low..mid-1]中查找
            high=mid-1;
        else
            low=mid+1;
    }
    return -1;                                  //没找到这样的元素返回-1
}
```

6. 解：采用折半查找方法，求出第一个大于 k 的元素位置 pos1，再求出第一个大于或等于 k 的元素位置 pos2，返回 pos1-pos2 即可。对应的算法如下：

```
int lower_bound1(vector<int> &R,int k){         //查找第一个大于或等于k的元素序号
    int n=R.size();
    int low=0,high=n;
    while (low<high){
        int mid=(low+high)/2;
        if (R[mid]>=k)                          //p(x)=x>=k,谓词为 true
            high=mid;                           //在左区间中查找
        else                                    //谓词为 false
            low=mid+1;                          //在右区间中查找
    }
    return low;                                 //返回 low
}
int upper_bound1(vector<int> &R,int k){         //查找第一个大于k的元素序号
    int n=R.size();
    int low=0,high=n;
    while (low<high){
        int mid=(low+high)/2;
        if (R[mid]>k)                           //p(x)=x>k,谓词为 true
            high=mid;                           //在左区间中查找
        else                                    //谓词为 false
            low=mid+1;                          //在右区间中查找
    }
    return low;                                 //返回 low
}
int Countk(vector<int> &R,int k){               //求解算法
    int ans;
    ans=upper_bound1(R,k)-lower_bound1(R,k);
    return ans;
}
```

7. 解：两个升序序列分别用 vector<int> 向量 a 和 b 存放。先求出两个升序序列 a、b 的中位数，设为 $a[mida]$ 和 $b[midb]$。若 $a[mida]=b[midb]$，则 $a[mida]$ 或 $b[midb]$ 即为所求的中位数；否则，舍弃 $a[mida]$、$b[midb]$ 中较小者所在序列之较小一半，同时舍弃较大者所在序列之较大一半，要求两次舍弃的元素个数相同。在保留的两个升序序列中重复上述过程，直到两个序列中均只含一个元素时为止，则较小者即为所求的中位数。对应的算法如下：

```
int FindMedian(vector<int> A,vector<int> B){    //求解算法
    int n=A.size();
```

```
        int lowa=0,higha=n-1;
        int lowb=0,highb=n-1;
        while (lowa!=higha || lowb!=highb) {
            int mida=(lowa+higha)/2;
            int midb=(lowb+highb)/2;
            if (A[mida]==B[midb])
                return A[mida];
            if (A[mida]<B[midb]) {
                if ((lowa+higha)%2==0) {         //若元素个数为奇数
                    lowa=mida;                    //舍弃 A 中间点以前的部分且保留中间点
                    highb=midb;                   //舍弃 B 中间点以后的部分且保留中间点
                }
                else {                            //若元素个数为偶数
                    lowa=mida+1;                  //舍弃 A 的前半部分
                    highb=midb;                   //舍弃 B 的后半部分
                }
            }
            else {
                if ((lowa+higha)%2==0) {         //若元素个数为奇数
                    higha=mida;                   //舍弃 A 中间点以后的部分且保留中间点
                    lowb=midb;                    //舍弃 B 中间点以前的部分且保留中间点
                }
                else {                            //若元素个数为偶数
                    higha=mida;                   //舍弃 A 的后半部分
                    lowb=midb+1;                  //舍弃 B 的前半部分
                }
            }
        }
        if (A[lowa]<B[lowb])                      //返回 A、B 中较小的那个
            return A[lowa];
        else
            return B[lowb];
    }
```

上述算法的时间复杂度为 $O(\log_2 n)$，空间复杂度为 $O(1)$。

8. 解：对二叉排序树 bst 先遍历右子树，访问根结点，再遍历左子树。因为右子树中所有结点的关键字大于根结点关键字，而根结点关键字大于左子树中所有结点的关键字。对应的算法如下：

```
void _ReOrder(BSTNode<int,int> * b) {          //被 ReOrder()方法调用
    if (b!=NULL) {
        _ReOrder(b->rchild);
        cout << b->key << " ";
        _ReOrder(b->lchild);
    }
}
void ReOrder(BSTClass<int,int> &bst) {         //求解算法
    _ReOrder(bst.r);
}
```

9. 解：使用 vector<int>向量 path 存放查找中比较的结点关键字，当找到关键字为 k 的结点时，向 path 中添加 k 并返回；否则将当前结点 b 的关键字添加到 path，再根据比较

结果在左子树或者右子树中递归查找。对应的递归算法如下：

```cpp
bool _SearchPath(BSTNode<int,int> *b, int k, vector<int> &path) {   //被SearchPath()调用
    if (b==NULL) return false;
    path.push_back(b->key);                              //将b->key添加到路径中
    if (k==b->key)
        return true;
    else if (k<b->key)
        _SearchPath(b->lchild, k, path);                 //在左子树中递归查找
    else
        _SearchPath(b->rchild, k, path);                 //在右子树中递归查找
}
bool SearchPath(BSTClass<int,int> &bst, int k, vector<int> &path) {   //求解算法
    return _SearchPath(bst.r, k, path);
}
```

10. 解：首先通过在二叉排序树 bt 中查找确定是否存在 x 或者 y 结点。当两者都存在时，求 LCA 的过程如下：

① 若 x 和 y 均小于根结点关键字，则在左子树中查找它们的 LCA。

② 若 x 和 y 均大于根结点关键字，则在右子树中查找它们的 LCA。

③ 否则，根结点就是 x 和 y 结点的 LCA。

对应的算法如下：

```cpp
BSTNode<int,int> *_getLCA(BSTNode<int,int> *b, int x, int y) {
//被 getLCA()调用,当存在 x 和 y 结点时求 LCA
    if (b==NULL)                                         //空树返回空
        return NULL;
    if (x<b->key && y<b->key)                            //如果 x 和 y 均小于 t.key,则 LCA 位于左子树中
        return _getLCA(b->lchild, x, y);
    if (x>b->key && y>b->key)                            //如果 x 和 y 均大于 t.key,则 LCA 位于右子树中
        return _getLCA(b->rchild, x, y);
    return b;
}
BSTNode<int,int> *getLCA(BSTClass<int,int> &bst, int x, int y) {   //求解算法
    return _getLCA(bst.r, x, y);
}
```

11. 解：中序遍历二叉排序树，输出小于或等于 k 的结点值，当访问到大于 k 的结点时返回。对应的算法如下：

```cpp
void _Output(BSTNode<int,int> *b, int k) {               //被 Output()调用
    if (b==NULL)
        return;
    if (b->lchild!=NULL)
        _Output(b->lchild, k);                           //递归输出左子树的结点
    if (b->key<=k)
        printf("%d ", b->key);                           //只输出小于或等于 k 的结点值
    else
        return;                                          //遇到大于 k 的结点时返回
    if (b->rchild!=NULL)
        _Output(b->rchild, k);                           //递归输出右子树的结点
}
```

```
}
void Output(BSTClass<int,int> &bst,int k){        //求解算法
    _Output(bst.r,k);
}
```

12. 解：中序遍历二叉排序树,用 i 累计输出的结点个数(初始为1),当 $i>m$ 时结束。对应的算法如下：

```
void _Topm(BSTNode<int,int> *b,int m,int &i){     //被 Topm()调用
    if (b==NULL) return;
    if (b->lchild!=NULL)
        _Topm(b->lchild,m,i);                     //递归输出左子树的结点
    if (i<=m){
        printf("%d ",b->key);                     //只输出小于或等于 k 的结点值
        i++;
    }
    else
        return;                                   //遇到大于 k 的结点时返回
    if (b->rchild!=NULL)
        _Topm(b->rchild,m,i);                     //递归输出右子树的结点
}
void Topm(BSTClass<int,int> &bst,int m){          //求解算法
    int i=1;
    _Topm(bst.r,m,i);
}
```

13. 解：从二叉排序树的根结点开始比较,将结点层次 lev 初始化为0,按二叉排序树查找过程累计结点层次。对应的非递归算法如下：

```
int _Level(BSTNode<int,int> *b,int k){            //被 Level()调用
    int lev=0;                                    //将结点层次 lev 初始化为0
    BSTNode<int,int> *p=b;
    while (p!=NULL){                              //在二叉排序树中查找
        if (p->key==k){                           //找到为 k 的结点
            lev++;
            return lev;                           //返回其层次
        }
        if (k<p->key)
            p=p->lchild;                          //在左子树中查找
        else
            p=p->rchild;                          //在右子树中查找
        lev++;                                    //层次增1
    }
    return 0;                                     //没有找到返回0
}
int Level(BSTClass<int,int> &bst,int k){          //求解算法
    return _Level(bst.r,k);
}
```

14. 解：先按二叉排序树查找方法查找关键字为 k 的结点 p,由于一个结点可能是其右子树中某个结点的前驱结点,所以在查找中用 pre 记录最后右拐的结点,找到结点 p 后分为如图 9.18 所示的两种情况,在前一种情况中结点 pre 就是结点 p 的前驱结点,在后一种情

况中结点 p 的前驱结点是其左孩子的最右下结点。若查找中没有出现右拐,则结点 p 没有前趋结点,post 为 NULL。

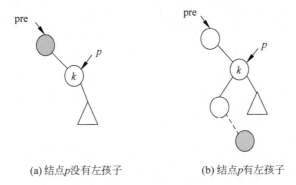

(a) 结点 p 没有左孩子　　　(b) 结点 p 有左孩子

图 9.18　查找结点 p 的前驱结点

对应的算法如下:

```
BSTNode<int,int>* _Pred(BSTNode<int,int>* p, int k) {    //被 Pred()调用
    BSTNode<int,int>* pre=NULL;
    while(p!=NULL && p->key!=k) {                        //查找等级为 k 的结点 p
        if (k>p->key) {
            pre=p;                                       //pre 记录最后一个右拐结点
            p=p->rchild;                                 //右拐
        }
        else p=p->lchild;                                //左拐
    }
    if (p->lchild==NULL)                                 //p 的左孩子为空,返回 pre
        return pre;
    else {
        p=p->lchild;
        while(p->rchild!=NULL)                           //找左孩子的最右下结点
            p=p->rchild;
        return p;
    }
}
BSTNode<int,int>* Pred(BSTClass<int,int> &bst, int k) {  //求关键字 k 的前驱结点
    return _Pred(bst.r,k);
}
```

15. 解:先按二叉排序树查找方法查找关键字为 k 的结点 p,由于一个结点可能是其左子树中某个结点的后继结点,所以在查找中用 post 记录最后左拐的结点,找到结点 p 后分为如图 9.19 所示的两种情况,在前一种情况中结点 post 就是结点 p 的后继结点,在后一种情况中结点 p 的后继结点是其右孩子的最左下结点。若查找中没有出现左拐,则结点 p 没有后退结点,post 为 NULL。

对应的算法如下:

```
BSTNode<int,int>* _Succ(BSTNode<int,int>* p, int k) {    //被 Succ()调用
    BSTNode<int,int>* post=NULL;
    while(p!=NULL && p->key!=k) {                        //查找关键字为 k 的结点 p
        if (k>p->key)
```

```
                p=p->rchild;                          //右拐
            else {
                post=p;                               //post记录最后一个左拐结点
                p=p->lchild;                          //左拐
            }
        }
        if (p->rchild==NULL)                          //p的右孩子为空,返回post
            return post;
        else {                                        //p的右孩子不空
            p=p->rchild;
            while(p->lchild!=NULL)                    //找结点p的右孩子的最左下结点
                p=p->lchild;
            return p;
        }
    }
    BSTNode < int, int > *  Succ(BSTClass < int, int > &bst, int k) {   //求关键字 k 的后继结点
        return _Succ(bst.r, k);
    }
```

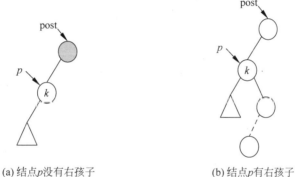

(a) 结点p没有右孩子　　　　　　　(b) 结点p有右孩子

图 9.19　查找结点 p 的后继结点

16. **解**：用 ans 表示第一个值大于 k 的结点（初始为 NULL），按二叉排序树方式查找到结点 p。

① 若 p->key<=k，结点 p 一定不是要找的结点，在其右子树中继续查找。

② 若 p->key>k，结点 p 可能是要找的结点，用 ans 暂时保存，转向左子树查找看能不能找到大于 k 并且小于 p->key 的结点（如果找到会更新 ans，否则不会更新 ans）。

最后返回 ans。对应的算法如下：

```
    BSTNode < int, int > *  _greaterk(BSTNode < int, int > * p, int k) {
        BSTNode < int, int > * ans=NULL;              //存放答案
        while (p!=NULL) {
            if (p->key<=k)                            //结点 p 小于或等于 k
                p=p->rchild;                          //在右子树中查找
            else {
                ans=p;                                //结点 p 大于 k,可能是结果
                p=p->lchild;                          //在左子树中查找
            }
        }
        return ans;
    }
```

```
BSTNode <int,int> * greaterk(BSTClass <int,int> &bst,int k) {    //求解算法
    return _greaterk(bst.r,k);
}
```

17. 解：HashTable2 类的设计原理参见《教程》中的 9.4.3 节。通过哈希函数求出关键字 k 的地址 d，然后在 ha[d] 的单链表中查找关键字 k 的结点并删除之。对应的算法如下：

```
void remove(int k) {                          //删除关键字 k
    int d=k % m;
    if (ha[d]==NULL) return;
    if (ha[d]->next==NULL) {                  //ha[d]只有一个结点
        if (ha[d]->key==k) {
            delete ha[d];
            ha[d]=NULL;
        }
        return;
    }
    HNode<T>* pre=ha[d];                      //ha[d]有一个以上结点
    HNode<T>* p=pre->next;
    while (p!=NULL && p->key!=k) {
        pre=p;                                //pre 和 p 同步后移
        p=p->next;
    }
    if (p!=NULL) {                            //找到关键字为 k 的结点 p
        pre->next=p->next;                    //删除结点 p
        delete p;
    }
}
```

18. 解：HashTable2 类的设计原理参见《教程》中的 9.4.3 节。遍历 ha 的所有单链表，累计成功查找到每个结点需要的关键字比较次数 sum，返回 sum/n。对应的算法如下：

```
double ASL1() {                               //求成功情况下的平均查找长度
    int sum=0;                                //累计成功找到所有关键字需要的比较次数
    for (int i=0;i<m;i++) {
        HNode<T> * p=ha[i];
        int sum1=0;                           //sum1 累计成功查找 p->key 的关键字比较次数
        while (p!=NULL) {
            sum1++;                           //成功找到 p->key
            sum+=sum1;                        //将 sum1 累加到 sum 中
            p=p->next;
        }
    }
    return 1.0 * sum/n;
}
```

9.3 基础实验题及其参考答案

9.3.1 基础实验题

1. 编写一个实验程序，对一个递增有序表进行折半查找，输出成功找到其中每个元素

的查找序列。用相关数据进行测试。

2. 有一个含 25 个整数的查找表 R，其关键字序列为(8,14,6,9,10,22,34,18,19,31, 40,38,54,66,46,71,78,68,80,85,100,94,88,96,87)。假设将 R 中的 25 个元素分为 5 块 ($b=5$)，每块中有 5 个元素($s=5$)，并且这样分块后满足分块有序性。编写一个实验程序，采用分块查找，建立对应的索引表，在查找索引表和对应块时均采用顺序查找法，给出所有关键字的查找结果。

3. 有一个整数序列，其中的整数可能重复，编写一个实验程序，以整数为关键字、出现次数为值建立一棵二叉排序树，包括按整数查找、删除和以括号表示串输出二叉排序树的运算。用相关数据进行测试。

4. 编写一个实验程序，设计一个哈希表(除留余数法＋线性探测法)，包含插入、删除、查找、求成功情况下的平均查找长度和不成功情况下的平均查找长度。用相关数据进行测试。

9.3.2 基础实验题参考答案

1. 解：折半查找过程参见《教程》中的 9.2.2 节。对应的实验程序 Exp1-1.cpp 如下：

```cpp
#include <iostream>
#include <vector>
using namespace std;
int BinSearch(vector<int> &R, int k, vector<int> &path) {   //折半查找非递归算法
    int n=R.size();
    int low=0,high=n-1;
    while (low<=high) {                    //当前区间非空时
        int mid=(low+high)/2;              //求查找区间的中间位置
        path.push_back(R[mid]);
        if (k==R[mid])
            return mid;                    //查找成功返回其序号 mid
        if (k<R[mid])
            high=mid-1;                    //继续在 R[low..mid-1]中查找
        else
            low=mid+1;                     //k>R[mid]
                                           //继续在 R[mid+1..high]中查找
    }
    return -1;                             //当前查找区间为空时返回-1
}
int main() {
    vector<int> R={1,2,3,4,5,6,7,8,9};
    vector<int> path;
    printf("\n  (1)有序序列\n");
    printf("    R: ");
    for (int i=0;i<R.size();i++)
        printf("%d ",R[i]);
    printf("\n");
    printf("  (2)查找序列\n");
    for (int i=0;i<R.size();i++) {
        path.clear();
        BinSearch(R,R[i],path);
        printf("    整数%d 的查找序列: ",R[i]);
        for (int j=0;j<path.size();j++)
```

```
            printf("%d ",path[j]);
        printf("\n");
    }
    return 0;
}
```

上述程序的执行结果如图9.20所示。

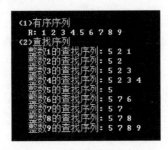

图9.20　第9章基础实验题1的执行结果

2. 解：在分块查找中创建索引表和查找的过程参见《教程》中的9.2.3节。对应的实验程序Exp1-2.cpp如下：

```
#include <iostream>
#include <vector>
#include <algorithm>
using namespace std;
struct IdxType {                                    //索引表类型
    int key;                                        //关键字(这里是对应块中的最大关键字)
    int link;                                       //该索引块在数据表中的起始下标
};
void CreateI(vector<int> &R,IdxType I[],int b) {    //构造索引表I[0..b-1]
    int n=R.size();
    int s=(n+b-1)/b;                                //每块中的元素个数
    int j=0;
    int jmax=R[j];
    for (int i=0;i<b;i++) {                         //构造b个块
        I[i].link=j;
        while (j<=(i+1)*s-1 && j<=n-1) {            //j遍历一个块,查找其中的最大关键字jmax
            if (R[j]>jmax) jmax=R[j];
            j++;
        }
        I[i].key=jmax;
        if (j<=n-1) jmax=R[j];                      //j没有遍历完,jmax置为下一个块首元素的关键字
    }
}
int BlkSearch(vector<int> &R,IdxType I[],int b,int k) { //在R[0..n-1]和索引表I[0..b-1]中查找k
    int n=R.size();
    int low=0,high=b-1;
    while (low<=high) {                             //在索引表中折半查找,找到块号为high+1
        int mid=(low+high)/2;
        if (k<=I[mid].key) high=mid-1;
        else low=mid+1;
    }
```

```
        if (high+1>=b) return -1;                //块号超界,查找失败,返回-1
        int i=I[high+1].link;                    //求所在块的起始位置
        int s=(n+b-1)/b;                         //求每块的元素个数 s
        if (i==b-1)                              //第 i 块是最后块,元素个数可能少于 s
            s=n-s*(b-1);
        while (i<=I[high+1].link+s-1 && R[i]!=k) //在对应块中顺序查找 k
            i++;
        if (i<=I[high+1].link+s-1)
            return i;                            //查找成功,返回该元素的序号
        else
            return -1;                           //查找失败,返回-1
}
int main() {
    vector<int> R={8,14,6,9,10,22,34,18,19,31,40,38,54,66,46,71,78,68,80,85,100,94,88,96,87};
    int b=5;
    IdxType *I=new IdxType[b];
    CreateI(R,I,b);
    printf("\n (1)初始数据\n   ");
    for (int i=0;i<R.size();i++)
        printf("%d ",R[i]);
    printf("\n (2)创建索引块(分为b=5个块)\n");
    for (int i=0;i<b;i++)
        printf("   块%d: [%3d,%2d]\n",i,I[i].key,I[i].link);
    printf("  (3)分块查找\n");
    for (int i=0;i<R.size();i+=2) {
        int k1=R[i],k2=R[i+1];
        printf("    k=%3d 的位置:%2d\t"
            "k=%3d 的位置:%2d\n",k1,BlkSearch(R,I,b,k1),k2,BlkSearch(R,I,b,k2));
    }
    return 0;
}
```

上述程序的执行结果如图 9.21 所示。

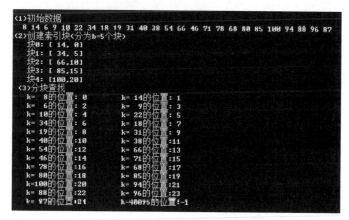

图 9.21　第 9 章基础实验题 2 的执行结果

3. 解：二叉排序树的创建、查找和删除过程参见《教程》中的 9.3.1 节,这里每个结点为 [key,data],其中 key 为关键字(int 类型),data 为 key 出现的次数(int 类型),可以插入重复的 key。对应的实验程序 Exp1-3.cpp 如下：

```cpp
#include <iostream>
#include <vector>
using namespace std;
template <typename T1, typename T2>
struct BSTNode {                                        //BST 结点类模板
    T1 key;                                             //存放关键字,假设关键字为 T1 类型
    T2 data;                                            //存放数据项,假设数据项为 T2 类型
    BSTNode *lchild;                                    //存放左孩子指针
    BSTNode *rchild;                                    //存放右孩子指针
    BSTNode(T1 k) {                                     //构造方法
        key=k;
        data=1;                                         //新建结点为叶子结点,出现一次
        lchild=rchild=NULL;
    }
};
template <typename T1, typename T2>
class BSTClass {                                        //BST 类模板
public:
    BSTNode<T1,T2> *r;                                  //BST 根结点
    BSTNode<T1,T2> *f;                                  //用于存放待删除结点的双亲结点
    BSTClass() {                                        //构造方法
        r=NULL;                                         //BST 根结点
        f=NULL;                                         //用于存放待删除结点的双亲结点
    }
    ~BSTClass() {                                       //析构函数
        DestroyBTree(r);                                //调用 DestroyBTree()函数
        r=NULL;
    }
    void DestroyBTree(BSTNode<T1,T2> *b) {              //释放所有的结点空间
        if (b!=NULL) {
            DestroyBTree(b->lchild);                    //递归释放左子树
            DestroyBTree(b->rchild);                    //递归释放右子树
            delete b;                                   //释放根结点
        }
    }
    void InsertBST(T1 k) {                              //插入一个 k 结点
        r=_InsertBST(r,k);
    }
    BSTNode<T1,T2> *_InsertBST(BSTNode<T1,T2> *p,T1 k) {
        //在以 p 为根的 BST 中插入关键字为 k 的结点
        if (p==NULL)                                    //原树为空,新插入的元素为根结点
            p=new BSTNode<T1,T2>(k);
        else if (k==p->key)                             //存在相同关键字
            p->data++;                                  //值增加 1
        else if (k<p->key)
            p->lchild=_InsertBST(p->lchild,k);          //插入 p 的左子树中
        else
            p->rchild=_InsertBST(p->rchild,k);          //插入 p 的右子树中
        return p;
    }
    void CreateBST(vector<T1> &a) {                     //由 a 向量创建一棵 BST
        r=new BSTNode<T1,T2>(a[0]);                     //创建根结点
        for (int i=1;i<a.size();i++)                    //创建其他结点
```

```
            InsertBST(a[i]);                        //插入(a[i])
    }
    BSTNode<T1,T2> *SearchBST(T1 k){                //在BST中查找关键字为k的结点
        return _SearchBST(r,k);                     //r为BST的根结点
    }
    BSTNode<T1,T2> *_SearchBST(BSTNode<T1,T2> *p,T1 k){  //被SearchBST()方法调用
        if (p==NULL) return NULL;                   //空树返回空
        if (p->key==k) return p;                    //找到后返回p
        if (k<p->key)
            return _SearchBST(p->lchild,k);         //在左子树中递归查找
        else
            return _SearchBST(p->rchild,k);         //在右子树中递归查找
    }
    bool DeleteBST(T1 k){                           //删除关键字为k的结点
        f=NULL;
        return _DeleteBST(r,k,-1);                  //r为BST的根结点
    }
    bool _DeleteBST(BSTNode<T1,T2> *p,T1 k,int flag){     //被DeleteBST()方法调用
        if (p==NULL)
            return false;                           //空树返回false
        if (p->key==k)
            return DeleteNode(p,f,flag);            //找到后删除p结点
        if (k<p->key){
            f=p;
            return _DeleteBST(p->lchild,k,0);       //在左子树中递归查找
        }
        else {
            f=p;
            return _DeleteBST(p->rchild,k,1);       //在右子树中递归查找
        }
    }
    bool DeleteNode(BSTNode<T1,T2> *p,BSTNode<T1,T2> *f,int flag){  //删除结点p(其双亲为f)
        if (p->rchild==NULL){                       //结点p只有左孩子了(含p为叶子)
            if (flag==-1)                           //结点p的双亲为空(p为根结点)
                r=p->lchild;                        //修改根结点r为p的左孩子
            else if (flag==0)                       //p为双亲f的左孩子
                f->lchild=p->lchild;                //将f的左孩子置为p的左孩子
            else                                    //p为双亲f的右孩子
                f->rchild=p->lchild;                //将f的右孩子置为p的左孩子
        }
        else if (p->lchild==NULL){                  //结点p只有右孩子
            if (flag==-1)                           //结点p的双亲为空(p为根结点)
                r=p->rchild;                        //修改根结点r为p的右孩子
            else if (flag==0)                       //p为双亲f的左孩子
                f->lchild=p->rchild;                //将f的左孩子置为p的左孩子
            else                                    //p为双亲f的右孩子
                f->rchild=p->rchild;                //将f的右孩子置为p的左孩子
        }
        else {                                      //结点p有左、右孩子
            BSTNode<T1,T2> *f1=p;                   //f1为结点q的双亲结点
            BSTNode<T1,T2> *q=p->lchild;            //q转向结点p的左孩子
            if (q->rchild==NULL){                   //若结点q没有右孩子
                p->key=q->key;                      //将被删结点p的值用q的值替代
```

```cpp
                    p->data=q->data;
                    p->lchild=q->lchild;                    //删除结点 q
                }
                else {                                       //若结点 q 有右孩子
                    while (q->rchild!=NULL) {                //找到最右下结点 q,其双亲结点为 f1
                        f1=q;
                        q=q->rchild;
                    }
                    p->key=q->key;                           //将被删结点 p 的值用 q 的值替代
                    p->data=q->data;
                    f1->rchild=q->lchild;                    //删除结点 q
                }
            }
            return true;
        }
        void DispBST() {                                     //输出 BST 的括号表示串(含 data)
            _DispBST(r);
        }
        void _DispBST(BSTNode<T1,T2> * p) {                  //被 DispBST()方法调用
            if (p!=NULL) {
                cout << p->key << "[" << p->data << "]";     //输出根结点值
                if (p->lchild!=NULL || p->rchild!=NULL) {
                    cout << "(";                             //有孩子结点时才输出"("
                    _DispBST(p->lchild);                     //递归处理左子树
                    if (p->rchild!=NULL)
                        cout << ",";                         //有右孩子结点时才输出","
                    _DispBST(p->rchild);                     //递归处理右子树
                    cout << ")";                             //有孩子结点时才输出")"
                }
            }
        }
};
int main() {
    vector<int> a={1,3,2,1,5,4,1,6,1,4,5};
    cout << "\n  (1)关键字序列\n    ";
    for (int i=0;i<a.size();i++)
        cout << a[i] << " ";
    cout << endl;
    cout << "  (2)创建 BST\n";
    BSTClass<int,int> bst;
    bst.CreateBST(a);
    cout << "  (3)输出 BST\n";
    cout << "    BST: ";bst.DispBST(); cout << endl;
    int k=1;
    BSTNode<int,int>* p=bst.SearchBST(k);
    printf("  (4)整数%d 出现次数: %d\n",k,p->data);
    printf("  (5)删除整数%d\n",k);
    bst.DeleteBST(k);
    cout << "    BST: ";bst.DispBST(); cout << endl;
    return 0;
}
```

上述程序的执行结果如图 9.22 所示。

```
<1>关键字序列
   1 3 2 1 5 4 1 6 1 4 5
<2>创建BST
<3>输出BST
   BST: 1[4](,3[1](2[1],5[2](4[2],6[1])))
<4>整数1出现次数: 4
<5>删除整数1
   BST: 3[1](2[1],5[2](4[2],6[1]))
```

图 9.22 第 9 章基础实验题 3 的执行结果

4. 解：采用除留余数法以及线性探测法解决冲突的哈希表设计原理参见《教程》中的 9.4.3 节。对应的实验程序 Exp1-4.cpp 如下：

```cpp
#include<iostream>
using namespace std;
#define NULLKEY -1                      //全局变量,空关键字
#define MAXM 100                        //哈希表的最大长度
template <typename T>
struct HNode {                          //哈希表的元素类型
    int key;                            //关键字
    T value;                            //数据值
    HNode():key(NULLKEY) {}             //构造函数
    HNode(int k,T v) {                  //重载构造函数
        key=k;
        value=v;
    }
};
template <typename T>
class HashTable1 {                      //哈希表(除留余数法+线性探测法)
    int n;                              //哈希表中的元素个数
    int m;                              //哈希表的长度
    int p;
    HNode<T> ha[MAXM];                  //存放哈希表元素
public:
    HashTable1(int m,int p) {           //哈希表构造函数
        this->m=m;
        this->p=p;
        for (int i=0;i<m;i++)
            ha[i].key=NULLKEY;
        n=0;
    }
    void insert(int k,T v) {            //在哈希表中插入(k,v)
        int d=k % p;                    //求哈希函数值
        while (ha[d].key!=NULLKEY)      //找空位置
            d=(d+1) % m;                //用线性探测法查找空位置
        ha[d]=HNode<T>(k,v);            //放置(k,v)
        n++;                            //增加一个元素
    }
    int search(int k) {                 //查找关键字k,成功时返回其位置,否则返回-1
        int d=k % p;                    //求哈希函数值
        while (ha[d].key!=NULLKEY && ha[d].key!=k)
            d=(d+1) % m;                //用线性探测法查找空位置
        if (ha[d].key==k)               //查找成功返回其位置
            return d;
```

```cpp
        else
            return -1;                              //查找失败返回-1
    }
    void remove(int k) {                            //删除关键字k
        int i=search(k);
        if (i!=-1) {
            ha[i].key=NULLKEY;
            n--;
        }
    }
    void dispht() {                                 //输出哈希表
        for (int i=0;i<m;i++)
            printf("%4d",i);
        printf("\n");
        for (int i=0;i<m;i++) {
            if (ha[i].key==NULLKEY)
                printf("    ");
            else
                printf("%4d",ha[i].key);
        }
        printf("\n");
    }
    double ASL1() {                                 //求成功情况下的平均查找长度
        int sum=0;                                  //累计成功找到所有关键字需要的比较次数
        for (int i=0;i<m;i++) {                     //遍历哈希表的每个位置
            if (ha[i].key!=NULLKEY) {
                int k=ha[i].key;                    //提取非空位置的关键字k
                int sum1=0;                         //sum1累计成功查找k需要的关键字比较次数
                int d=k % p;                        //求哈希函数值
                sum1++;
                while (ha[d].key!=NULLKEY && ha[d].key!=k) {
                    d=(d+1) % m;                    //用线性探测法查找下一个位置
                    sum1++;
                }
                sum+=sum1;                          //将sum1累加到sum中
            }
        }
        return 1.0 * sum/n;
    }
    double ASL2() {                                 //求不成功情况下的平均查找长度
        int sum=0;                                  //累计查找失败时所有关键字需要的比较次数
        for (int i=0;i<m;i++) {
            int sum1=1;                             //sum1累计h(k)=i查找失败需要的关键字比较次数
            int j=i;
            while (ha[j].key!=NULLKEY) {
                sum1++;
                j=(j+1)%m;
            }
            sum+=sum1;                              //将sum1累加到sum中
        }
        return 1.0 * sum/m;
    }
};
```

```
int main() {
    int a[]={16,74,60,43,54,90,46,31,29,88,77};
    string b[]={"1","2","3","4","5","6","7","8","9","10","11"};
    int n=sizeof(a)/sizeof(a[0]);
    int m=13;
    int p=13;
    HashTable1<string> ht(m,p);              //定义哈希表 ht
    printf("\n (1)由 a,b 向量建立哈希表\n");
    for (int i=0;i<n;i++)
        ht.insert(a[i],b[i]);
    printf(" (2)哈希表\n");
    ht.displayht();
    printf(" (3)求成功情况下的平均查找长度\n");
    printf("    ASL=%.2lf\n",ht.ASL1());
    printf(" (4)求不成功情况下的平均查找长度\n");
    printf("    ASL=%.2lf\n",ht.ASL2());
    printf(" (5)删除 29\n");
    ht.remove(29);
    printf(" (6)哈希表\n");
    ht.displayht();
    printf(" (7)求成功情况下的平均查找长度\n");
    printf("    ASL=%.2lf\n",ht.ASL1());
    printf(" (8)求不成功情况下的平均查找长度\n");
    printf("    ASL=%.2lf\n",ht.ASL2());
    return 0;
}
```

上述程序的执行结果如图 9.23 所示。

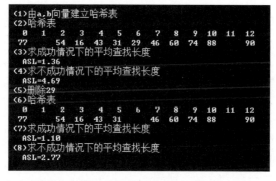

图 9.23 第 9 章基础实验题 4 的执行结果

9.4 应用实验题及其参考答案

9.4.1 应用实验题

1. 编写一个实验程序,对于给定的一个无序整数数组 a,求其中与 x 最接近的整数位置,若有多个这样的整数,返回最后一个整数的位置,给出算法的时间复杂度。采用相关数据测试。

2. 编写一个实验程序，对于给定的一个递增整数数组 a，求其中与 k 最接近的整数位置，若有多个这样的整数，返回最后一个整数的位置。采用相关数据测试。

3. 编写一个实验程序，根据折半查找算法的思路设计一个对递增有序顺序表实现三分查找的算法。采用相关数据测试。

4. 编写一个实验程序，对于给定的一个整数序列，其中存在相同的整数，创建一棵二叉排序树，按递增顺序输出所有不同整数的名次（第几小的整数，从 1 开始计）。例如，整数序列为 (3,5,4,6,6,5,1,3)，求解结果是 1 的名次为 1，3 的名次为 2，4 的名次为 4，5 的名次为 5，6 的名次为 7。

5. 小明要输入一个整数序列 $a_1, a_2, \cdots, a_n$（所有整数均不相同），他在输入过程中随时要删除当前输入部分或者全部序列中的最大整数、最小整数，为此小明设计了一个结构 S 和如下功能算法。

(1) insert(S,x)：向结构 S 中添加一个整数 x。

(2) delmin(S)：从结构 S 中删除最小整数。

(3) delmax(S)：从结构 S 中删除最大整数。

请帮助小明设计出一个好的结构 S，尽可能在时间和空间两方面高效地实现上述算法，需要实现上述算法并给出各个算法的时间复杂度。

9.4.2 应用实验题参考答案

1. 解：由于 a 是无序的，采用顺序查找方法，通过遍历 a，求 $a[i]$ 与 x 的最小绝对值差 d，用 res 保存这样的 i，若存在相同最小绝对值差的元素 $a[j]$，置 res$=j$。该算法的时间复杂度为 $O(n)$。对应的实验程序 Exp2-1.cpp 如下：

```cpp
#include <iostream>
#include <vector>
using namespace std;
int closest(vector<int> a, int x) {            //在无序序列 a 中查找最接近的元素序号
    int d=0x3f3f3f3f;                          //表示最大整数
    int res=0;
    for (int i=0;i<a.size();i++) {
        if (abs(a[i]-x)<=d) {
            d=abs(a[i]-x);
            res=i;
        }
    }
    return res;
}
int main() {
    vector<int> a={3,1,4,8,6,10,2,3};
    printf("\n   (1)整数序列\n");
    printf("    a: ");
    for (int i=0;i<a.size();i++)
        printf("%d ",a[i]);
    printf("\n");
    int x=7;
    int j=closest(a,x);
    printf("   (2)最接近%d 的整数位置%d[%d]\n",x,j,a[j]);
```

```
        x=3;
        j=closest(a,x);
        printf("  (3)最接近%d的整数位置%d[%d]\n",x,j,a[j]);
        x=9;
        j=closest(a,x);
        printf("  (4)最接近%d的整数位置%d[%d]\n",x,j,a[j]);
        return 0;
    }
```

上述程序的执行结果如图9.24所示。

2. 解：由于 a 是递增有序的，可以采用《教程》中的9.2.2 节的折半查找的变形算法 lower_bound1() 找到 k 的插入点 j，置 $i=j-1$，若 $a[j]$ 更接近 k（含距离相同的情况），返回 j，否则返回 i。该算法的时间复杂度为 $O(\log_2 n)$。对应的实验程序 Exp2-2.cpp 如下：

图9.24 第9章应用实验题1的执行结果

```
#include <iostream>
#include <vector>
#include <algorithm>
using namespace std;
int lower_bound1(vector<int> &R,int k) {     //查找 k 的插入点
    int n=R.size();
    int low=0,high=n;
    while (low<high) {
        int mid=(low+high)/2;
        if (R[mid]>=k)                        //p(x)=x>=k,谓词为 true
            high=mid;                         //在左区间中查找
        else                                  //谓词为 false
            low=mid+1;                        //在右区间中查找
    }
    return low;                               //返回 low
}
int Closest(vector<int> &R,int k) {           //返回 R 中与 k 最接近的元素
    int n=R.size();
    if (k<=R[0]) return 0;                    //k 小于或等于 R[0]的情况
    if (k>=R[n-1]) return n-1;                //k 大于或等于 R[n-1]的情况
    int j=lower_bound1(R,k);                  //求 R 中第一个大于或等于 k 的序号 j
    int i=j-1;                                //求 j 的前一个序号 i
    if (R[j]-k<=k-R[i])                       //R[j]更接近 k(含距离相同的情况)
        return j;
    else                                      //R[i]更接近 x
        return i;
}
int main() {
    vector<int> a={1,4,6,10,16,20};
    printf("\n  递增整数序列:");
    for (int i=0;i<a.size();i++)
        printf("%d ",a[i]);
    printf("\n  求解结果\n");
    int k=0;
    int j=Closest(a,k);
```

```
        printf("    (1)最接近%d的整数位置%d[%d]\n",k,j,a[j]);
        k=5;
        j=Closest(a,k);
        printf("    (2)最接近%d的整数位置%d[%d]\n",k,j,a[j]);
        k=13;
        j=Closest(a,k);
        printf("    (3)最接近%d的整数位置%d[%d]\n",k,j,a[j]);
        k=25;
        j=Closest(a,k);
        printf("    (4)最接近%d的整数位置%d[%d]\n",k,j,a[j]);
        return 0;
}
```

图 9.25 第 9 章应用实验题 2 的执行结果

上述程序的执行结果如图 9.25 所示。

3. 解：在查找区间 $R[low..high]$ 中查找 k 的过程是，若其中少于 3 个元素，则逐一比较并返回相应结果；若其中多于或等于 3 个元素，求出其中的元素个数 $m=(high-low+1)$，置 $i=low+m/3$，$j=low+2*m/3$。将整个区间分为 3 个子区间，即 $R[low..i-1]$、$R[i+1..j-1]$ 和 $R[j+1..high]$，若 $k==R[i]$，返回 i，若 $k<R[i]$，返回 ThreeSearch$(R,low,i-1,k)$；否则，若 $k==R[j]$，返回 j，若 $k<R[j]$，返回 ThreeSearch$(R,i+1,j-1,k)$；否则返回 ThreeSearch$(R,j+1,high,k)$。对应的实验程序 Exp2-3.cpp 如下：

```
#include <iostream>
#include <vector>
using namespace std;
int ThreeSearch(vector <int> & R,int low,int high,int k) {
    if (high<=low+1) {                         //区间内少于3个元素的情况
        if (low>high)                          //区间内没有元素
            return -1;
        if (low==high) {                       //区间内只有一个元素
            if (k==R[low])
                return low;
            else
                return -1;
        }
        if (low+1==high) {                     //区间内只有两个元素
            if (k==R[low])
                return low;
            else if (k==R[high])
                return high;
            else
                return -1;
        }
    }
    int m=(high-low+1);                        //求出区间内的元素个数 m
    int i=low+m/3;                             //R[low..i]为第1个子区间
    if (k==R[i])
        return i;
    else if (k<R[i])
```

```
            return ThreeSearch(R,low,i-1,k);
        else {
            int j=low+2*m/3;                          //R[i+1..j]为第2个子区间
            if (k==R[j])
                return j;
            else if (k<R[j])
                return ThreeSearch(R,i+1,j-1,k);
            else                                      //R[j+1..high]为第3个子区间
                return ThreeSearch(R,j+1,high,k);
        }
    }
}
int main() {
    vector<int> a={1,2,3,4,5,6,7,8,9,10,11,12};
    printf("\n  递增整数序列:");
    for (int i=0;i<a.size();i++)
        printf("%d ",a[i]);
    printf("\n");
    printf("  求解结果\n");
    for (int i=0;i<a.size();i++) {
        int j=ThreeSearch(a,0,a.size()-1,a[i]);
        printf("    (%2d) 找到%d=a[%d]\n",i+1,a[i],j);
    }
    return 0;
}
```

上述程序的执行结果如图 9.26 所示。

4. 解：在二叉排序树的结点中增加 size 成员表示以这个结点为根的子树中的结点个数(包括本身)，cnt 成员表示相同关键字出现的次数(把 key 相同的整数放在一个结点中)。采用《教程》中的 9.3.1 节的方法创建这样的二叉排序树 bst，例如由整数序列(3,5,4,6,6,5,1,3)创建的二叉排序树如图 9.27 所示，在结点旁边的 (x,y) 中，x 表示 size，y 表示 cnt。

图 9.26 第 9 章应用实验题 3 的执行结果

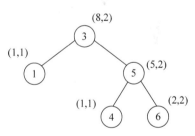

图 9.27 一棵二叉排序树

求二叉排序树中关键字 k 的名次，即树中小于或等于 k 的结点个数，这里是最小排名，若有多个关键字 k，则返回第一个 k 的名次。在以结点 p 为根结点的子树中求关键字 k 的名次的过程如下：

(1) 若当前结点 p 的关键字等于 k，则返回其左子树的结点个数+1(这里是最小排名，如果是最大排名，则改为返回右子树的结点个数+1)。

(2) 若 k 小于结点 p 的关键字，说明结果在左子树中，返回在左子树中查找关键字 k 的名次的结果。

(3) 若 k 大于结点 p 的关键字,说明结果在右子树中,则需要将在右子树中查找到的关键字 k 的结果加上左子树和根的名次。

对应的实验程序 Exp2-4.cpp 如下：

```cpp
#include<iostream>
#include<vector>
#include<set>
using namespace std;
struct BSTNode {                                //BST 结点类型
    int key;                                    //存放关键字,假设关键字为 int 类型
    int size;                                   //以这个结点为根的子树中的结点个数
    int cnt;                                    //相同关键字出现的次数
    BSTNode *lchild;                            //存放左孩子指针
    BSTNode *rchild;                            //存放右孩子指针
    BSTNode(int k) {                            //构造方法,用于建立叶子结点
        key=k;
        size=1;
        cnt=1;
        lchild=rchild=NULL;
    }
};
class BSTClass {                                //BST 类
public:
    BSTNode *r;                                 //BST 根结点
    BSTClass():r(NULL) {}                       //构造方法
    ~BSTClass() {                               //析构函数
        DestroyBTree(r);                        //调用 DestroyBTree()函数
        r=NULL;
    }
    void DestroyBTree(BSTNode *b) {             //释放所有的结点空间
        if (b!=NULL) {
            DestroyBTree(b->lchild);            //递归释放左子树
            DestroyBTree(b->rchild);            //递归释放右子树
            delete b;                           //释放根结点
        }
    }
    int getsize(BSTNode *p) {                   //求结点 p 的 size
        if (p==NULL) return 0;
        else return p->size;
    }
    void InsertBST(int k) {                     //插入关键字 k
        r=_InsertBST(r,k);
    }
    BSTNode *_InsertBST(BSTNode *p,int k) {     //在以 p 为根的 BST 中插入关键字 k
        if (p==NULL)                            //原树为空,新插入的元素为根结点
            p=new BSTNode(k);
        else if (k<p->key)
            p->lchild=_InsertBST(p->lchild,k);  //插入 p 的左子树中
        else if (k>p->key)
            p->rchild=_InsertBST(p->rchild,k);  //插入 p 的右子树中
        else                                    //找到关键字为 k 的结点,递增 cnt
            p->cnt++;
```

```cpp
        p->size=getsize(p->lchild)+getsize(p->rchild)+p->cnt;  //维护结点 p 的 size 值
        return p;
    }
    void CreateBST(vector<int> &a) {        //由 a 向量创建一棵 BST
        r=new BSTNode(a[0]);                //创建根结点
        for (int i=1;i<a.size();i++)        //创建其他结点
            InsertBST(a[i]);                //插入 a[i]
    }
    int Rank(int k) {                       //求关键字 k 的名次
        return _Rank(r,k);
    }
    int _Rank(BSTNode *p,int k) {           //在结点 p 的子树中求关键字 k 的名次
        if (p==NULL)
            return 0;
        if (k==p->key)                      //找到关键字为 k 的结点
            return getsize(p->lchild)+1;
        if (k<p->key)
            return _Rank(p->lchild,k);
        else
            return _Rank(p->rchild,k)+getsize(p->lchild)+p->cnt;
    }
    void DispBST() {                        //输出 BST 的括号表示串(含 size 和 cnt)
        _DispBST(r);
    }
    void _DispBST(BSTNode *p) {             //被 DispBST()方法调用
        if (p!=NULL) {
            cout << p->key << "[" << p->size << "," << p->cnt << "]";  //输出根结点值
            if (p->lchild!=NULL || p->rchild!=NULL) {
                cout << "(";                //有孩子结点时才输出"("
                _DispBST(p->lchild);        //递归处理左子树
                if (p->rchild!=NULL)
                    cout << ",";            //有右孩子结点时才输出","
                _DispBST(p->rchild);        //递归处理右子树
                cout << ")";                //有孩子结点时才输出")"
            }
        }
    }
};
int main() {
    vector<int> a={3,5,4,6,6,5,1,3};
    printf("\n  (1)整数序列: ");
    for (int i=0;i<a.size();i++)
        printf("%d ",a[i]);
    printf("\n");
    BSTClass bst;
    bst.CreateBST(a);
    printf("  (2)创建 BST\n"),
    printf("    BST: "); bst.DispBST(); printf("\n");
    set<int> s;                             //用 set 集合容器去重
    for (int i=0;i<a.size();i++)
        s.insert(a[i]);
    printf("  (3)求解结果\n");
    auto it=s.begin();
```

```
    for (;it!=s.end();it++)
        printf("    %d 的名次是%d\n", *it, bst.Rank(*it));
    return 0;
}
```

上述程序的执行结果如图 9.28 所示。

图 9.28　第 9 章应用实验题 4 的执行结果

5. 解：用一棵 AVL 树 avl 存放输入的整数序列，最小整数为根结点的最左下结点，最大整数为根结点的最右下结点。这里采用《教程》中的 9.3.2 节的 AVLTree 类实现结构 S（在该类中添加 getroot()返回根结点的成员函数）。对应的实验程序 Exp2-5.cpp 如下：

```cpp
#include"AVL.cpp"                              //引用 AVL 类
class Struction {                              //Struction 类
    AVLTree<int,int> avl;
public:
    void insert(int x) {                       //添加一个整数 x
        avl.insert(x,0);
    }
    void delmin() {                            //删除最小整数
        AVLNode<int,int> *p=avl.getroot();     //从 avl 的根结点开始查找最小结点 p
        if (p==NULL) return;
        while (p->lchild!=NULL)
            p=p->lchild;
        int k=p->key;
        avl.remove(k);                         //删除 k 结点
    }
    void delmax() {                            //删除最大整数
        AVLNode<int,int> *p=avl.getroot();     //从 avl 的根结点开始查找最大结点 p
        if (p==NULL) return;
        while (p->rchild!=NULL)
            p=p->rchild;
        int k=p->key;
        avl.remove(k);                         //删除 k
    }
    void disp() {                              //递增输出 S 中的所有元素
        avl.inorder();
        printf("\n");
    }
};
int main() {
    Struction s;
    printf("\n");
```

```
    int sel,x;
    while (true) {
        printf("  操作:1—输入 2—删除最小元素 3—删除最大元素 0—退出 选择:");
        scanf("%d",&sel);
        if (sel==0) break;
        if (sel==1) {
            printf("   x:");
            scanf("%d",&x);
            s.insert(x);
            printf("  **插入后: "); s.disp();
        }
        else if (sel==2) {
            s.delmin();
            printf("  **删除后: "); s.disp();
        }
        else if (sel==3) {
            s.delmax();
            printf("  **删除后: "); s.disp();
        }
        else printf("  **操作错误\n");
    }
    printf("\n");
    return 0;
}
```

上述程序的执行结果如图 9.29 所示。

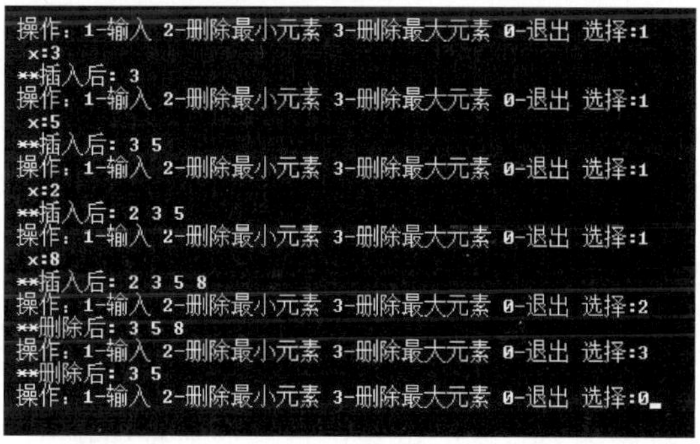

图 9.29　第 9 章应用实验题 5 的执行结果

第10章 排序

10.1 问答题及其参考答案

10.1.1 问答题

1. n 个关键字的序列为 $k_1, k_2, \cdots, k_n$（假设 n 为偶数），试问：以下各种情况利用直接插入法进行升序排序时至少需要进行多少次比较？

   (1) 关键字从小到大有序 ($k_1 < k_2 < \cdots < k_n$)。

   (2) 关键字从大到小有序 ($k_1 > k_2 > \cdots > k_n$)。

   (3) 奇数位关键字从小到大有序，偶数位关键字从小到大有序，即 $k_1 < k_3 < \cdots < k_{n/2-1}, k_2 < k_4 < \cdots < k_{n/2}$。

   (4) 前半部分元素按关键字从小到大有序，后半部分元素按关键字从大到小有序，即 $k_1 < k_2 < \cdots < k_{n/2}, k_{n/2+1} > k_{n/2+2} > \cdots > k_n$。

2. 折半插入排序和直接插入排序的平均时间复杂度都是 $O(n^2)$，为什么一般情况下折半插入排序要好于直接插入排序？

3. 希尔排序算法的每一趟都对各个组采用直接插入排序算法，为什么希尔排序算法比直接插入排序算法的效率更高，试举例说明。

4. 快速排序在什么情况下需要进行的关键字比较次数最多，最多关键字比较次数是多少？

5. 对含有 n 个元素的顺序表进行快速排序，所需要进行的比较次数与这 n 个元素的初始排列有关。

   (1) 当 $n=7$ 时，在最好情况下需进行多少次比较？请说明理由。

   (2) 当 $n=7$ 时，给出一个最好情况的初始排列的实例。

   (3) 当 $n=7$ 时，在最坏情况下需进行多少次比较？请说明理由。

   (4) 当 $n=7$ 时，给出一个最坏情况的初始排序的实例。

6. 在将快速排序算法改为非递归算法时通常使用一个栈，若把栈换为队列会对最终排序结果有什么影响？

7. 堆排序和简单选择排序都属于选择排序类,它们的时间复杂度都与待排序表的初始顺序无关,因此在任何情况下堆排序都比简单选择排序的效率高。你认为这句话正确吗?如果正确,请说明理由;如果不正确,请举例说明,并指出在什么情况下不正确。

8. 对含有 n 个元素的数据序列采用堆排序方法排序,共调用向下筛选算法 siftDown 多少次?

9. 请回答下列关于堆排序中堆的两个问题:
(1) 堆的存储表示是顺序还是链式的?
(2) 设有一个小根堆,即堆中任意结点的关键字均小于它的左孩子和右孩子的关键字。其中具有最大关键字的结点可能在什么地方?

10. 两个各含有 n 个元素的有序序列归并成一个有序序列,关键字比较次数为 $n-1$~$2n-1$,也就是说关键字比较次数与初始序列有关。为什么通常说二路归并排序与初始序列无关呢?

11. 在二路归并排序中每一趟排序都要开辟 $O(n)$ 的辅助空间,共需要 $\lceil \log_2 n \rceil$ 趟排序,为什么总的辅助空间仍为 $O(n)$?

12. 在堆排序、快速排序和二路归并排序中:
(1) 若只从辅助空间考虑,应首先选取哪种排序方法?其次选取哪种排序方法?最后选取哪种排序方法?
(2) 若只从排序结果的稳定性考虑,应选取哪种排序方法?
(3) 若只从最坏情况下的排序时间考虑,不应选取哪种排序方法?

13. 在基数排序过程中用队列暂存排序的元素,是否可以用栈来代替队列?为什么?

14. 什么是多路平衡归并?多路平衡归并的目的是什么?

15. 设有 11 个长度(即包含的元素个数)不同的初始归并段,它们所包含的元素个数依次为 25、40、16、38、77、64、53、88、9、48 和 98。试根据它们做 4 路归并,要求:
(1) 指出采用 4 路平衡归并时总的归并趟数。
(2) 构造最佳归并树。
(3) 根据最佳归并树计算总的读写元素次数(假设一个页块含一个元素)。

10.1.2 问答题参考答案

1. 答: (1) 在这种情况下,插入第 $i(2 \leqslant i \leqslant n)$ 个元素的比较次数为 1,总的比较次数为
$$\sum_{i=2}^{n} 1 = n-1。$$

(2) 在这种情况下,插入第 $i(2 \leqslant i \leqslant n)$ 个元素的比较次数为 $i-1$,总的比较次数为
$$\sum_{i=2}^{n} (i-1) = \frac{n(n-1)}{2}。$$

(3) 在这种情况下,最少时的比较次数为各关键字恰好按升序排序的情况,即同(1)为 $n-1$。

(4) 在这种情况下,只有当后半部分关键字都大于前半部分关键字时比较次数最小,此时前半部分的比较次数为 $\frac{n}{2}-1$,后半部分的比较次数为 $1+2+3+\cdots+n/2-1=$

$\frac{n}{4}\left(\frac{n}{2}-1\right)$。因此，总的比较次数为$\left(\frac{n}{4}+1\right)\left(\frac{n}{2}-1\right)$。

2. 答：折半插入排序和直接插入排序的元素移动次数相同，都是$O(n^2)$。但在一般情况下，两者的关键字比较次数不同。折半插入排序的关键字比较次数为$\sum_{i=1}^{n-1}(\log_2(n+1)-1) \approx n\log_2 n$，而直接插入排序的关键字比较次数为$O(n^2)$。所以在一般情况下折半插入排序要好于直接插入排序。

3. 答：希尔排序利用了直接插入排序的以下特性。

(1) 直接插入排序的平均时间复杂度为$O(n^2)$，当希尔排序中的某一趟分为d组时，每组约为n/d个元素，执行时间为$d \times O((n/d)^2) = O(n^2)/d$。当$d$比较大时，一趟希尔排序的时间远小于直接插入排序的时间。希尔排序总共有$\log_2 n$趟，总时间小于$O(n^2)$。

(2) 直接插入排序算法在数据正序或接近正序时效率很高。在希尔排序中，当d越来越小时数据序列越来越接近正序，当$d=1$时数据序列几乎是正序，此时执行时间为$O(n)$。

假设有$n=10$个元素排序，若用直接插入排序算法，大致时间为$O(n^2)=100$。若用希尔排序算法，各趟如下。

$d=5$：每组两个元素，所花时间为$5 \times 2^2 = 20$。

$d=2$：每组5个元素，所花时间为$2 \times 5^2 = 50$。

$d=1$：此时数据基本有序，所花时间为$O(n)=10$。

这样希尔排序算法的总时间为80，优于直接插入排序算法的总时间100。

4. 答：快速排序在初始数据有序时需要进行的关键字比较次数最多，在此种情况下含有n个元素的无序区通过划分归位一个元素，产生一个空的区间和一个含有$n-1$个元素的区间，所以关键字比较次数为$(n-1)+(n-2)+\cdots+1=n(n-1)/2$。

5. 答：(1) 在最好情况下，假设每次划分能得到两个长度相等的子表，表的长度$n=2^k-1$，那么第一层划分得到两个长度为$\lfloor n/2 \rfloor$的子表，第二层划分得到4个长度为$\lfloor n/4 \rfloor$的子表。以此类推，总共进行$k=\log_2(n+1)$遍划分，各子表的长度为1，此时排序完毕。

当$n=7$时，$k=3$，在最好情况下，第一遍比较6次可找到一个其基准是正中间的元素，第二遍分别对两个子表(其长度均为3，此时$k=2$)进行排序，各两次，这样就可以将原表排序完毕。所以总共比较10次即可，其快速排序的判断树与比较次数如图10.1所示。

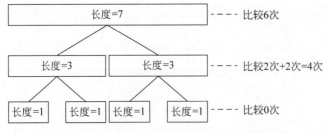

图10.1 快速排序的判断树与比较次数

(2) 当$n=7$时，由(1)可知，每次排序都应使第一个元素存储在表的正中位置，因此最好情况的初始排序的例子为(4,7,5,6,3,1,2)。

(3) 在最坏情况下，若每次用来划分的元素的关键字具有最大值(或最小值)，那么只能得到左(或右)子表,其长度比原长度少 1。因此,若原表中的元素按关键字递减次序排序,而要求按递增次序排序时,快速排序的效率与冒泡排序相同,其时间复杂度为 $O(n^2)$,所以当 $n=7$ 时最坏情况下的比较次数为 21 次。

(4) 当 $n=7$ 时,在最坏情况下是初始排序序列有序,所以 $n=7$ 时最坏情况的初始排序的例子为(7,6,5,4,3,2,1)。

6. 答:在执行快速排序算法时,用栈保存每趟快速排序划分后左、右子区间的首、尾地址,其目的是在处理子区间未排序子序列时能够知道其范围,这样才能对该子序列进行排序(在排序过程中可能产生新的左、右区间),但这与处理子序列的先后顺序没什么关系,而仅起存储作用。因此,用队列同样可以存储子区间的首、尾地址,即可以取代栈的作用。在执行快速排序算法时,把栈换为队列对最终排序结果不会产生任何影响。

7. 答:不正确。通常当 n 较大时,堆排序的时间性能优于简单选择排序,当 n 较小时就不一定了。例如,对(4,2,3,1)序列递增排序时采用简单选择排序会更好。

8. 答:在建立初始堆调用筛选算法 $n/2$ 时,每选出一个元素调用筛选算法一次,共需 $n/2+n-1=(3n-2)/2$ 次。

9. 答:(1) 通常堆的存储表示是顺序的。因为堆排序将待排序序列看成一棵完全二叉树,然后将其调整成一个堆,而完全二叉树特别适合于采用顺序存储结构,所以堆的存储表示采用顺序方式最合适。

(2) 小根堆中具有最大关键字的结点只可能出现在叶子结点中。因为最小堆的最小关键字的结点必是根结点,而最大关键字的结点由偏序关系可知,只有叶子结点可能是最大关键字的结点。

10. 答:在二路归并排序中使用了辅助空间 R_1,需要先将元素归并到 R_1 中,然后再复制到 R 中,所以每一趟移动元素的次数为 $2n$,共需 $\lceil \log_2 n \rceil$ 趟排序,总的移动次数是 $O(n\log_2 n)$。尽管待排序的初始序列对关键字的比较有一定的影响,但不改变算法的总体时间性能,所以通常说二路归并排序与初始序列无关。

11. 答:在二路归并排序中,两个长度为 length 的有序段归并时需要开辟 $O(\text{length})$ 的辅助空间,但在一次二路归并结束后这些辅助空间都被释放了,而最后一趟需要所有元素参与归并,所以总的辅助空间为 $O(n)$。

12. 答:(1) 若只从辅助空间考虑,则应首先选取堆排序(空间复杂度为 $O(1)$),其次选取快速排序(空间复杂度为 $O(\log_2 n)$),最后选取二路归并排序(空间复杂度为 $O(n)$)。

(2) 若只从排序结果的稳定性考虑,则应选取二路归并排序。因为二路归并排序是稳定的,其他两种排序方法是不稳定的。

(3) 若只从最坏情况下的排序时间考虑,则不应选取快速排序方法。因为快速排序方法最坏情况下的时间复杂度为 $O(n^2)$,其他两种排序方法在最坏情况下的时间复杂度为 $O(n\log_2 n)$。

13. 答:在基数排序中不能用栈来代替队列。基数排序是一趟一趟进行的,从第二趟开始必须采用稳定的排序方法,否则排序结果可能不正确,若用栈代替队列,这样会使排序过程变得不稳定。

14. 答:归并过程可以用一棵归并树来表示。在多路平衡归并对应的归并树中,每个结点都是平衡的。k 路平衡归并的过程是,第一趟归并将 m 个初始归并段归并为 $\lceil m/k \rceil$ 个归并段,以后每一趟归并将 l 个初始归并段归并为 $\lceil l/k \rceil$ 个归并段(不够的段用长度为 0 的虚段表示),直到最后形成一个大的归并段为止。

m 个归并段采用 k 路平衡归并,其归并趟数 $s=\lceil \log_k m \rceil$,该趟数是所有归并方案中最少的,所以多路平衡归并的目的是减少归并趟数。

15. 答: (1) 采用 4 路平衡归并时总的归并趟数为 $\lceil \log_4 11 \rceil = 2$。

(2) $m=11, k=4, (m-1)\%(k-1)=1 \neq 0$,需要附加 $k-1-(m-1)\%(k-1)=2$ 个长度为 0 的虚归并段,最佳归并树如图 10.2 所示。

(3) 根据最佳归并树计算出 WPL$=(9+16)\times 3+(25+38+40+48+53+64+77)\times 2+(88+98)\times 1=951$,假设一个页块含一个元素,总的读写元素次数$=2WPL=1902$。

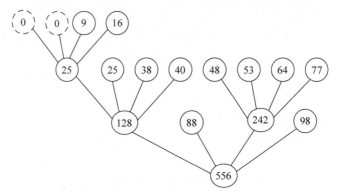

图 10.2 4 路平衡归并的最佳归并树

10.2 算法设计题及其参考答案

10.2.1 算法设计题

1. 设计一个递增排序的直接插入算法,设待排序序列为 $R[0..n-1]$,其中 $R[0..i]$ 为无序区,$R[i+1..n-1]$ 为有序区,对于无序区的尾元素 $R[i]$,将其与有序区中的元素(从头开始)进行比较,找到一个刚好大于 $R[i]$ 的位置 j,将 $R[i..j-1]$ 元素前移,然后将原 $R[i]$ 插入 $R[j-1]$ 处。

2. 设计一个折半插入算法将初始数据从大到小递减排序,并要求在初始数据正序时移动元素的次数为零。

3. 设计一个算法,对 $R[low..high](0 \leqslant low \leqslant high < n)$ 的部分元素采用冒泡排序方法实现递增排序。

4. 设计一个双向冒泡排序的算法,即在排序过程中交替改变扫描方向。

5. 利用栈设计一个快速排序的非递归算法。

6. 利用队列设计一个快速排序的非递归算法。

7. 有一个含 $n(n<100)$ 个整数的无序序列 a,设计一个算法利用快速排序思路求前 k $(1 \leqslant k \leqslant n)$ 个最大的元素。

8. 假设有 n 个整数关键字的元素存于顺序表 R 中,采用简单选择方法从中选出从小到

大的前 $m(0<m \ll n)$ 个整数。

9. 设计一个算法,判断一个整数序列 $a[0..n-1]$ 是否构成一个大根堆。

10. 有一个含 $n(n<100)$ 个整数的无序序列 R,设计一个算法,按从小到大的顺序求前 $k(1 \leq k \leq n)$ 个最大的元素。

11. 设 n 个学生元素用顺序表 R 存放,每个学生包含姓名和班号,班号取值为 $0 \sim 5$,设计一个时间复杂度为 $O(n)$ 的算法将 R 中的所有学生元素按班号递增排序。

10.2.2 算法设计题参考答案

1. 解:一般的直接插入排序算法是将 $R[0..i-1]$ 看成有序区,每一趟排序是将 $R[i]$ 有序插入有序区中,使有序区变成 $R[0..i]$。本算法是将 $R[i-1..n-1]$ 看成有序区,将 $R[i]$ 有序插入有序区中,使有序区变成 $R[i..n-1]$,初始时有序区为 $R[n-1..n-1]$,所以 i 从 $n-2$ 到 0 递减循环,先将 $R[i]$ 暂存 tmp 中,在有序区中找到合适的插入位置后移动元素并将 tmp 归位。对应的算法如下:

```
void InsertSort1(vector <int> &R, int n) {    //对 R[0..n-1]按递增有序进行直接插入排序
    for (int i=n-2;i>=0;i--) {
        int tmp=R[i];
        int j=i+1;
        while (j<n && R[j]<tmp)               //在有序区中找到一个刚大于或等于 tmp 的位置 R[j]
            j++;
        for (int k=i;k<j-1;k++)               //R[i..j-1]元素前移,以便腾出一个位置插入 tmp
            R[k]=R[k+1];
        R[j-1]=tmp;                           //在 j-1 位置处插入 tmp
    }
}
```

2. 解:将原折半插入算法中在左区间查找的条件 $tmp<R[mid]$ 改为 $tmp>R[mid]$,将在每趟排序前判断 $R[i]<R[i-1]$ 是否成立改为判断 $R[i-1]<R[i]$ 是否成立。对应的算法如下:

```
void BinInsertSort1(vector <int> &R, int n) {    //折半插入递减排序
    for (int i=1;i<n;i++) {                      //从 R[1]开始
        if (R[i-1]<R[i]) {                       //反序时
            int tmp=R[i];                        //将 R[i]保存到 tmp 中
            int low=0,high=i-1;
            while (low<=high) {                  //在 R[low..high]中折半查找有序插入的位置
                int mid=(low+high)/2;            //取中间位置
                if (tmp>R[mid])
                    high=mid-1;                  //插入点在左半区
                else
                    low=mid+1;                   //插入点在右半区
            }
            for (int j=i-1;j>=high+1;j--)        //元素后移
                R[j+1]=R[j];
            R[high+1]=tmp;                       //将原 R[i]插入 R[high+1]中
        }
    }
}
```

3. 解：只需将原冒泡排序算法中 $R[0..n-1]$ 的排序区间改为 $R[low..high]$ 即可。对应的算法如下：

```cpp
void BubbleSort(vector<int> &R, int n, int low, int high) {   //部分区间冒泡排序
    for (int i=low; i<high; i++) {
        bool exchange=false;                                   //本趟前将 exchange 置为 false
        for (int j=high; j>i; j--) {                           //一趟中找出最小关键字的元素
            if (R[j]<R[j-1]) {                                 //反序时交换
                swap(R[j], R[j-1]);
                exchange=true;                                 //本趟发生交换置 exchange 为 true
            }
        }
        if (!exchange) return;                                 //本趟没有发生交换，中途结束算法
    }
}
```

4. 解：置 i 的初值为 0，先从后向前从无序区 $R[i..n-i-1]$ 归位一个最小的元素 $R[i]$，再从前向后从无序区 $R[i..n-i-1]$ 归位一个最大的元素。当某趟没有元素交换时结束，否则置 $i++$。对应的算法如下：

```cpp
void DBubbleSort(vector<int> &R, int n) {            //双向冒泡排序
    bool exchange=true;                              //exchange 标识本趟是否进行了元素交换
    int i=0;
    while (exchange) {
        exchange=false;
        for (int j=n-i-1; j>i; j--) {                //由后向前
            if (R[j]<R[j-1]) {                       //反序时
                exchange=true;
                swap(R[j], R[j-1]);
            }
        }
        for (int j=i; j<n-i-1; j++) {                //由前向后
            if (R[j]>R[j+1]) {                       //反序时
                exchange=true;
                swap(R[j], R[j+1]);
            }
        }
        i++;
    }
}
```

5. 解：在用栈实现快速排序非递归算法时，栈元素对应排序任务 $(low, high)$，即 $R[low..high]$ 元素的排序。先将 $(0, n-1)$ 任务进栈，栈不空时循环：出栈一个任务 $(low, high)$，若 $R[low..high]$ 元素的个数大于 1，对其按 $R[low]$（排序区间的首元素）进行划分，分为两个子序列 $R[low..i-1]$ 和 $R[i+1..high]$，将 $(low, i-1)$ 和 $(i+1, high)$ 两个子任务进栈。对应的算法如下：

```cpp
int Partition2(vector<int> &R, int s, int t) {       //划分算法 2
    int i=s, j=t;
    int base=R[s];                                   //以表首元素为基准
    while (i<j) {                                    //从表两端交替向中间遍历，直到 i=j 为止
```

```
            while (j>i && R[j]>base)
                j--;                              //从后向前遍历,找一个小于或等于基准的R[j]
            if (j>i) {
                R[i]=R[j];                        //R[j]前移覆盖R[i]
                i++;
            }
            while (i<j && R[i]<=base)
                i++;                              //从前向后遍历,找一个大于基准的R[i]
            if (i<j) {
                R[j]=R[i];                        //R[i]后移覆盖R[j]
                j--;
            }
        }
        R[i]=base;                                //基准归位
        return i;                                 //返回归位的位置
    }
    struct SNode {                                //栈元素类型
        int low;
        int high;
        SNode(int l,int h):low(l),high(h) {}      //构造函数
    };
    void QuickSort(vector<int> &R,int n) {        //用栈实现的快速排序非递归算法
        stack<SNode> st;                          //定义一个栈
        st.push(SNode(0,n-1));                    //任务(0,n-1)进栈
        while (!st.empty()) {                     //栈不空时循环
            SNode e=st.top(); st.pop();
            int low=e.low, high=e.high;
            if (low<high) {                       //当R[low..high]中有一个以上的元素时
                int i=Partition2(R,low,high);     //划分
                st.push(SNode(low,i-1));          //左区间任务进栈
                st.push(SNode(i+1,high));         //右区间任务进栈
            }
        }
    }
```

6. 解：与利用栈设计的快速排序非递归算法的思路相同,直接将栈操作替换为队操作即可。对应的算法如下：

```
    int Partition2(vector<int> &R,int s,int t) {  //划分算法2
        int i=s,j=t;
        int base=R[s];                            //以表首元素为基准
        while (i<j) {                             //从表两端交替向中间遍历,直到i=j为止
            while (j>i && R[j]>base)
                j--;                              //从后向前遍历,找一个小于或等于基准的R[j]
            if (j>i) {
                R[i]=R[j];                        //R[j]前移覆盖R[i]
                i++;
            }
            while (i<j && R[i]<=base)
                i++;                              //从前向后遍历,找一个大于基准的R[i]
            if (i<j) {
                R[j]=R[i];                        //R[i]后移覆盖R[j]
```

```
            j--;
        }
    }
    R[i]=base;                                  //基准归位
    return i;                                   //返回归位的位置
}
struct SNode {                                  //队元素类型
    int low;
    int high;
    SNode(int l,int h):low(l),high(h) {}        //构造函数
};
void QuickSort(vector<int> &R,int n) {          //用队实现的快速排序非递归算法
    queue<SNode> qu;                            //定义一个队列
    qu.push(SNode(0,n-1));                      //任务(0,n-1)进队
    while (!qu.empty()) {                       //队不空时循环
        SNode e=qu.front(); qu.pop();
        int low=e.low,  high=e.high;
        if (low<high) {                         //当R[low..high]中有一个以上的元素时
            int i=Partition2(R,low,high);       //划分
            qu.push(SNode(low,i-1));            //左区间任务进队
            qu.push(SNode(i+1,high));           //右区间任务进队
        }
    }
}
```

7. 解：将 a 递减排序后，$a[0..k-1]$ 就是前 k 个最大的元素。实际上没有必要全部排序，在采用快速排序时，划分时归位元素为 $a[i]$，若 $k-1=i$，则找到了前 k 个最大的元素 $a[0..k-1]$。对应的算法如下：

```
int Partition3(vector<int> &R,int s,int t) {    //划分算法3
    int i=s,j=s+1;
    int base=R[s];                              //以表首元素为基准
    while (j<=t) {                              //j从s+1开始遍历其他元素
        if (R[j]>=base) {                       //找到小于或等于基准的元素R[j]
            i++;                                //扩大小于或等于base的元素区间
            if (i!=j) swap(R[i],R[j]);          //将R[i]与R[j]交换
        }
        j++;                                    //继续扫描
    }
    swap(R[s],R[i]);                            //将基准R[s]和R[i]进行交换
    return i;
}
void _QuickSort(vector<int> &R,int s,int t,int k) {  //对R[s..t]中的元素进行快速排序
    if (s<t) {                                  //表中至少存在两个元素的情况
        int i=Partition3(R,s,t);                //可以使用前面3种划分算法中的任意一种
        if (k-1==i)                             //找到第k大元素时结束
            return;
        else if (k-1<i)
            _QuickSort(R,s,i-1,k);              //对左子表递归排序
        else
            _QuickSort(R,i+1,t,k);              //对右子表递归排序
    }
}
```

```
    }
    void QuickSort(vector < int > &R, int n, int k) {    //通过快速排序求前 k 个较大元素
        _QuickSort(R,0,n−1,k);
    }
```

8. 解：将基本的简单选择排序由 $n-1$ 趟改为 m 趟，这样 $R[0..m-1]$ 就是满足要求的整数序列。对应的算法如下：

```
    void SelectSort(vector < int > &R, int n, int m) {    //求前 m 个较小整数的简单选择排序
        for (int i=0;i<m;i++) {                            //做 m 趟排序
            int minj=i;
            for (int j=i+1;j<n;j++) {                      //在当前无序区 R[i..n−1]中选最小元素 R[minj]
                if (R[j]<R[minj]) minj=j;                  //minj 记下目前找到的最小元素的位置
            }
            if (minj!=i)                                   //若 R[minj]不是无序区的首元素
                swap(R[i],R[minj]);                        //交换 R[i]和 R[minj]
        }
    }
```

9. 解：当元素个数 n 为偶数时，最后一个分支结点(编号为 $(n-1)/2$)只有左孩子(编号为 $n-1$)，其余分支结点均为双分支结点；当 n 为奇数时，所有分支结点均为双分支结点。对每个分支结点进行判断，只有一个分支结点不满足大根堆的定义，返回 false；如果所有分支结点均满足大根堆的定义，返回 true。对应的算法如下：

```
    bool isHeap(vector < int > &a) {                       //判断 a 是否为大根堆
        int n=a.size();
        if (n%2==0) {                                      //当 n 为偶数时,判断最后一个分支结点
            if (a[n−1]>a[(n−1)/2])
                return false;                              //孩子较大时返回 false
            for (int i=0;i<(n−1)/2;i++) {                  //判断所有双分支结点
                if (a[2*i+1]>a[i] || a[2*i+2]>a[i])
                    return false;                          //孩子较大时返回 false
            }
        }
        else {                                             //n 为奇数时,所有分支结点均为双分支结点
            for (int i=0;i<(n−1)/2;i++) {                  //判断所有双分支结点
                if (a[2*i+1]>a[i] || a[2*i+2]>a[i])
                    return false;                          //孩子较大时返回 false
            }
        }
        return true;
    }
```

10. 解法 1：先建立含 R 中 n 个(全部)元素的初始大根堆，i 从 $n-1$ 到 $n-k$ 做 k 趟排序，将较大的 k 个元素归位，最后取 $R[n-k..n-1]$(即按从小到大的顺序)得到前 k 个最大的元素。对应的算法如下：

```
    void siftDown(vector < int > &R, int low, int high) {    //R[low..high]的自顶向下筛选
        int i=low;
        int j=2*i+1;                                         //R[j]是 R[i]的左孩子
        int tmp=R[i];                                        //tmp 临时保存根结点
```

```cpp
        while (j<=high) {                        //只对R[low..high]的元素进行筛选
            if (j<high && R[j]<R[j+1])
                j++;                             //若右孩子较大,把j指向右孩子
            if (tmp<R[j]) {                      //tmp的孩子较大
                R[i]=R[j];                       //将R[j]调整到双亲位置上
                i=j; j=2*i+1;                    //修改i和j值,以便继续向下筛选
            }
            else break;                          //若tmp的孩子较小,则筛选结束
        }
        R[i]=tmp;                                //原根结点放入最终位置
    }
    void Getkmin1(vector<int> &R, int k, vector<int> &ans) {
    //解法1:递增输出k个最大的元素ans
        int n=R.size();
        for (int i=n/2-1;i>=0;i--)               //建立初始堆
            siftDown(R,i,n-1);
        for (int i=n-1;i>0;i--) {                //堆排序
            swap(R[0],R[i]);
            siftDown(R,0,i-1);
        }
        for (int i=n-k;i<n;i++)
            ans.push_back(R[i]);
    }
```

解法2：采用小根堆pq求解。先由R的前k个元素构建一个小根堆，再用i依次遍历R的其余元素，若R[i]大于堆顶元素，出队堆顶元素，再将R[i]进队；若R[i]小于或等于堆顶元素，忽略它。当R遍历完毕，pq中恰好有k个最大的元素，再依次出队所有元素，即按从小到大的顺序得到前k个最大的元素。对应的算法如下：

```cpp
class Heap {                                     //堆数据结构的实现(小根堆)
public:
    int n;                                       //堆中元素
    vector<int> R;                               //用R[0..n-1]存放堆中元素
public:
    Heap():n(0) {}                               //构造函数
    void siftDown(int low, int high) {           //R[low..high]的自顶向下筛选
        int i=low;
        int j=2*i+1;                             //R[j]是R[i]的左孩子
        int tmp=R[i];                            //tmp临时保存根结点
        while (j<=high) {                        //只对R[low..high]的元素进行筛选
            if (j<high && R[j]>R[j+1])
                j++;                             //若右孩子较小,把j指向右孩子
            if (tmp>R[j]) {                      //tmp的孩子较小
                R[i]=R[j];                       //将R[j]调整到双亲位置上
                i=j; j=2*i+1;                    //修改i和j值,以便继续向下筛选
            }
            else break;                          //若tmp的孩子较大,则筛选结束
        }
        R[i]=tmp;                                //原根结点放入最终位置
    }
    void siftUp(int j) {                         //自底向上筛选:从叶子结点j向上筛选
        int i=(j-1)/2;                           //i指向R[j]的双亲
```

```
        while (true) {
            if (R[i]>R[j])
                swap(R[i],R[j]);         //若孩子较小,则交换
            if (i==0) break;              //到达根结点时结束
            j=i; i=(j-1)/2;               //继续向上调整
        }
    }
    //堆的基本运算算法
    void push(int e) {                    //插入元素 e
        n++;                              //堆中元素个数增 1
        if (R.size()>=n)                  //R 中有多余空间
            R[n-1]=e;
        else                              //R 中没有多余空间
            R.push_back(e);               //将 e 添加到末尾
        if (n==1) return;                 //e 作为根结点的情况
        int j=n-1;
        siftUp(j);                        //从叶子结点 R[j]向上筛选
    }
    int pop() {                           //删除堆顶元素
        if (n==1) {
            n=0;
            return R[0];
        }
        int e=R[0];                       //取出堆顶元素
        R[0]=R[n-1];                      //用尾元素覆盖 R[0]
        n--;                              //元素个数减 1
        if(n>1) siftDown(0,n-1);          //筛选为一个堆
        return e;
    }
    int gettop() {                        //取堆顶元素
        return R[0];
    }
    bool empty() {                        //判断堆是否为空
        return n==0;
    }
};
void Getkmin2(vector<int> &R, int k, vector<int> &ans) {
//解法 2:输出 k 个最大的元素 ans
    Heap pq;                              //创建小根堆
    for (int i=0;i<k;i++)                 //前 k 个元素进队
        pq.push(R[i]);
    for (int i=k;i<R.size();i++) {        //遍历其他元素
        if (R[i]>pq.gettop()) {           //较大元素替代根
            pq.pop();
            pq.push(R[i]);
        }
    }
    while (!pq.empty()) {                 //向 ans 添加前 k 个最大的元素
        ans.push_back(pq.gettop());
        pq.pop();
    }
}
```

11. 解:班号的取值为 0~5,采用一趟基数排序。为了简单,用 vector<vector<int>>

向量 qu 作为队列数组,其中 qu[i]($0 \leq i \leq 5$)队列存放班号为 i 的学生元素,先分配后收集。对应的算法如下:

```cpp
struct Stud {                                    //学生元素类型
    string xm;                                   //姓名
    int bh;                                      //班号
    Stud(string x,int b) {                       //构造函数
        xm=x;
        bh=b;
    }
};
void Sort(vector<Stud> &R,int n) {               //对 R[0..n-1]按班号递增排序
    vector<vector<Stud>> qu;
    qu.resize(6);
    for (int i=0;i<R.size();i++) {
        int k=R[i].bh;
        qu[k].push_back(R[i]);
    }
    R.clear();
    for (int i=0;i<6;i++) {
        for (int j=0;j<qu[i].size();j++)
            R.push_back(qu[i][j]);
    }
}
```

10.3 基础实验题及其参考答案

10.3.1 基础实验题

1. 编写一个实验程序,随机产生 50 000 个 0~1000 的整数序列,分别采用直接插入排序、折半插入排序和希尔排序算法实现递增排序,给出各个排序算法的执行时间(以秒为单位)。

2. 编写一个实验程序,随机产生 50 000 个 0~1000 的整数序列,分别采用冒泡排序和快速排序算法实现递增排序,给出各个排序算法的执行时间(以秒为单位)。

3. 编写一个实验程序,随机产生 50 000 个 0~1000 的整数序列,分别采用简单选择排序和堆排序算法实现递增排序,给出各个排序算法的执行时间(以秒为单位)。

4. 编写一个实验程序,随机产生 50 000 个 0~1000 的整数序列,分别采用自底向上的二路归并排序和自顶向下的二路归并排序算法实现递增排序,给出各个排序算法的执行时间(以秒为单位)。

5. 编写一个实验程序,随机产生 50 个 0~99 的十进制整数序列,分别采用基数排序算法实现递增和递减排序,给出各趟排序的结果。

10.3.2 基础实验题参考答案

1. 解:直接插入排序、折半插入排序和希尔排序算法的原理参见《教程》中的 10.2 节。

对应的实验程序 Exp1-1.cpp 如下：

```cpp
#include<iostream>
#include<ctime>
#include<vector>
using namespace std;
void InsertSort(vector<int> &R,int n) {        //直接插入排序
    for (int i=1;i<n;i++) {                     //从 R[1]开始
        if (R[i]<R[i-1]) {                      //反序时
            int tmp=R[i];                        //取出无序区中的第一个元素
            int j=i-1;                           //在有序区 R[0..i-1]中向前查找 R[i]的插入位置
            do {
                R[j+1]=R[j];                     //将大于 tmp 的元素后移
                j--;                             //继续向前比较
            } while (j>=0 && R[j]>tmp);
            R[j+1]=tmp;                          //在 j+1 处插入 R[i]
        }
    }
}

void BinInsertSort(vector<int> &R,int n) {     //折半插入排序
    for (int i=1;i<n;i++) {                     //从 R[1]开始
        if (R[i]<R[i-1]) {                      //反序时
            int tmp=R[i];                        //将 R[i]保存到 tmp 中
            int low=0,high=i-1;
            while (low<=high) {                  //在 R[low..high]中折半查找有序插入的位置
                int mid=(low+high)/2;            //取中间位置
                if (tmp<R[mid])
                    high=mid-1;                  //插入点在左半区
                else
                    low=mid+1;                   //插入点在右半区
            }
            for (int j=i-1;j>=high+1;j--)        //元素后移
                R[j+1]=R[j];
            R[high+1]=tmp;                       //将原 R[i]插入 R[high+1]中
        }
    }
}

void ShellSort(vector<int> &R,int n) {         //希尔排序
    int d=n/2;                                   //增量置初值
    while (d>0) {
        for (int i=d;i<n;i++) {                  //对所有相隔 d 位置的元素组采用直接插入排序
            if (R[i]<R[i-d]) {                   //反序时
                int tmp=R[i];
                int j=i-d;
                do {
                    R[j+d]=R[j];                 //将大于 tmp 的元素在同组中后移
                    j=j-d;                       //继续向前比较
                } while (j>=0 && R[j]>tmp);
                R[j+d]=tmp;                      //在 j+d 处插入 R[i]
            }
        }
        d=d/2;                                   //减小增量
    }
}
```

```
}
void CreateR(vector<int> &R,int n){              //产生n个0～1000的随机整数
    srand((int)time(0));                         //产生随机种子
    for(int i=0;i<n;i++)
        R.push_back(rand()%1001);
}
int main(){
    vector<int> R1,R2,R3;
    int n=50000;
    CreateR(R1,n);
    R2=R3=R1;
    clock_t t1,t2;
    printf("\n   n=%d\n",n);
    t1=clock();                                  //获取开始时间
    InsertSort(R1,n);
    t2=clock();                                  //获取结束时间
    printf("   直接插入排序时间:%ds\n",(t2-t1)/CLOCKS_PER_SEC);
    t1=clock();                                  //获取开始时间
    BinInsertSort(R2,n);
    t2=clock();                                  //获取结束时间
    printf("   折半插入排序时间:%ds\n",(t2-t1)/CLOCKS_PER_SEC);
    t1=clock();                                  //获取开始时间
    ShellSort(R3,n);
    t2=clock();                                  //获取结束时间
    printf("   希尔排序时间:%ds\n",(t2-t1)/CLOCKS_PER_SEC);
    return 0;
}
```

上述程序的一次执行结果如图10.3所示。

图10.3 第10章基础实验题1的一次执行结果

2. 解：冒泡排序和快速排序算法的原理参见《教程》中的10.3节。对应的实验程序 Exp1-2.cpp 如下：

```
#include<iostream>
#include<ctime>
#include<vector>
using namespace std;
void BubbleSort(vector<int> &R,int n){           //冒泡排序
    for(int i=0;i<n-1;i++){
        bool exchange=false;                     //本趟前将exchange置为false
        for(int j=n-1;j>i;j--){                  //在一趟中找出最小关键字的元素
            if(R[j]<R[j-1]){                     //反序时交换
                swap(R[j],R[j-1]);
                exchange=true;                   //本趟发生交换置exchange为true
            }
        }
        if(!exchange) return;                    //本趟没有发生交换,中途结束算法
    }
```

```cpp
}
int Partition2(vector<int> &R,int s,int t) {        //划分算法2
    int i=s,j=t;
    int base=R[s];                                   //以表首元素为基准
    while (i<j) {                                    //从表两端交替向中间遍历,直到i=j为止
        while (j>i && R[j]>base)
            j--;                                     //从后向前遍历,找一个小于或等于基准的R[j]
        if (j>i) {
            R[i]=R[j];                               //R[j]前移覆盖R[i]
            i++;
        }
        while (i<j && R[i]<=base)
            i++;                                     //从前向后遍历,找一个大于基准的R[i]
        if (i<j) {
            R[j]=R[i];                               //R[i]后移覆盖R[j]
            j--;
        }
    }
    R[i]=base;                                       //基准归位
    return i;                                        //返回归位的位置
}
void _QuickSort(vector<int> &R,int s,int t) {        //对R[s..t]的元素进行快速排序
    if (s<t) {                                       //表中至少存在两个元素的情况
        int i=Partition2(R,s,t);                     //调用划分算法
        _QuickSort(R,s,i-1);                         //对左子表递归排序
        _QuickSort(R,i+1,t);                         //对右子表递归排序
    }
}
void QuickSort(vector<int> &R,int n) {               //快速排序
    _QuickSort(R,0,n-1);
}
void CreateR(vector<int> &R,int n) {                 //产生n个0~1000的随机整数
    srand((int)time(0));                             //产生随机种子
    for (int i=0;i<n;i++)
        R.push_back(rand()%1001);
}
int main() {
    vector<int> R1,R2;
    int n=50000;
    CreateR(R1,n);
    R2=R1;
    clock_t t1,t2;
    printf("\n  n=%d\n",n);
    t1=clock();                                      //获取开始时间
    BubbleSort(R1,n);
    t2=clock();                                      //获取结束时间
    printf("  冒泡排序时间:%ds\n",(t2-t1)/CLOCKS_PER_SEC);
    t1=clock();                                      //获取开始时间
    QuickSort(R2,n);
    t2=clock();                                      //获取结束时间
    printf("  快速排序时间:%ds\n",(t2-t1)/CLOCKS_PER_SEC);
    return 0;
}
```

上述程序的一次执行结果如图10.4所示。

```
n=50000
冒泡排序时间：52s
快速排序时间：0s
```

图10.4　第10章基础实验题2的一次执行结果

3. 解：简单选择排序和堆排序算法的原理参见《教程》中的10.4节。对应的实验程序Exp1-3.cpp如下：

```cpp
#include <iostream>
#include <ctime>
#include <vector>
using namespace std;
void SelectSort(vector<int> &R,int n) {        //简单选择排序
    for (int i=0;i<n-1;i++) {                  //做第i趟排序
        int minj=i;
        for (int j=i+1;j<n;j++) {              //在当前无序区R[i..n-1]中选最小元素R[minj]
            if (R[j]<R[minj]) minj=j;          //minj记下目前找到的最小元素的位置
        }
        if (minj!=i)                           //若R[minj]不是无序区的首元素
            swap(R[i],R[minj]);                //则交换R[i]和R[minj]
    }
}
void siftDown(vector<int> &R,int low,int high) {  //R[low..high]的自顶向下筛选
    int i=low;
    int j=2*i+1;                               //R[j]是R[i]的左孩子
    int tmp=R[i];                              //tmp临时保存根结点
    while (j<=high) {                          //只对R[low..high]的元素进行筛选
        if (j<high && R[j]<R[j+1])
            j++;                               //若右孩子较大,则把j指向右孩子
        if (tmp<R[j]) {                        //tmp的孩子较大
            R[i]=R[j];                         //将R[j]调整到双亲位置上
            i=j; j=2*i+1;                      //修改i和j值,以便继续向下筛选
        }
        else break;                            //若孩子较小,则筛选结束
    }
    R[i]=tmp;                                  //将原根结点放入最终位置
}
void siftUp(vector<int> &R,int j) {            //自底向上筛选：从叶子结点j向上筛选
    int i=(j-1)/2;                             //i指向R[j]的双亲
    while (true) {
        if (R[j]>R[i])                         //若孩子较大
            swap(R[i],R[j]);                   //则交换
        if (i==0) break;                       //到达根结点时结束
        j=i; i=(j-1)/2;                        //继续向上调整
    }
}
void HeapSort(vector<int> &R,int n) {          //堆排序
    for (int i=n/2-1;i>=0;i--)                 //从最后一个分支结点开始循环建立初始堆
        siftDown(R,i,n-1);                     //对R[i..n-1]进行筛选
    for (int i=n-1;i>0;i--) {                  //n-1趟排序,每趟排序后无序区中的元素个数减1
        swap(R[0],R[i]);                       //将无序区中的最后一个元素与R[0]交换
        siftDown(R,0,i-1);                     //对无序区R[0..i-1]继续筛选
    }
}
```

```
}
void CreateR(vector<int> &R,int n) {               //产生 n 个 0～1000 的随机整数
    srand((int)time(0));                            //产生随机种子
    for (int i=0;i<n;i++)
        R.push_back(rand()%1001);
}
int main() {
    vector<int> R1,R2;
    int n=50000;
    CreateR(R1,n);
    R2=R1;
    clock_t t1,t2;
    printf("\n   n=%d\n",n);
    t1=clock();                                     //获取开始时间
    SelectSort(R1,n);
    t2=clock();                                     //获取结束时间
    printf("  简单选择排序时间:%ds\n",(t2-t1)/CLOCKS_PER_SEC);
    t1=clock();                                     //获取开始时间
    HeapSort(R2,n);
    t2=clock();                                     //获取结束时间
    printf("       堆排序时间:%ds\n",(t2-t1)/CLOCKS_PER_SEC);
    return 0;
}
```

上述程序的一次执行结果如图 10.5 所示。

```
n=50000
简单选择排序时间: 15s
堆排序时间: 0s
```

图 10.5 第 10 章基础实验题 3 的一次执行结果

4. 解：二路归并排序算法的原理参见《教程》中的 10.5 节。对应的实验程序 Exp1-4.cpp 如下：

```
#include <iostream>
#include <ctime>
#include <vector>
using namespace std;
void Merge(vector<int> &R,int low,int mid,int high) {
//将 R[low..mid]和 R[mid+1..high]两个有序段二路归并为一个有序段 R[low..high]
    vector<int> R1;
    R1.resize(high-low+1);                          //设置 R1 的长度为 high-low+1
    int i=low,j=mid+1,k=0;                          //k 是 R1 的下标,i,j 分别为第 1、2 段的下标
    while (i<=mid && j<=high) {                     //在第 1 段和第 2 段均未扫描完时循环
        if (R[i]<=R[j]) {                           //将第 1 段中的元素放入 R1 中
            R1[k]=R[i];
            i++; k++;
        }
        else {                                      //将第 2 段中的元素放入 R1 中
            R1[k]=R[j];
            j++; k++;
        }
```

```cpp
        while (i<=mid) {                        //将第1段余下的部分复制到R1
            R1[k]=R[i];
            i++; k++;
        }
        while (j<=high) {                       //将第2段余下的部分复制到R1
            R1[k]=R[j];
            j++; k++;
        }
        for (k=0,i=low;i<=high;k++,i++)         //将R1复制回R中
            R[i]=R1[k];
    }
    void MergePass(vector<int> &R, int length) {    //对整个数序进行一趟归并
        int n=R.size(),i;
        for (i=0;i+2*length-1<n;i+=2*length)        //归并length长的两个相邻子表
            Merge(R,i,i+length-1,i+2*length-1);
        if (i+length<n)                             //余下两个子表,后者的长度小于length
            Merge(R,i,i+length-1,n-1);              //归并这两个子表
    }
    void MergeSort1(vector<int> &R, int n) {        //自底向上的二路归并排序
        for (int length=1;length<n;length=2*length) //进行log2n趟归并
            MergePass(R,length);
    }
    void _MergeSort2(vector<int> &R, int s, int t) { //被MergeSort2()调用
        if (s>=t) return;                            //R[s..t]的长度为0或者1时返回
        int m=(s+t)/2;                               //取中间位置m
        _MergeSort2(R,s,m);                          //对前子表排序
        _MergeSort2(R,m+1,t);                        //对后子表排序
        Merge(R,s,m,t);                              //将两个有序子表合并成一个有序表
    }
    void MergeSort2(vector<int> &R, int n) {         //自顶向下的二路归并排序
        _MergeSort2(R,0,n-1);
    }
    void CreateR(vector<int> &R, int n) {            //产生n个0~1000的随机整数
        srand((int)time(0));                         //产生随机种子
        for (int i=0;i<n;i++)
            R.push_back(rand()%1001);
    }
    int main() {
        vector<int> R1,R2;
        int n=50000;
        CreateR(R1,n);
        R2=R1;
        clock_t t1,t2;
        printf("\n   n=%d\n",n);
        t1=clock();                                  //获取开始时间
        MergeSort1(R1,n);
        t2=clock();                                  //获取结束时间
        printf("   自底向上的二路归并排序时间:%ds\n",(t2-t1)/CLOCKS_PER_SEC);
        t1=clock();                                  //获取开始时间
        MergeSort2(R2,n);
        t2=clock();                                  //获取结束时间
        printf("   自顶向下的二路归并排序时间:%ds\n",(t2-t1)/CLOCKS_PER_SEC);
        return 0;
    }
```

上述程序的一次执行结果如图10.6所示。

图10.6 第10章基础实验题4的一次执行结果

5. 解：基数排序算法的原理参见《教程》中的10.6节。无论是递增还是递减排序，在十进制整数中个位的优先级总是低于十位的优先级，所以均按最低位优先排序，只是递减排序时各位按9到0的顺序收集。对应的实验程序Exp1-5.cpp如下：

```cpp
#include"LinkList.cpp"                    //引用《教程》第2章中的单链表类
#include<iostream>
#include<ctime>
#define MAXR 20
int geti(int key,int r,int i) {           //求基数为r的正整数key的第i位
    int k=0;
    for (int j=0;j<=i;j++) {
        k=key%r;
        key=key/r;
    }
    return k;
}
void RadixSort1(LinkList<int> &L,int d,int r) {    //最低位优先递增基数排序算法
    LinkNode<int> * front[MAXR];          //建立链队的队头数组
    LinkNode<int> * rear[MAXR];           //建立链队的队尾数组
    LinkNode<int> * p,* t;
    int cnt=1;
    for (int i=0;i<d;i++) {               //从低位到高位循环
        for (int j=0;j<r;j++)             //初始化各链队的首、尾指针
            front[j]=rear[j]=NULL;
        p=L.head->next;
        while (p!=NULL) {                 //分配：对于原链表中的每个结点循环
            int k=geti(p->data,r,i);      //提取结点关键字的第k个位并放入第k个链队
            if (front[k]==NULL) {         //当第k个链队空时,队头、队尾均指向p结点
                front[k]=p;
                rear[k]=p;
            }
            else {                         //当第k个链队非空时,p结点进队
                rear[k]->next=p;
                rear[k]=p;
            }
            p=p->next;                     //取下一个待排序的结点
        }
        LinkNode<int> * h=NULL;            //重新用h来收集所有结点
        for (int j=0;j<r;j++) {            //按0到9的顺序收集:对于每一个链队循环
            if (front[j]!=NULL) {          //若第j个链队是第一个非空链队
                if (h==NULL) {
                    h=front[j];
                    t=rear[j];
                }
                else {                     //若第j个链队是其他非空链队
                    t->next=front[j];
```

```cpp
                    t=rear[j];
                }
            }
            t->next=NULL;                    //将尾结点的next域置为NULL
            L.head->next=h;
            printf("  第%d趟: ",cnt++); L.DispList();
        }
    }
    void RadixSort2(LinkList<int> &L,int d,int r) {    //最低位优先递减基数排序算法
        LinkNode<int>* front[MAXR];          //建立链队的队头数组
        LinkNode<int>* rear[MAXR];           //建立链队的队尾数组
        LinkNode<int> *p,*t;
        int cnt=1;
        for (int i=0;i<d;i++) {              //从低位到高位循环
            for (int j=0;j<r;j++)            //初始化各链队的首、尾指针
                front[j]=rear[j]=NULL;
            p=L.head->next;
            while (p!=NULL) {                //分配:对于原链表中的每个结点循环
                int k=geti(p->data,r,i);     //提取结点关键字的第k位并放入第k个链队
                if (front[k]==NULL) {        //当第k个链队空时,队头、队尾均指向p结点
                    front[k]=p;
                    rear[k]=p;
                }
                else {                       //当第k个链队非空时,p结点进队
                    rear[k]->next=p;
                    rear[k]=p;
                }
                p=p->next;                   //取下一个待排序的结点
            }
            LinkNode<int> *h=NULL;           //重新用h来收集所有结点
            for (int j=9;j>=0;j--) {         //按9到0的顺序收集:对于每一个链队循环
                if (front[j]!=NULL) {        //若第j个链队是第一个非空链队
                    if (h==NULL) {
                        h=front[j];
                        t=rear[j];
                    }
                    else {                   //若第j个链队是其他非空链队
                        t->next=front[j];
                        t=rear[j];
                    }
                }
            }
            t->next=NULL;                    //将尾结点的next域置为NULL
            L.head->next=h;
            printf("  第%d趟: ",cnt++); L.DispList();
        }
    }
    void CreateR(int R[],int n) {            //产生n个0~99的随机整数
        srand((int)time(0));                 //产生随机种子
```

```
        for (int i=0;i<n;i++)
            R[i]=rand()%100;
    }
    int main() {
        int R1[100],R2[100];
        int n=20;
        CreateR(R1,n);
        for (int i=0;i<n;i++)                              //将 R1 复制到 R2
            R2[i]=R1[i];
        LinkList<int> L1,L2;
        L1.CreateListR(R1,n);
        L2.CreateListR(R1,n);
        printf("\n    整数序列: "); L1.DispList(); printf("\n");
        printf("    递增基数排序\n");
        RadixSort1(L1,2,10);
        printf("    递减基数排序\n");
        RadixSort2(L1,2,10);
        return 0;
    }
```

上述程序的执行结果如图 10.7 所示。

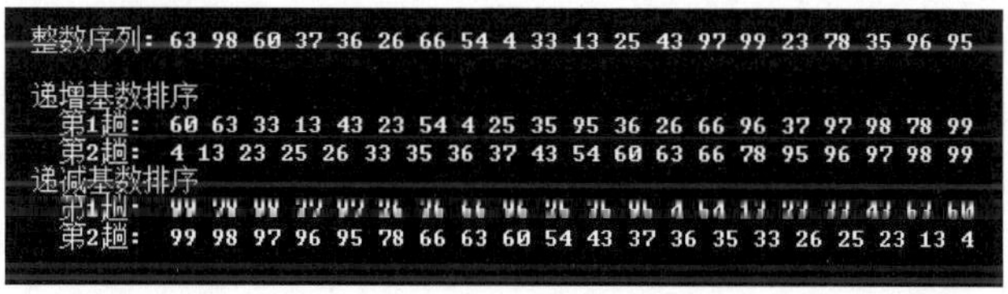

图 10.7　第 10 章基础实验题 5 的执行结果

10.4　应用实验题及其参考答案

10.4.1　应用实验题

1. 编写一个实验程序，采用快速排序完成一个整数序列的递增排序，要求输出每次划分的结果。用相关数据进行测试。

2. 编写一个实验程序求解螺丝和螺帽匹配问题，假设有 n 个不同大小的螺丝(nut)和螺帽(bolt)，每个螺丝有一个匹配的螺帽(它们的大小是相同的)，现在它们的对应关系已经被打乱，螺丝和螺帽的顺序分别用 nut 和 bolt 数组表示。可以比较螺丝和螺帽的大小关系，但不能比较螺丝和螺丝以及螺帽和螺帽之间的大小关系，找出螺丝和螺帽的对应关系。用相关数据进行测试。

3. 求无序序列的前 k 个元素。有一个含 $n(n<100)$ 个整数的无序数组 a，编写一个高效的程序采用快速排序方法输出其中前 $k(1 \leqslant k \leqslant n)$ 个最小的元素(输出结果不必有序)。用相关数据进行测试。

4. 编写一个实验程序，给定一个十进制正整数序列 a，整数的位数最多为 3 位，设计一个时间尽可能高效的算法求相差最小的两个整数 (x,y)，其中 $x \leqslant y$，若存在多个这样的整数对,保证 x 是最前面的整数,例如 $a=(1,2,1,2)$,结果为 $(1,1)$ 而不是 $(2,2)$。用相关数据进行测试。

10.4.2 应用实验题参考答案

1. 解：快速排序的过程参见《教程》中的 10.3.2 节,每次以 base 为基准划分的输出格式是"[左子序列] base [右子序列]"。对应的实验程序 Exp2-1.cpp 如下：

```cpp
#include <iostream>
#include <vector>
using namespace std;
void disp(vector<int> &R,int s,int t,int i) {    //输出每一次划分的结果
    printf("\t");
    for (int j=0;j<s;j++)
        printf("   ");
    printf("[");
    for (int j=s;j<i;j++)
        printf("%3d",R[j]);
    printf("] %d [",R[i]);                        //输出归位元素
    for (int j=i+1;j<=t;j++)
        printf("%3d",R[j]);
    printf("]\n");
}
int Partition2(vector<int> &R,int s,int t) {      //划分算法2
    int i=s,j=t;
    int base=R[s];                                //以表首元素为基准
    while (i<j) {                                 //从表两端交替向中间遍历,直到 i=j 为止
        while (j>i && R[j]>base)
            j--;                                  //从后向前遍历,找一个小于或等于基准的 R[j]
        if (j>i) {
            R[i]=R[j];                            //R[j]前移覆盖 R[i]
            i++;
        }
        while (i<j && R[i]<=base)
            i++;                                  //从前向后遍历,找一个大于基准的 R[i]
        if (i<j) {
            R[j]=R[i];                            //R[i]后移覆盖 R[j]
            j--;
        }
    }
    R[i]=base;                                    //基准归位
    return i;                                     //返回归位的位置
}
void _QuickSort(vector<int> &R,int s,int t) {     //对 R[s..t]中的元素进行快速排序
    if (s<t) {                                    //表中至少存在两个元素的情况
        int i=Partition2(R,s,t);                  //划分
        disp(R,s,t,i);                            //输出划分结果
        _QuickSort(R,s,i-1);                      //对左子表递归排序
        _QuickSort(R,i+1,t);                      //对右子表递归排序
    }
}
void QuickSort(vector<int> &R,int n) {            //快速排序
```

```
        _QuickSort(R,0,n-1);
}
int main() {
    vector<int> R={6,8,7,9,0,1,3,2,4,5};
    printf("\n  初始序列:\n\t");
    for (int i=0;i<R.size();i++)
        printf("%3d",R[i]);
    printf("\n");
    printf("  排序过程\n");
    QuickSort(R,R.size());
    printf("  排序结果:\n\t");
    for (int i=0;i<R.size();i++)
        printf("%3d",R[i]);
    printf("\n");
    return 0;
}
```

上述程序的执行结果如图10.8所示。

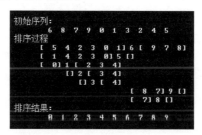

图10.8 第10章应用实验题1的执行结果

2. 解：先拿一个螺丝，根据其大小将所有小的螺帽放在左手边，大的螺帽放在右手边，这样可以完成一个螺丝和螺帽的匹配，相当于划分。再根据匹配结果拿一个螺帽，根据其大小将所有小的螺丝放在左手边，大的螺丝放在右手边，同样是划分。如此这样，直到螺丝和螺帽全部匹配。对应的实验程序Exp2-2.cpp如下：

```
#include<iostream>
using namespace std;
int n;
void disp(int nut[],int bolt[]) {              //输出nut和bolt
    printf("    nut: ");
    for(int i=0;i<n;i++)
        printf("%d ",nut[i]);
    printf("\n");
    printf("    bolt: ");
    for(int i=0;i<n;i++)
        printf("%d ",bolt[i]);
    printf("\n");
}
void Fix(int nut[],int bolt[],int low,int high) {   //基于快速排序的求解算法
    if (low<high) {
        int base=nut[low];                          //以nut[low]为基准划分bolt
        int i=low,j=high;                           //类似《教程》10.3.2节的划分算法1
        while (i<j) {
```

```
            while (i<j && bolt[i]<base) i++;
            while (i<j && bolt[j]>base) j--;
            if (i<j) swap(bolt[i],bolt[j]);
        }
        bolt[i]=base;
        swap(bolt[low],bolt[i]);        //nut[low]=bolt[low],并且 bolt 按 base 分为两个区间
        printf("    [%d..%d]的划分结果(i=%d):\n",low,high,i);
        disp(nut,bolt);
        base=bolt[low+1];               //以 bolt[low+1]为基准划分 nut
        i=low+1,j=high;
        while (i<j) {
            while (i<j && nut[i]<base) i++;
            while (i<j && nut[j]>base) j--;
            if (i<j) swap(nut[i],nut[j]);
        }
        nut[i]=base;
        swap(nut[low+1],nut[i]);        //nut[low+1]=bolt[low+1],并且 nut 按 base 分为两个区间
        printf("    [%d..%d]的划分结果(i=%d):\n",low,high,i);
        disp(nut,bolt);
        Fix(nut,bolt,low+2,i);          //区间中 nut 和 bolt 的前两个元素相同
        Fix(nut,bolt,i+1,high);
    }
}
int main() {
    int nut[]={5,9,3,7,1,8,2,4,6};
    int bolt[]={7,4,1,2,5,6,9,8,3};
    n=sizeof(nut)/sizeof(nut[0]);
    printf("\n  初始序列\n");
    disp(nut,bolt);
    printf("  求解过程\n");
    Fix(nut,bolt,0,n-1);
    printf("  最终结果\n");
    disp(nut,bolt);
    return 0;
}
```

上述程序的执行结果如图 10.9 所示。

图 10.9　第 10 章应用实验题 2 的执行结果

3. 解：如果将无序数组 a 中的元素递增排序，则 $a[0..k-1]$ 就是前 k 个最小的元素并且是递增有序的，对应的算法平均时间复杂度至少为 $O(n\log_2 n)$，而这里并不需要全部排序，仅求前 k 个最小的元素。

采用快速排序  中基准归位的位置 i 为 $k-1$，则 $a[0..k-1]$ 就是要求的结果。若 $k-1 < i$，则在左区间中查找，否则在右区间中查找。可以证明

```
                                        //输出 a[0..m-1]



                                  {    //划分算法2
                                        //以表首元素为基准
                                        //从表两端交替向中间遍历，直到 i=j 为止

                                        //从后向前遍历，找一个小于或等于基准的 R[j]

                                        //R[j]前移覆盖 R[i]


                                        //从前向后遍历，找一个大于基准的 R[i]

                                        //R[i]后移覆盖 R[j]




    R[i]                                //基准归位
    return                              //返回归位的位置
}
void _Qu                           {    //对 R[s..t]中的元素进行快速排序
    if (s<                              //表中至少存在两个元素的情况
        int                             //划分
        if (                            //R[k-1]归位时结束
            return;
        else if (k-1 < i)
            _QuickSort(R,s,i-1,k);      //对左子表递归排序
        else
            _QuickSort(R,i+1,t,k);      //对右子表递归排序
    }
}
void QuickSort(vector <int> &R, int n, int k) {  //快速排序
    _QuickSort(R,0,n-1,k);
}
int main() {
```

```
    vector<int> a={3,6,8,1,4,7,5,2},b;
    printf("\n    初始数序: ");
    disp(a,a.size());
    for (int k=1;k<=a.size();k++) {
        b=a;                                //每次从初始数序开始
        printf("    前%d个较小元素: ",k);
        QuickSort(b,b.size(),k);
        disp(b,k);
    }
    return 0;
}
```

上述程序的执行结果如图 10.10 所示。

图 10.10　第 10 章应用实验题 3 的执行结果

4. 解：整数的位数最多为 3 位，采用基数排序的时间复杂度为 $O(n)$，由于基数排序是稳定的，保证 x 是满足条件的最前面的整数。对应的实验程序 Exp2-4.cpp 如下：

```
#include"LinkList.cpp"                     //引用第 2 章中的单链表类
#include<vector>
#define MAXR 20
int geti(int key,int r,int i) {            //求基数为 r 的正整数 key 的第 i 位
    int k=0;
    for (int j=0;j<=i;j++) {
        k=key%r;
        key=key/r;
    }
    return k;
}
void RadixSort1(LinkList<int> &L,int d,int r) { //最低位优先基数排序算法
    LinkNode<int> * front[MAXR];           //建立链队的队头数组
    LinkNode<int> * rear[MAXR];            //建立链队的队尾数组
    LinkNode<int> * p, * t;
    for (int i=0;i<d;i++) {                //从低位到高位循环
        for (int j=0;j<r;j++)              //初始化各链队的首、尾指针
            front[j]=rear[j]=NULL;
        p=L.head->next;
        while (p!=NULL) {                  //分配：对于原链表中的每个结点循环
            int k=geti(p->data,r,i);       //提取结点关键字的第 k 个位并放入第 k 个链队
            if (front[k]==NULL) {          //当第 k 个链队空时，队头、队尾均指向 p 结点
                front[k]=p;
                rear[k]=p;
            }
            else {                         //当第 k 个链队非空时，p 结点进队
                rear[k]->next=p;
                rear[k]=p;
```

```
                }
                p=p->next;                          //取下一个待排序的结点
            }
            LinkNode<int> *h=NULL;                  //重新用h来收集所有结点
            for (int j=0;j<r;j++) {                 //收集:对于每一个链队循环
                if (front[j]!=NULL) {               //若第j个链队是第一个非空链队
                    if (h==NULL) {
                        h=front[j];
                        t=rear[j];
                    }
                    else {                          //若第j个链队是其他非空链队
                        t->next=front[j];
                        t=rear[j];
                    }
                }
            }
            t->next=NULL;                           //将尾结点的next域置为NULL
            L.head->next=h;
        }
    }
    void solve(int a[],int n,int &x,int &y) {       //求x和y
        LinkList<int> L;
        L.CreateListR(a,n);
        RadixSort1(L,10,3);
        LinkNode<int> *pre=L.head->next, *p=pre->next;
        int d=999;
        while (p!=NULL) {
            if (p->data-pre->data<d) {
                x=pre->data;
                y=p->data;
                d=p->data-pre->data;
            }
            pre=p;
            p=pre->next;
        }
    }
    int main() {
        int a[]={5,1,2,3,2,3};
        int n=sizeof(a)/sizeof(a[0]);
        printf("\n  a序列: ");
        for (int i=0;i<n;i++)
            printf("%d ",a[i]);
        printf("\n");
        int x,y;
        solve(a,n,x,y);
        printf("  求解结果\n");
        printf("    两个相差最小的整数: x=%d,y=%d\n",x,y);
        return 0;
    }
```

上述程序的执行结果如图 10.11 所示。

```
a序列: 5 1 2 3 2 3
  求解结果
    两个相差最小的整数: x=2,y=2
```

图 10.11 第 10 章基础实验题 4 的执行结果

附录 A 实验报告格式及实验报告示例

实验报告是把实验的目的、方法、过程和结果等记录下来，经过整理写成书面汇报。实验报告的主要内容包括实验目的和意义、实验解决的问题、实验设计和结论。

通常一门课程的实验含多个实验题，以涵盖课程的主要知识点。结合数据结构课程的特点，建议至少做 6 个实验，分别对应线性表、栈、队列、二叉树、图、查找/排序的知识点，也可以做两三个综合性较强的实验。每个实验对应一份实验报告，实验报告的基本格式如下：

```
学号：***    姓名：***    班号：***    指导教师：***
实验目的：***
实验题目：***
实验要求：***
实验设计：含数据结构设计、实验程序结构和算法设计
实验结果：***
实验体会：***
实验程序代码：***
教师评分：***
教师评语：***
```

或者整个实验写成一份实验报告，基本格式如下：

```
封面：含学号、姓名、班号、指导教师、教师评分和教师评语
目录：***
实验 1 的题目、要求、实验设计、实验结果、实验体会和实验程序代码
⋮
实验 n 的题目、要求、实验设计、实验结果、实验体会和实验程序代码
```

本附录用 6 个示例说明实验报告中单个实验的一般书写格式。

A.1 线性表实验报告示例

实验目的：掌握线性表的单链表存储结构，单链表的创建、插入、销毁和排序等基本操作，灵活运用二路归并算法解决实际问题。

实验题目：随机产生两个分别含 n 个和 m 个整数（所有整数值位于 1～100）的序列，分

别创建单链表 A 和 B，将它们递增排序，采用以下两种方法合并所有结点，产生递增有序单链表 C。

（1）将 A 的所有结点复制到 C 中，再将 B 中的所有结点复制后有序插入 C 中。
（2）采用二路归并方法产生单链表 C。
比较两种解法的绝对运行时间（以 ms 为单位）。

实验要求：要求对单链表 A 和 B 合并后不破坏单链表 A 和 B。由于测试数据巨大，不必输出合并结果，仅输出两种合并方法的执行时间即可。

实验设计：
1）数据结构设计

若干个整数的序列就是一个整数线性表，这里要求采用单链表存储。为了简单，这里采用带头结点的单链表。

2）实验程序结构

本实验程序的结构如图 A.1 所示，调用 Create(A, n) 算法建立单链表 A，调用 Sort(A) 算法实现单链表 A 的排序，再对单链表 B 做相同的操作。调用 solve1() 和 solve2() 实现实验题目指定的两个功能。最后销毁所有的单链表。

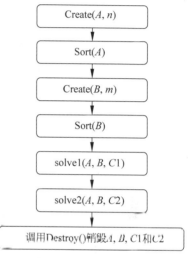

图 A.1　线性表实验程序的结构

3）算法设计

在该实验程序中主要包含以下 5 个算法。

（1）Create(A, n)：采用尾插法创建含 n 个结点的带头结点的单链表 A，n 个整数是随机生成的。

（2）Destroy(A)：用于销毁带头结点的单链表 A，释放所有结点空间。

（3）Sort(h)：用于带头结点单链表 h 的递增排序。其设计思路是，让 p 指向 h 的第 2 个结点，将 h 置为只有首结点的有序单链表。用 p 遍历其他结点，将结点 p 有序插入单链表 h 中。

（4）solve1(A, B, C)：采用插入方法由有序单链表 A 和 B 合并得到 C。先将 A 中的所有结点复制到 C 中，再将 B 中的所有结点复制后有序插入 C 中。

（5）solve2(A, B, C)：采用二路归并方法由有序单链表 A 和 B 合并得到 C。

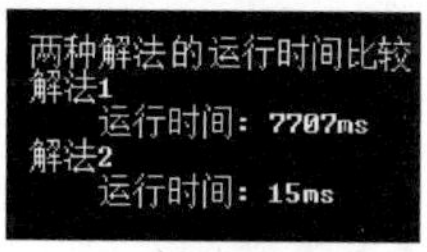

图 A.2　线性表实验程序的一次执行结果

实验结果：本程序的一次执行结果如图 A.2 所示。

实验体会：实现本题功能中方法 1 的时间复杂度为 $O(nm)$，方法 2 的时间复杂度为 $O(n+m)$。当 n 和 m 取值为 50 000 时，两者的执行时间相差 500 倍，从中可以看出二路归并算法的优点。

实验程序代码：实验程序 ExpA-1.cpp 的代码如下。

```
#include<iostream>
#include<stdlib.h>
#include<ctime>
using namespace std;
```

```cpp
#define MAXN 50000                                  //最大的n
#define MAXM 50000                                  //最大的m
struct LinkNode {                                   //单链表结点类型
    int data;
    LinkNode *next;
    LinkNode():next(NULL) {}
    LinkNode(int d):data(d),next(NULL) {}
};
void Create(LinkNode * &h,int n) {                  //用尾插法创建单链表
    h=new LinkNode();
    LinkNode * t=h, * s;
    for (int i=0;i<n;i++) {
        s=new LinkNode(rand()%100+1);
        t->next=s; t=s;
    }
    t->next=NULL;
}
void Destroy(LinkNode * &h) {                       //销毁单链表
    LinkNode * pre=h, * p=pre->next;
    while (p!=NULL) {
        delete pre;
        pre=p;
        p=p->next;
    }
    delete pre;
    h=NULL;
}
void Sort(LinkNode * &h) {                          //递增排序
    LinkNode * p, * pre, * q;
    q=h->next;                                      //q指向开始结点
    if (q==NULL) return;                            //当原单链表空时返回
    p=h->next->next;                                //p指向结点q的后继结点
    if (p==NULL) return;                            //当原单链表只有一个数据结点时返回
    q->next=NULL;                                   //构造只含一个数据结点的有序单链表
    while (p!=NULL) {
        q=p->next;                                  //q用于临时保存结点p的后继结点
        pre=h;                                      //从有序表的开头比较
        while (pre->next!=NULL && pre->next->data<p->data)
            pre=pre->next;                          //在有序表中查找插入结点p的前驱结点pre
        p->next=pre->next;                          //在结点pre之后插入结点p
        pre->next=p;
        p=q;                                        //继续处理原单链表中余下的结点
    }
}
void solve1(LinkNode * A,LinkNode * B,LinkNode * &C) {  //解法1：插入方法
    LinkNode * s, * t, * p, * pre;
    C=new LinkNode();
    t=C;
    p=A->next;
    while (p!=NULL) {                               //将A中的所有元素复制到C中
        s=new LinkNode(p->data);
        t->next=s; t=s;
        p=p->next;
```

```cpp
        }
        p=B->next;
        while (p!=NULL) {                          //将 B 中的所有元素有序插入 C 中
            s=new LinkNode(p->data);
            pre=C;
            while (C->next!=NULL && pre->next->data<p->data)
                pre=pre->next;                     //查找有序插入结点 s 的前驱结点 pre
            s->next=pre->next;
            pre->next=s;                           //将结点 s 插入结点 pre 之后
            p=p->next;
        }
    }
    void solve2(LinkNode * A,LinkNode * B,LinkNode * &C) {//解法 2：二路归并方法
        C=new LinkNode();
        LinkNode * t=C, * p, * q, * s;
        p=A->next;
        q=B->next;
        while (p!=NULL && q!=NULL) {
            if (p->data<q->data) {                 //归并较小元素 p->data
                s=new LinkNode(p->data);
                t->next=s; t=s;
                p=p->next;
            }
            else {                                 //归并较小元素 q->data
                s=new LinkNode(q->data);
                t->next=s; t=s;
                q=q->next;
            }
        }
        if (q!=NULL) p=q;
        while (p!=NULL) {                          //将没有遍历完的元素简单归并到 C 中
            s=new LinkNode(p->data);
            t->next=s; t=s;
            p=p->next;
        }
        t->next=NULL;
    }
    int main() {
        clock_t t1,t2;
        LinkNode * A, * B, * C1, * C2;
        int n=MAXN, m=MAXM;
        srand((unsigned)time(NULL));
        Create(A,n);                               //建立单链表 A
        Sort(A);                                   //单链表 A 递增排序
        Create(B,m);                               //建立单链表 B
        Sort(B);                                   //单链表 B 递增排序
        printf("\n  两种解法的运行时间比较\n");
        printf("  解法 1\n");
        t1=clock();                                //获取开始时间
        solve1(A,B,C1);
        t2=clock();                                //获取结束时间
        printf("     运行时间：%dms\n",(t2-t1)*1000/CLOCKS_PER_SEC);
        printf("  解法 2\n");
```

```
t1=clock();                              //获取开始时间
solve2(A,B,C2);
t2=clock();                              //获取结束时间
printf("     运行时间：%dms\n",(t2-t1)*1000/CLOCKS_PER_SEC);
Destroy(A);    Destroy(B);
Destroy(C1);   Destroy(C2);
return 0;
}
```

A.2 栈实验报告示例

实验目的：掌握利用栈求简单表达式值的过程及其算法设计，灵活运用栈解决实际中的复杂问题。

实验题目：给定一个仅含'+'、'-'、'*'、'/'（除法运算为整除）和括号运算符以及正整数运算数的简单表达式exp，利用栈求其值，并且输出由exp转换为后缀表达式postexp的完整操作步骤及其求postexp值的完整步骤。

实验要求：给定的简单表达式exp是正确的表达式（其中不存在除零的情况），在程序中不必检查其正确性。

实验设计：

1）数据结构设计

简单表达式exp和后缀表达式postexp均采用字符串表示，在算法设计中用到的栈均采用STL的stack容器（也可采用《教程》中第3章的顺序栈或者链栈）。

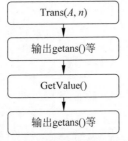

图A.3 栈实验程序的结构

2）实验程序结构

本实验程序的结构如图A.3所示。先调用Trans()将exp中缀表达式转换为postexp后缀表达式，输出转换过程，再调用GetValue()对postexp求值，输出求值过程。

3）算法设计

用exp字符串存放中缀表达式，postexp字符串存放后缀表达式，ans字符串存放操作过程。在该实验程序中主要包含以下两个算法。

（1）Trans()：将exp转换为postexp，并且将转换操作过程存放在ans中。在将exp转换为postexp时用到运算符栈opor，其转换的基本过程如下：

```
while (若exp未读完) {
    从exp读取字符ch
    ch为数字符：将后续的所有数字符转换为一个整数后添加到postexp中，并添加'#'
    ch为左括号'('：将'('进opor栈
    ch为右括号')'：将opor栈中与其匹配的'('后进栈的运算符依次出栈并添加到postexp中,再将'('退栈
    ch为'+'或'-'：将opor栈中'('后进栈的(如果有'(')所有运算符出栈并添加到postexp中,再将ch进栈
```

ch 为'*'或'/'：将 opor 栈中'('后进栈的(如果有'(')所有'*'或'/'运算符出栈并添加到 postexp 中，再将 ch 进栈
}
若字符串 exp 扫描完毕，则退栈所有运算符并添加到 postexp 中

（2）GetValue()：求 postexp 值，并且将求值操作过程存放在 ans 中。在求值时用到运算数栈 opand，其求值的基本过程如下：

while (若 postexp 未读完) {
　　从 postexp 读取一个元素 ch
　　ch 为'+'：出栈两个数值 a 和 b，计算 c＝b+a，再将 c 进栈
　　ch 为'-'：出栈两个数值 a 和 b，计算 c＝b-a，再将 c 进栈
　　ch 为'*'：出栈两个数值 a 和 b，计算 c＝b*a，再将 c 进栈
　　ch 为'/'：出栈两个数值 a 和 b，若 a 不为零，计算 c＝b/a，再将 c 进栈
　　ch 为数值：将该数值进栈
}
opand 栈中唯一的数值即为表达式的值

实验结果：本程序用于"20+(6-2)*3"表达式的求值，其执行结果如图 A.4 所示。

图 A.4　栈实验程序的执行结果

实验体会：在算法设计中直接采用 STL 的 stack 容器作为栈，从而简化了设计过程，提高了编程效率。在程序中没有检查简单表达式 exp 的正确性，如果 exp 不正确，可能会出现不可预知的结果。

实验程序代码：实验程序 ExpA-2.cpp 的代码如下。

```
#include<iostream>
#include<string>
#include<stack>
using namespace std;
class Express {                              //求表达式值类
    string exp;                              //存放中缀表达式
    string postexp;                          //存放后缀表达式
```

```cpp
        string ans;                            //存放操作过程字符串
    public:
        Express(string str) {                  //构造函数
            exp=str;
            postexp="";
        }
        string getpostexp() {                  //返回postexp
            return postexp;
        }
        string getans() {                      //返回操作过程字符串
            return ans;
        }
        void Trans() {                         //exp转换为postexp,将转换操作过程存放在ans中
            ans="";
            stack<char> opor;                  //运算符栈opor
            int i=0;                           //i为exp的下标
            char ch,e;
            while (i<exp.length()) {           //exp表达式未扫描完时循环
                ch=exp[i];
                if (ch=='(') {                 //判定为左括号
                    opor.push(ch);
                    ans+="    运算符'"; ans.push_back(ch); ans+="'进栈\n";
                }
                else if (ch==')') {            //判定为右括号
                    while (!opor.empty() && opor.top()!='(') {
                        //将opor栈中'('之前的运算符退栈并存放到postexp中
                        e=opor.top(); postexp+=e;
                        opor.pop();
                        ans+="    运算符'"; ans.push_back(e); ans+="'退栈→postexp\n";
                    }
                    opor.pop();                //将'('退栈
                    ans+="    运算符')'退栈\n";
                }
                else if (ch=='+' || ch=='-') {  //判定为加号或减号
                    while (!opor.empty() && opor.top()!='(') {
                        //将opor栈中'('之前的运算符退栈并存放到postexp中
                        e=opor.top();
                        opor.pop();
                        postexp+=e;
                        ans+="    运算符'"; ans.push_back(e); ans+="'退栈→postexp\n";
                    }
                    opor.push(ch);              //将'+'或'-'进栈
                    ans+="    运算符'"; ans.push_back(ch); ans+="'进栈\n";
                }
                else if (ch=='*' || ch=='/') { //判定为'*'号或'/'号
                    while (!opor.empty() && opor.top()!='(' && (opor.top()=='*' || opor.top()=='/')) {
                        //将opor栈中'('之前的'*'或'/'运算符依次出栈并存放到postexp中
                        e=opor.top();
                        opor.pop();
                        postexp+=e;
                        ans+="    运算符'"; ans.push_back(e); ans+="'退栈→postexp\n";
                    }
                    opor.push(ch);              //将'*'或'/'进栈
```

```cpp
            ans+="    运算符'"; ans.push_back(ch); ans+="'进栈\n";
        }
        else {                                      //处理数字字符
            while (ch>='0' && ch<='9') {            //判定为数字
                postexp+=ch;
                ans+="    "; ans.push_back(ch); ans+="→postexp\t";
                i++;
                if (exp[i]) ch=exp[i];              //exp表达式未扫描完时取下一个字符
                else   break;
            }
            i--;
            postexp+='#';                           //用'#'标识一个数值串结束
            ans+="    postexp中加#\n";
        }
        i++;                                        //继续处理其他字符
    }
    while (!opor.empty()) {                         //此时exp扫描完毕,栈不空时循环
        e=opor.top(); opor.pop();
        postexp+=e;
        ans+="    运算符'"; ans.push_back(e); ans+="'退栈→postexp\n";
    }
}
double GetValue() {                                 //求postexp值,将求值操作过程存放在ans中
    stack<int> opand;                               //运算数栈
    int a,b,c,d;
    int i=0;                                        //i为postexp的下标
    char ch;
    ans="";
    while (i<postexp.length()) {                    //postexp字符串未扫描完时循环
        ch=postexp[i];
        switch (ch) {
            case '+':                               //判定为'+'号
                a=opand.top(); opand.pop();         //退栈取数值a
                ans+="    运算数"+to_string(a)+"退栈";
                b=opand.top(); opand.pop();         //退栈取数值b
                ans+=",运算数"+to_string(b)+"退栈\n";
                c=b+a;                              //计算c
                ans+="    计算"+to_string(b)+"+"+to_string(a)+"="+to_string(c)+"\n";
                opand.push(c);                      //将计算结果进栈
                ans+="    运算数"+to_string(c)+"进栈\n";
                break;
            case '-':                               //判定为'-'号
                a=opand.top(); opand.pop();         //退栈取数值a
                ans+="    运算数"+to_string(a)+"退栈";
                b=opand.top(); opand.pop();         //退栈取数值b
                ans+=",运算数"+to_string(b)+"退栈\n";
                c=b-a;                              //计算c
                ans+="    计算"+to_string(b)+"-"+to_string(a)+"="+to_string(c)+"\n";
                opand.push(c);                      //将计算结果进栈
                ans+="    运算数"+to_string(c)+"进栈\n";
                break;
            case '*':                               //判定为'*'号
                a=opand.top(); opand.pop();         //退栈取数值a
```

```cpp
                    ans+="    运算数"+to_string(a)+"退栈";
                    b=opand.top(); opand.pop();           //退栈取数值 b
                    ans+=",运算数"+to_string(b)+"退栈\n";
                    c=b*a;                                 //计算 c
                    ans+="    计算"+to_string(b)+"*"+to_string(a)+"="+to_string(c)+"\n";
                    opand.push(c);                         //将计算结果进栈
                    ans+="    运算数"+to_string(c)+"进栈\n";
                    break;
                case '/':                                  //判定为'/'号
                    a=opand.top(); opand.pop();           //退栈取数值 a
                    ans+="    运算数"+to_string(a)+"退栈";
                    b=opand.top(); opand.pop();           //退栈取数值 b
                    ans+=",运算数"+to_string(b)+"退栈\n";
                    c=b/a;                                 //计算 c
                    ans+="    计算"+to_string(b)+"/"+to_string(a)+"="+to_string(c)+"\n";
                    opand.push(c);                         //将计算结果进栈
                    ans+="    运算数"+to_string(c)+"进栈\n";
                    break;
                default:                                   //处理数字字符
                    d=0;                                   //将连续的数字字符转换成数值存放到 d 中
                    while (ch>='0' && ch<='9') {          //判定为数字字符
                        d=10*d+(ch-'0');
                        i++;
                        ch=postexp[i];
                    }
                    opand.push(d);                         //整数 d 进栈
                    ans+"    运算数"+to_string(d)+"进栈\n";
                    break;
            }
            i++;                                           //继续处理其他字符
        }
        ans+="    取栈顶整数"+to_string(opand.top())+"\n";
        return opand.top();                                //栈顶元素即为求值结果
    }
};
int main() {
    string str="20+(6-2)*3";
    Express obj(str);
    cout << "\n 中缀表达式: " << str << endl;
    cout << " (1)中缀转换为后缀" << endl;
    obj.Trans();
    cout << "  转换过程:" << endl;
    cout << obj.getans();
    cout << "  后缀表达式: " << obj.getpostexp() << endl;
    cout << " (2)求后缀表达式值" << endl;
    int d=obj.GetValue();
    cout << "  求值过程:" << endl;
    cout << obj.getans();
    cout << "  求值结果:   " << d << endl;
    return 0;
}
```

A.3 队列实验报告示例

实验目的：领会队列和双端队列的原理，掌握利用循环双链表存储双端队列并实现相关运算的算法设计。

实验题目：双端队列是两端都可以进队和出队元素的队列，设计一个整数双端队列类 DQueue，它包含以下功能。

bool empty()：判断双端队列是否为空队。
int size()：返回双端队列中的元素个数。
int front()：返回非空双端队列的队头元素。
int back()：返回非空双端队列的队尾元素。
void push_front(int e)：在队头插入元素 e。
void push_back(int e)：在队尾插入元素 e。
void pop_front()：删除非空双端队列的队头元素。
void pop_back()：删除非空双端队列的队尾元素。
并用相关数据进行测试。

实验要求：建议采用循环双链表存储双端队列。

实验设计：

1) 数据结构设计

由于双端队列的两端都可能发生变化，所以采用带头结点的循环双链表存储双端队列，前端作为队头，尾端作为队尾，如图 A.5 所示。

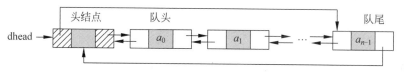

图 A.5 采用循环双链表存储双端队列

该循环双链表的结点类型如下：

```
struct QNode {                                        //双端队列结点类型
    int data;                                         //存放数据元素
    QNode * next;                                     //指向后继结点的指针
    QNode * prior;                                    //指向前驱结点的指针
    QNode():next(NULL),prior(NULL) {}                 //构造函数
    QNode(int d):data(d),next(NULL),prior(NULL) {}    //重载构造函数
};
```

2) 双端队列类 DQueue 的设计

设计双端队列类 DQueue，它包含头结点 h 和长度 length 数据成员。构造函数用于创建只有头结点 h 的空循环双链表，析构函数用于销毁以 h 为头结点的循环双链表。

```
class DQueue {                                        //双端队列类
public:
```

```
        QNode * h;                          //表头结点
        int length;                         //队中的元素个数
        //双端队列的基本运算算法
    };
```

3) 双端队列类的基本运算算法设计

DQueue 类中的主要算法设计如下。

(1) bool empty()：判断双端队列是否为空队。若 length=0，返回 true，否则返回 false。

(2) int size()：返回双端队列中的元素个数，即返回 length。

(3) int front()：返回非空双端队列的队头元素，即返回循环双链表 h 的首结点值。

(4) int back()：返回非空双端队列的队尾元素，即返回循环双链表 h 的尾结点值。

(5) void push_front(int e)：在队头插入元素 e。新建结点 s 存放元素 e，在循环双链表 h 中插入结点 s 作为新首结点，将 length 增加 1。

(6) void push_back(int e)：在队尾插入元素 e。新建结点 s 存放元素 e，在循环双链表 h 中插入结点 s 作为新尾结点，将 length 增加 1。

(7) void pop_front()：删除非空双端队列的队头元素。删除循环双链表 h 的首结点，将 length 减少 1。

(8) void pop_back()：删除非空双端队列的队尾元素。删除循环双链表 h 的尾结点，将 length 减少 1。

实验结果：本程序的执行结果如图 A.6 所示。

图 A.6 队列实验程序的执行结果

实验体会：采用循环双链表存储双端队列，上述 8 个基本运算算法的时间复杂度均为 $O(1)$，并且不必特别考虑队列扩容问题，另外增加了长度 length 数据成员，使得求长度函数的时间复杂度为 $O(1)$。如果采用循环数组存储双端队列，算法设计比较复杂，另外需要考虑队列扩容问题。

实验程序代码：实验程序 ExpA-3.cpp 的代码如下：

```cpp
#include <vector>
#include <iostream>
using namespace std;
struct QNode {                              //双端队列结点类型
    int data;                               //存放数据元素
    QNode * next;                           //指向后继结点的指针
    QNode * prior;                          //指向前驱结点的指针
    QNode():next(NULL),prior(NULL) {}       //构造函数
    QNode(int d):data(d),next(NULL),prior(NULL) {}   //重载构造函数
};
class DQueue {                              //双端队列类
public:
    QNode * h;                              //头结点
    int length;                             //队中的元素个数
    DQueue() {                              //构造函数
        h=new QNode();                      //创建只有头结点的循环双链表
        h->next=h;
        h->prior=h;
        length=0;
    }
```

```
    ~DQueue() {                                 //析构函数,销毁循环双链表
        QNode * pre, * p;
        pre=h; p=pre->next;
        while (p!=h) {                          //用 p 遍历结点并释放其前驱结点
            delete pre;                         //释放 pre 结点
            pre=p; p=p->next;                   //pre、p 同步后移一个结点
        }
        delete pre;                             //p 等于 h 时 pre 指向尾结点,此时释放尾结点
    }
    bool empty() {                              //判断双端队列是否为空队
        return length==0;
    }
    int size() {                                //返回双端队列中的元素个数
        return length;
    }
    int front() {                               //返回非空双端队列的队头元素
        return h->next->data;
    }
    int back() {                                //返回非空双端队列的队尾元素
        return h->prior->data;
    }
    void push_front(int e) {                    //在队头插入元素 e
        QNode *s=new QNode(e);                  //新建结点 s 存放元素 e
        s->next=h->next;                        //插入结点 s 作为首结点
        h->next->prior=s;
        h->next=s;
        s->prior=h;
        length++;                               //双端队列的元素个数增 1
    }
    void push_back(int e) {                     //在队尾插入元素 e
        QNode *s=new QNode(e);                  //新建结点 s 存放元素 e
        s->prior=h->prior;                      //插入结点 s 作为尾结点
        h->prior->next=s;
        h->prior=s;
        s->next=h;
        length++;                               //双端队列的元素个数增 1
    }
    void pop_front() {                          //删除非空双端队列的队头元素
        QNode *p=h->next;                       //删除首结点
        p->next->prior=h;
        h->next=p->next;
        delete p;
        length--;                               //双端队列的元素个数减 1
    }
    void pop_back() {                           //删除非空双端队列的队尾元素
        QNode *p=h->prior;                      //删除尾结点
        p->prior->next=h;
        h->prior=p->prior;
        delete p;
        length--;                               //双端队列的元素个数减 1
    }
};
void disp(DQueue &dq) {                         //输出队头到队尾的元素
```

```
        QNode  *p=dq.h->next;
        while (p!=dq.h) {
            cout << p->data << " ";
            p=p->next;
        }
        cout << endl;
    }
    int main() {
        DQueue dq;                                          //建立一个双端队列 dq
        printf("\n (1)队头进 3 2 1,队尾进 4 5 6\n");
        dq.push_front(3);                                   //队头插入 3
        dq.push_front(2);                                   //队头插入 2
        dq.push_front(1);                                   //队头插入 1
        dq.push_back(4);                                    //队尾插入 4
        dq.push_back(5);                                    //队尾插入 5
        dq.push_back(6);                                    //队尾插入 6
        printf(" (2)dq: "); disp(dq);
        printf(" (3)元素个数:%d\n",dq.size());
        printf(" (4)队头元素:%d\n",dq.front());
        printf(" (5)出队队头元素\n");
        dq.pop_front();                                     //删除队头元素
        printf(" (6)队尾元素:%d\n",dq.back());
        printf(" (7)出队队尾元素\n");
        dq.pop_back();                                      //删除队尾元素
        printf(" (8)dq: "); disp(dq);
        printf(" (9)依次从队尾出队列所有元素: ");
        while (!dq.empty()) {
            printf("%d ",dq.back());
            dq.pop_back();
        }
        printf("\n");
        return 0;
    }
```

A.4 二叉树实验报告示例

实验目的：掌握二叉树的构造算法,二叉树的先序递归遍历算法和层次遍历算法,灵活运用二叉树遍历算法解决实际问题。

实验题目：给定一棵整数二叉树的先序遍历序列和中序遍历序列,假设二叉树中的所有结点值不相同,构造该二叉树的存储结构,完成以下功能。

(1) 求该二叉树中根结点到每个叶子结点的路径及其路径和。

(2) 求该二叉树中每层的结点序列及其结点值和。

并用相关数据进行测试。

实验要求：假设二叉树的所有结点值为整数,并且所有结点值均不相同。

实验设计：

1) 数据结构设计

该整数二叉树采用二叉链存储结构,结点类型如下：

```
struct BTNode {                              //二叉链中的结点类型
    int data;                                //数据元素
    BTNode * lchild;                         //指向左孩子结点
    BTNode * rchild;                         //指向右孩子结点
    ...
};
```

根据实验题目的要求,设计简化二叉树类 BTree,它仅含构造函数、析构函数和输出二叉树括号表示串函数。

2) 实验程序结构

本实验程序的结构如图 A.7 所示,先调用 CreateBTree() 创建二叉树对象 bt,输出其括号表示串,调用 Allpath(bt) 输出根结点到每个叶子结点的路径及其路径和,调用 Alllevel(bt) 输出每层的结点序列及其结点值和。

3) 算法设计

在该实验程序中主要包含以下 3 个算法。

(1) CreateBTree(BTree &bt,vector<int> pres,vector<int> ins):由二叉树的先序遍历序列 pres 和中序遍历序列 ins 构造出二叉树类 BTree 对象 bt。通过调用 CreateBTree1() 算法构造对应的二叉链,其原理参见《教程》中的 7.5.1 节。

(2) Allpath(BTree &bt):求二叉树 bt 中根结点到每个叶子结点的路径。先将根结点值添加到路径 path 中,路径和 sum 置为根结点值,调用 Allpath1(bt.r,path,sum) 算法采用回溯法求解结果并输出。

(3) Alllevel(BTree &bt):求二叉树中每层的结点序列及其结点值和。采用层次遍历,将根结点进队,队不空时循环,先处理第 1 层(即根结点层,出队该层的所有结点并累加结点值,同时将它们的孩子进队,该层处理完时队中恰好包含第 2 层的全部结点),再处理第 2 层(出队该层的所有结点并累加结点值,同时将它们的孩子进队,该层处理完时队中恰好包含第 3 层的全部结点),以此类推,直到处理完所有层。

实验结果:本程序的一次执行结果如图 A.8 所示。

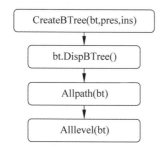

图 A.7 二叉树实验程序的结构

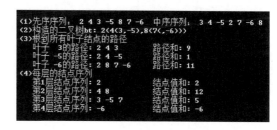

图 A.8 二叉树实验程序的执行结果

实验体会:本题中二叉树的所有结点值均不相同,因此可以通过其先序遍历序列和中序遍历序列唯一构造出对应的二叉树,若根结点与其他结点值相同,则无法通过值相等判断中序遍历序列中的哪个结点是根结点,这样将不能构造出正确的二叉树。

实验程序代码:实验程序 ExpA-4.cpp 的代码如下。

```cpp
#include <iostream>
#include <vector>
#include <queue>
using namespace std;
struct BTNode {                                 //二叉链中的结点类型
    int data;                                   //数据元素
    BTNode *lchild;                             //指向左孩子结点
    BTNode *rchild;                             //指向右孩子结点
    BTNode() {                                  //构造函数
        lchild=rchild=NULL;
    }
    BTNode(int d) {                             //重载构造函数
        data=d;
        lchild=rchild=NULL;
    }
};
class BTree {                                   //简化的二叉树类
public:                                         //为了简单,所有成员设计为公有属性
    BTNode *r;                                  //二叉树的根结点 r
    BTree():r(NULL) {}                          //构造函数,建立一棵空树
    ~BTree() {                                  //析构函数
        DestroyBTree(r);                        //调用 DestroyBTree()函数
        r=NULL;
    }
    DestroyBTree(BTNode *b) {                   //释放所有的结点空间
        if (b!=NULL) {
            DestroyBTree(b->lchild);            //递归释放左子树
            DestroyBTree(b->rchild);            //递归释放右子树
            delete b;                           //释放根结点
        }
    }
    void DispBTree() {                          //将二叉链转换成括号表示法
        DispBTree1(r);
    }
    void DispBTree1(BTNode *b) {                //被 DispBTree 调用
        if (b!=NULL) {
            cout << b->data;                    //输出根结点值
            if (b->lchild!=NULL || b->rchild!=NULL) {
                cout << "(";                    //有孩子结点时输出"("
                DispBTree1(b->lchild);          //递归输出左子树
                if (b->rchild!=NULL)
                    cout << ",";                //有右孩子结点时输出","
                DispBTree1(b->rchild);          //递归输出右子树
                cout << ")";                    //有孩子结点时输出")"
            }
        }
    }
};
BTNode *CreateBTree1(vector<int> pres, int i, vector<int> ins, int j, int n) { //被 CreateBTree 调用
    if (n<=0) return NULL;
    int d=pres[i];                              //取根结点值 d
    BTNode *b=new BTNode(d);                    //创建根结点(结点值为 d)
    int p=j;
```

```cpp
        while (ins[p]!=d) p++;                              //在 ins 中找到根结点的索引 p
        int k=p-j;                                          //确定左子树中的结点个数 k
        b->lchild=CreateBTree1(pres,i+1,ins,j,k);           //递归构造左子树
        b->rchild=CreateBTree1(pres,i+k+1,ins,p+1,n-k-1);   //递归构造右子树
        return b;
    }
}
void CreateBTree(BTree &bt, vector<int> pres, vector<int> ins) {
//由先序序列 pres 和中序序列 ins 构造二叉树对象 bt
    int n=pres.size();
    bt.r=CreateBTree1(pres,0,ins,0,n);
}
void Allpath1(BTNode* b, vector<int> path, int sum) {       //被 Allpath 调用
    if (b->lchild==NULL && b->rchild==NULL) {               //b 为叶子结点
        printf(" 叶子%3d 的路径:",b->data);
        for (int i=0;i<path.size();i++)
            cout << " " << path[i];
        cout << " \t 路径和: " << sum << endl;
    }
    else {
        if (b->lchild!=NULL) {
            path.push_back(b->lchild->data);
            sum+=b->lchild->data;
            Allpath1(b->lchild,path,sum);
            path.pop_back();
            sum-=b->lchild->data;
        }
        if (b->rchild!=NULL) {
            path.push_back(b->rchild->data);
            sum+=b->rchild->data;
            Allpath1(b->rchild,path,sum);
            path.pop_back();
            sum-=b->rchild->data;
        }
    }
}
void Allpath(BTree &bt) {                                   //求二叉树中根结点到每个叶子结点的路径
    vector<int> path;
    path.push_back(bt.r->data);
    int sum=bt.r->data;
    Allpath1(bt.r,path,sum);
}
void Alllevel(BTree &bt) {                                  //求二叉树中每层的结点序列及其结点值和
    queue<BTNode*> qu;                                      //定义一个队列 qu
    int curl=1;                                             //当前层次,从 1 开始
    qu.push(bt.r);                                          //根结点进队
    while (!qu.empty()) {                                   //队不空时循环
        int n=qu.size();                                    //求出当前层的结点个数
        int sum=0;
        cout << " 第" << curl << "层结点序列:";
        for (int i=0;i<n;i++) {                             //出队当前层的 n 个结点
            BTNode* p=qu.front(); qu.pop();                 //出队一个结点
            cout << " " << p->data;
            sum+=p->data;
```

```cpp
            if (p->lchild!=NULL)                    //有左孩子时将其进队
                qu.push(p->lchild);
            if (p->rchild!=NULL)                    //有右孩子时将其进队
                qu.push(p->rchild);
        }
        cout << "        \t结点值和: " << sum << endl;
        curl++;                                     //转向下一层
    }
}
int main() {
    BTree bt;
    vector<int> pres={2,4,3,-5,8,7,-6};
    vector<int> ins={3,4,-5,2,7,-6,8};
    printf("\n (1)先序序列: ");
    for (int i=0;i<pres.size();i++)
        printf(" %d",pres[i]);
    printf("\t 中序序列: ");
    for (int i=0;i<ins.size();i++)
        printf(" %d",ins[i]);
    CreateBTree(bt,pres,ins);
    cout << "\n (2)构造的二叉树 bt: "; bt.DispBTree(); cout << endl;
    printf(" (3)根到所有叶子结点的路径\n");
    Allpath(bt);
    printf(" (4)每层的结点序列\n");
    Alllevel(bt);
    return 0;
}
```

A.5 图实验报告示例

实验目的：掌握 Dijkstra 算法求带权图中单源最短路径的过程及其算法设计，灵活运用 Dijkstra 算法解决实际问题。

实验题目：给定一个含 N 个顶点、M 条有向边的带权图，假设顶点的编号为 $1 \sim N$，所有权值均为正整数，修改 Dijkstra 算法求其他所有顶点到目标点 v 的最短路径及其长度，并用相关数据进行测试。

实验要求：算法的时间复杂度均为 $O(n^2)$。

实验设计：

1）数据结构设计

含 N 个顶点、M 条有向边的带权图直接用邻接矩阵 A 存放（下标 0 不用，假设最大顶点个数 MAXV 为 100，A 的定义为 int A[MAXV][MAXV]）。

2）实验程序结构

本实验程序的结构如图 A.9 所示，先读取 abc.txt 文件数据建立邻接矩阵 A，调用 Dijkstra(A,v) 算法求出其他所

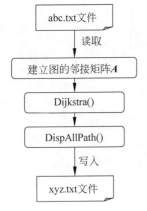

图 A.9 图实验程序的结构

有顶点到目标点 v 的最短路径数组 path 及其长度数组 dist,调用 DispAllPath() 算法构造出最短路径并写入到文件 xyz.txt 中。

3) 算法设计

在该实验程序中主要包含以下两个算法。

(1) Dijkstra(int $A[\text{MAXV}][\text{MAXV}]$, int v):求其他顶点到目标点 v 的最短路径及其长度。用 dist$[j]$ 表示顶点 j 到目标点 v 的最短路径长度,path$[j]$ 表示顶点 j 到目标点 v 的最短路径中顶点 j 的后继顶点。求最短路径长度的过程如下:

① 初始时,顶点集 S 只包含源点,即 $S=\{v\}$,顶点 v 到自己的最短路径长度为 0,顶点集 U 包含除 v 外的其他顶点,U 中顶点 i 到目标点 v 的最短路径长度为边上的权值(若顶点 i 到目标点 v 有边 $<i,v>$)或 ∞。

② 从 U 中选取一个顶点 u,它是 U 中到目标点 v 最短路径长度最小的顶点,然后把顶点 u 加入 S 中(此时求出了顶点 u 到目标点 v 的最短路径长度)。

③ 以顶点 u 为新考虑的中间点,修改所有存在边 $<j,u>$ 的顶点 j 的最短路径长度,此时顶点 j 到目标点 v 的最短路径有两条,即一条经过顶点 u,一条不经过顶点 u。如图 A.10 所示,图中实线表示边,虚线表示路径,即 dist$[j]$ = MIN{dist$[j]$, $A[j][u]$ + dist$[u]$}。

(2) DispAllPath(int dist[], int path[], int S[], int v):输出目标点为 v 的所有最短路径。

实验结果:以如图 A.11 所示的 abc.txt 作为输入文件,执行本程序产生的输出文件 xyz.out 如图 A.12 所示。

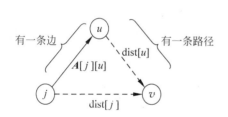

图 A.10 从顶点 j 到目标点 u 的路径比较

图 A.11 abc.txt 文件

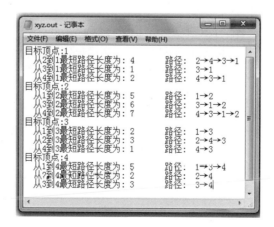

图 A.12 xyz.out 文件

实验体会：上述 Dijkstra(A,v) 算法的本质是将邻接矩阵 A 逆置（$\langle i,j \rangle$ 边转换成 $\langle j,i \rangle$ 边），这样求其他所有顶点到顶点 v 的最短路径就是在逆置矩阵中求 v 到其他所有顶点的最短路径，只不过不需要真正的逆置。所以算法的时间复杂度为 $O(n^2)$，满足实验要求。如果采用 Floyd 算法求出所有顶点对的最短路径再求到目标点 v 的最短路径，时间复杂度为 $O(n^3)$，不满足实验要求。

实验程序代码：实验程序 ExpA-5.cpp 的代码如下。

```cpp
#include <iostream>
#include <cstring>
#define MAXV 100
#define INF 0x3f3f3f3f
using namespace std;
int N,M;
void DispAllPath(int dist[],int path[],int S[],int v) {    //输出目标点为v的所有最短路径
    for (int i=1;i<=N;i++) {                                //循环输出从顶点i到目标点v的最短路径
        if (S[i]==0) {
            printf(" 从%d到%d没有路径\n",v,i);
            continue;
        }
        if (S[i]==1 && i!=v) {
            printf(" 从%d到%d最短路径长度为：%d  \t路径：",i,v,dist[i]);
            printf(" %d",i);
            int post=path[i];
            while (post!=v) {
                printf("→%d",post);
                post=path[post];
            }
            printf("→%d\n",v);                              //先输出起点v
        }
    }
}
void Dijkstra(int A[MAXV][MAXV],int v) {                    //以v为目标点的Dijkstra算法
    int dist[MAXV];                                         //建立dist数组
    int path[MAXV];                                         //建立path数组
    int S[MAXV];                                            //建立S数组
    for (int i=1;i<=N;i++) {
        dist[i]=A[i][v];                                    //距离初始化
        S[i]=0;                                             //S置空
        if (A[i][v]!=0 && A[i][v]<INF)
            path[i]=v;                                      //i到v有边时,置i的后继顶点为v
        else
            path[i]=-1;                                     //i到v没边时,置i的后继顶点为-1
    }
    dist[v]=0;
    S[v]=1;                                                 //将v放入S中
    int mindis,u=-1;
    for (int i=1;i<N;i++) {                                 //循环向S中添加N-1个顶点
        mindis=INF;                                         //mindis置最小距离初值
        for (int j=1;j<=N;j++) {                            //选取不在S中且具有最小距离的顶点u
            if (S[j]==0 && dist[j]<mindis) {
                u=j;
```

```
                mindis=dist[j];
            }
        }
        S[u]=1;                                    //将顶点 u 加入 S 中
        for (int j=1;j<=N;j++) {                   //修改不在 S 中的顶点的距离
            if (S[j]==0) {
                if (A[j][u]<INF && A[j][u]+dist[u]<dist[j]) {
                    dist[j]=A[j][u]+dist[u];       //修改路径长度
                    path[j]=u;                     //修改路径
                }
            }
        }
    }
    DispAllPath(dist,path,S,v);                    //输出所有最短路径及长度
}
int main() {
    freopen("abc.txt","r",stdin);                  //输入重定向到 abc.txt 文件
    freopen("xyz.out","w",stdout);                 //输出重定向到 xyz.txt 文件
    int A[MAXV][MAXV];                             //邻接矩阵
    int a,b,c;
    memset(A,0x3f,sizeof(A));
    for (int i=1;i<MAXV;i++) A[i][i]=0;
    scanf("%d%d",&N,&M);
    while(M--) {
        scanf("%d%d%d",&a,&b,&c);
        A[a][b]=c;
    }
    for (int v=1;v<=N;v++) {
        printf("目标顶点:%d\n",v);
        Dijkstra(A,v);
    }
    return 0;
}
```

说明：本实验题也可以采用这样的思路，从 abc.txt 文字读取数据建立原图的反图即由原图的<a,b>边建立反图的<b,a>边，在反图中求顶点 v 到其他顶点的最短路径及其长度，将路径逆序即可得到原图中其他顶点到顶点 v 的最短路径及其长度。

A.6 查找与排序实验报告示例

实验目的：掌握二分查找的过程及其算法设计，灵活运用排序和二分查找算法解决实际问题。

实验题目：给定两个各含 $n(n<10\,000)$ 个正整数的序列 a 和 b，其中 b 的所有元素值均小于 $n/2$。求出 b 中每个整数在 a 中最接近的整数，若有两个最接近的整数取较小的那个，并用相关数据进行测试。

实验要求：要求整个程序的时间复杂度为 $O(n\log_2 n)$。

实验设计：

1）数据结构设计

用 vector<int>向量 a 和 b 存放两个随机产生的含 n 个整数的序列（满足题目中指定的数据要求），所有整数元素值均在 0 到 $n/2$ 之间（一半的元素是重复的）。为了提高性能，用 $c[0..n/2-1]$ 数组作为哈希表，初始时所有元素值为 -1，用 $c[i]$ 存放整数 b 中的整数元素 i 在 a 序列中最接近的整数。

图 A.13 查找排序实验程序的结构

2）实验程序结构

本实验程序的结构如图 A.13 所示。先随机产生各含 n 个整数的 a、b 序列，对 a 递增排序（这里直接使用 STL 的 sort 排序算法，也可采用其他高效的排序算法，如二路归并或者堆排序算法）。用 i 遍历 b 序列，若 $b[i]$ 在 a 中的最接近整数没有求出，则调用 closest($a,b[i]$)求出结果并存放在 $c[b[i]]$中。最后输出 a、b 序列和 b 中的每个整数在 a 中最接近的整数序列。

3）算法设计

该实验程序的主要算法是 closest(vector<int> &a, int x)，用于在递增序列 a 中求最接近 x 的元素。先采用二分查找的变形算法 upper_bound()在 a 中找到第一个大于 x 的元素的位置 high，置 low=high-1，确定 a[low]和 a[high]哪一个更接近 x 并返回之。

实验结果：本程序的一次执行结果如图 A.14 所示。

```
a:  1  1  1  2  5  7  9 14 15 18
b:  2  0  4  3  4  0  2  1  2  1
c:  2  1  5  2  5  1  2  1  2  1
```

图 A.14 查找排序实验程序的执行结果

实验体会：该实验程序的时间主要花费在排序上，总的时间复杂度为 $O(n\log_2 n)$。如果不对 a 序列排序，直接在 a 中查找每个 $b[i]$ 最接近的整数，时间复杂度为 $O(n^2)$。

实验程序代码：实验程序 ExpA-6.cpp 的代码如下。

```cpp
#include <iostream>
#include <vector>
#include <algorithm>
using namespace std;
#define MAXN 10000
int n=10;                                           //这里的测试数据量较小
int closest(vector<int> &a, int x) {                //求 a 中最接近 x 的元素
    if (x<=a[0])
        return a[0];
    else if(x>=a[n-1])
        return a[n-1];
    else {
        int high=upper_bound(a.begin(),a.end(),x)-a.begin();
        int low=high-1;
        if (abs(a[low]-x)<=abs(a[high]-x))
            return a[low];
        else
            return a[high];
```

```cpp
    }
}
int main() {
    vector<int> a,b;
    for (int i=0;i<n;i++) {              //随机产生满足题目要求的测试数据
        a.push_back(rand()%20);
        b.push_back(rand()%(n/2));
    }
    sort(a.begin(),a.end());             //a 递增排序
    vector<int> c(n/2,-1);               //建立长度为 n/2 的 c 向量,初始值均为-1
    for (int i=0;i<n;i++) {
        if (c[b[i]]==-1)                 //尚未求出 b[i]最接近的整数时
            c[b[i]]=closest(a,b[i]);     //求 b[i]最接近的整数,最多调用 n/2 次
    }
    printf("\n a: ");
    for (int i=0;i<n;i++)
        printf(" %2d",a[i]);
    printf("\n b: ");
    for (int i=0;i<n;i++)
        printf(" %2d",b[i]);
    printf("\n c: ");
    for (int i=0;i<n;i++)
        printf(" %2d",c[b[i]]);
    printf("\n");
    return 0;
}
```

图书资源支持

感谢您一直以来对清华版图书的支持和爱护。为了配合本书的使用,本书提供配套的资源,有需求的读者请扫描下方的"书圈"微信公众号二维码,在图书专区下载,也可以拨打电话或发送电子邮件咨询。

如果您在使用本书的过程中遇到了什么问题,或者有相关图书出版计划,也请您发邮件告诉我们,以便我们更好地为您服务。

我们的联系方式:

清华大学出版社计算机与信息分社网站:https://www.shuimushuhui.com/

地　　址:北京市海淀区双清路学研大厦 A 座 714

邮　　编:100084

电　　话:010-83470236　010-83470237

客服邮箱:2301891038@qq.com

QQ:2301891038(请写明您的单位和姓名)

资源下载: 关注公众号"书圈"下载配套资源。

资源下载、样书申请

书 圈

图书案例

清华计算机学堂

观看课程直播